珊瑚礁砂混凝土结构物损伤机制及耐久性评估

孟庆山　吴文娟　杨华美　覃庆龙 等　著

科学出版社

北京

内 容 简 介

本书归纳和总结在我国服役多年的珊瑚礁砂混凝土结构物在复杂热带海洋环境与恶劣海况条件下发生的多种损伤模式，且较系统地研究珊瑚礁砂混凝土工程的性能及热带海洋环境下珊瑚礁砂混凝土的耐久性。综合利用现场工程资料和现场调查取样、室内加速模拟试验、微观测试、理论分析等手段，揭示珊瑚礁砂混凝土在不同损伤模式下的演化规律及其损伤机制，并有针对性地提出珊瑚礁砂混凝土在不同损伤模式下的性能提升技术和工程处置措施。此外，对海洋环境下珊瑚礁砂混凝土结构的耐久性进行综合评估，为我国岛礁工程建设和长期服役性能的评价提供科学依据与技术支撑。

本书可供从事珊瑚礁砂混凝土设计、施工及科研的技术和研究人员参考阅读。

图书在版编目（CIP）数据

珊瑚礁砂混凝土结构物损伤机制及耐久性评估/孟庆山等著. —北京：科学出版社，2021.9

ISBN 978-7-03-069809-4

Ⅰ.①珊… Ⅱ.①孟… Ⅲ.①混凝土结构-损伤(力学)-研究 ②混凝土结构-耐用性-评估 Ⅳ.①TU528 ②TU375

中国版本图书馆 CIP 数据核字（2021）第 191913 号

责任编辑：何 念/责任校对：何艳萍
责任印制：彭 超/封面设计：苏 波

科学出版社 出版
北京东黄城根北街 16 号
邮政编码：100717
http://www.sciencep.com
武汉精一佳印刷有限公司印刷
科学出版社发行 各地新华书店经销
*
开本：787×1092 1/16
2021 年 9 月第 一 版 印张：13 1/2
2021 年 9 月第一次印刷 字数：317 000

定价：158.00 元
（如有印装质量问题，我社负责调换）

作者简介

孟庆山，男，1974 年生，河北玉田人，博士，中国科学院武汉岩土力学研究所研究员，博士生导师，湖北省杰出青年基金获得者，中国科学院大学岗位教师。现任岩土力学与工程国家重点实验室主任助理，兼任国际土力学及岩土工程协会（ISSMGE）会员、国际工程地质与环境协会（IAEG）会员、中国第四纪科学研究会珊瑚礁专业委员会委员、中国土木工程学会土力学及岩土工程分会地基处理专业委员会委员、中国岩石力学与工程学会环境岩土工程分会青年工作委员会委员、湖北省土木建筑学会土工基础专业委员会委员、武汉岩土工程学会常务理事，以及《岩土力学》《土工基础》期刊编委。目前主要从事岛礁工程地质与力学特性、珊瑚礁灰岩静动力学特性、珊瑚礁砂混凝土损伤与耐久性等方面的科研工作。近年来，先后主持国家自然科学基金项目 4 项、中国科学院战略性先导科技专项(A 类)课题 1 项、国家重点基础研究发展计划（“973 计划”）课题 1 项、湖北省自然科学基金计划青年杰出人才项目 1 项、湖北省自然科学基金计划面上项目 1 项、交通部西部交通建设科技项目 2 项、海军海防工程军工项目 1 项、岩土力学与工程国家重点实验室仪器设备研制项目 1 项。参与国家自然科学基金重点项目 2 项，国家科技基础性工作专项、国家重点基础研究发展计划（“973 计划”）课题、国家科技支撑计划重点项目及重大工程应用科研课题 10 多项。培养研究生 23 名，其中博士研究生 8 名，硕士研究生 15 名。在国内外核心期刊和国际会议上发表了学术论文近 200 篇，SCI、EI 和 ISTP 收录 100 余篇。获国家发明专利授权近 20 项，实用新型专利授权近 50 项。主持或参与的科研项目获国家科学技术进步奖二等奖，贵州省科学技术进步奖一等奖、二等奖、三等奖，湖北省科学技术进步奖二等奖、三等奖，中国公路学会科学技术进步奖二等奖各 1 项。获全国优秀工程勘察设计行业奖一等奖、北京市第十一届优秀工程勘察设计奖一等奖、第十四届全国优秀工程勘察设计奖银奖各 1 项。

前言

在南北纬 30°之间的热带海域，造礁珊瑚的石灰质骨骼和石灰质藻类经过成百上千万年的日积月累，逐渐形成了海洋物种及几亿人口的栖息地——珊瑚岛礁。珊瑚岛礁在形成的过程中不仅蕴藏着大量的能源，而且为自然界带来了一种有别于陆地砂石的岩土介质——珊瑚礁砂。在深远海岛礁建设中，珊瑚礁砂得天独厚的优势使之成为岛礁工程建设的唯一承载体和重要的建筑材料来源。国内外岛礁工程的建设以港口、码头、机场和房屋建筑结构为主体，这些构筑物不可避免地使用钢筋混凝土，特别是对于深远海珊瑚礁建筑，其基础设施完全由钢筋混凝土浇筑而成。建设中使用的混凝土建筑材料（包括钢筋、水泥、砂石、骨料，甚至是拌和用淡水），均是花费了巨大的代价从大陆经海上长途运输而来，在复杂海洋环境及恶劣海况条件下，这些造价昂贵的构筑物的耐久性和服役性能受到了极大的挑战。

珊瑚礁砂作为有别于陆源砂土的特殊岩土介质，可作为岛礁工程建设的重要建筑材料，对其工程力学特性、破坏机理认知的缺乏，必将给建筑于其上的构筑物的安全稳定与施工工艺带来隐患和困扰。因此，在复杂海洋环境及恶劣海况条件下，揭示就地取材的珊瑚礁砂混凝土的损伤机理，进而评价其安全性和长期服役性能具有必要性与紧迫性。

在海洋温、盐、湿环境及风、浪、流海况影响下，作为海洋工程构筑物的主要建筑材料，普通钢筋混凝土的强度、抗腐蚀性和耐久性得到了深入、细致的研究；在使用掺合剂的条件下，海水拌和养护混凝土也得到了成功应用；海水拌和养护珊瑚礁砂混凝土在国内外也已在较多的岛礁工程中进行了推广，但目前只是通过配比变化、水泥材料比选和水灰比调整达到实用的目的，而其作为建筑材料的生物化学作用机制及其在复杂海洋环境和恶劣海况条件下的破坏机理尚不完全明确，直接制约着海水拌和养护珊瑚礁砂混凝土的长期服役性能和岛礁工程的安全稳定性。作者凭借多年从事岛礁工程地质与力学特性研究积累的工程实践经验，通过深入、细致的探察调研，认为针对岛礁工程建设，围绕海水拌和养护珊瑚礁砂混凝土亟须解决如下科学技术问题：①复杂海洋环境下珊瑚礁砂混凝土的宏观、细观破坏机理；②增强海水拌和养护珊瑚礁砂混凝土抵御热-力-化学耦合作用能力的调控方法；③极端恶劣海况条件下，海水拌和养护珊瑚礁砂混凝土结构物的长期强度和服役性能评价。

国家发展和改革委员会在 2014 年颁布了《关键材料升级换代工程施工实施方案》，其在“岛礁建设用新型建筑材料”中，对珊瑚礁、砂集料海水拌和养护混凝土就地取材利用率、抗压强度、抗拉强度和年产能均提出了明确要求。针对珊瑚礁砂混凝土结构物损伤机制及耐久性问题，作者结合中国科学院战略性先导科技专项（A 类）课题“地质形态及工程力学特性”、国家自然科学基金面上项目“礁岸再造珊瑚礁混凝土损伤机制及其服役性能研究”、国家自然科学基金重点项目“珊瑚礁工程地质评价及其工程力学效应的分带性研究”、国家重大科学研究计划课题“南海珊瑚礁工程力学性能与可持续利用对策”等开展研究。

本书主要以珊瑚礁砂混凝土结构物损伤机制及耐久性评估为研究主线，从调研现场环境及结构物的健康状况，测试珊瑚礁砂的力学性能，进行珊瑚礁砂混凝土力学性能和耐久性能试验，模拟不同损伤模式下珊瑚礁砂混凝土的内部损伤演化规律，优化设计珊瑚礁砂混凝土及其工程应用等方面开展循序渐进的研究与防护工作，形成以“调研—研究—优化防护”为方针的科学研究和工程应用一体化的科研路线。因此，希望通过本书能够推动珊瑚礁砂混凝土宏观、细观、微观多尺度机理研究，建立珊瑚礁砂混凝土在复杂海洋环境和恶劣海况条件下的服役性能长效机制，综合考量结构的全寿命周期，形成完整的防治体系，更好地保障岛礁工程结构的正常使用和长期服役性能。

中国科学院武汉岩土力学研究所孟庆山主要负责撰写第 2、5、6、8 章；山东省交通科学研究院吴文娟主要负责撰写第 3、4、6、7 章；武昌理工学院杨华美主要负责撰写第 1、6 章，协助撰写第 3、4 章；中国科学院大学覃庆龙主要负责撰写第 1、6 章，协助撰写第 5、8 章。在本书研究与写作过程中，中国科学院武汉岩土力学研究所王新志、魏厚振、汪稔、朱长歧、胡明鉴、叶剑红、阎钶、王良民、沈建华、吕士展、姚婷及刘海峰等为项目研究工作的开展提供了必要的基础条件；武汉科技大学陈平、顾华志、张小平、饶佩森、付金鑫、李浩明、潘剑锋，广西大学袁征、范超，中国科学院大学覃东来、周皓然、吴凯、王茌，桂林理工大学王步雪岩、黄孝芳、蒋雪在试验研究工作方面给予了大力支持，在此表示诚挚的谢意。

珊瑚礁砂混凝土结构物损伤机制及耐久性研究刚刚起步，由于作者水平有限，加之时间和条件的限制，书中难免有不足、疏漏之处，还请各位专家、同行不吝指正。关于本书的任何建议和评判，请发送至作者邮箱：qsmeng@whrsm.ac.cn。

作　者

2020 年 11 月 2 日于武汉小洪山

目录

第1章 绪　　论

我国南海诸岛绝大部分由珊瑚礁组成，且珊瑚岛礁具有丰富的特殊岩土体——珊瑚礁砂，因此在极其缺乏陆源砂石的珊瑚岛礁上，就地取材使用珊瑚礁砂拌制珊瑚礁砂混凝土的施工工艺应运而生。但是珊瑚礁砂具有易破碎、孔隙发育、表面粗糙不平和形状不规则等特点，因此使用其拌制的珊瑚礁砂混凝土在物理力学性能、耐久性能及破坏机理上与普通碎石混凝土有所不同。本章系统总结国内外学者对珊瑚礁砂混凝土的物理力学性能、耐久性能和改良措施的研究进展，并对其研究成果进行总结，从而发现目前相关研究中存在的主要问题，最后提出本书的主要研究内容。

1.1 研究背景

由造礁珊瑚骨骼和虫黄藻类生物胶结钙化而成的珊瑚礁，在热带海岸和岛屿浅水区分布极为广泛。我国南海诸岛由东沙群岛、西沙群岛、中沙群岛、南沙群岛和黄岩岛等岛屿组成，其中包含200多个岛、礁、沙滩，绝大部分由珊瑚礁组成，这些岛屿和礁体是我国南海唯一的陆地国土资源，是海洋开发和国防建设的重要依托。《国家中长期科学和技术发展规划纲要（2006—2020年）》中明确将海洋国防建设列为重点支持领域和优先发展主题之一，中共十八大将“海洋强国”的战略目标纳入国家大战略中，强调建设“海洋强国”是科学发展的重要途径。

远海珊瑚岛礁一般都远离大陆，混凝土建筑用材匮乏，水泥、砂石、钢筋，甚至是岛礁本身缺乏的淡水等，均需由大陆经海上长途运输而来，尤其是砂石、礁砂，它们是混凝土中的重要组成部分，占总量的70%～80%，且在海洋工程建设中对它们的需求非常大。据有关部门统计，20世纪90年代初，西沙群岛建材的运输费用就占到整个建设工程预算的72%左右，而南沙群岛建材的运输费用更是高出100%，可见运输代价之高。鉴于此，在不破坏岛礁原有环境的前提下，就地取材，以珊瑚礁块、砂为粗细骨料，用海水代替淡水拌和养护混凝土的施工工艺应运而生，这对岛礁建设具有重要的工程意义。

在珊瑚岛礁上直接利用珊瑚礁块、砂构筑建筑物，国外始于20世纪40年代。1945年，美军在巴布亚新几内亚洛斯内格罗斯岛珊瑚岛礁上修建了长度为2 375 m的莫莫特机场跑道，1954年澳大利亚利用同源材料将其改建为民用机场，沿用至今。在英格兰和威尔士地区，海洋混凝土礁砂的用量占工程应用的18%左右。在环太平洋珊瑚礁分布区，美国部署了大量的军事基地，耗费了大量的混凝土材料，为此美国军方制定的土木工程标准 *Unified facilities criteria*（*UFC*）*design*：*Tropical Engineering* 中明确指出：使用混凝土建设时，在常规礁砂短缺情况下，可使用珊瑚礁砂作为混凝土礁砂，但为确保混凝土质量，珊瑚礁砂应提前冲洗干净且减少含盐量，避免锈蚀钢筋。在我国，这类应用可追溯到300多年前的明代，当年我国渔民已会将珊瑚礁块和礁砂碎屑作为建筑砂石料在南海岛屿上构建庙宇，至清代，仅西沙群岛建造的古庙就有14处之多[1]。20世纪20年代及第二次世界大战期间，法国殖民主义者和日本帝国主义者先后侵占我国南海诸岛，为掠夺我国岛屿资源，利用珊瑚礁块和礁砂碎屑制作混凝土，构筑了简易码头、瞭望楼（图1.1）等建筑物。第二次世界大战结束后，南海诸岛重归我国管辖，我国军民在岛礁上修建了不少营房、气象站、航标和灯塔等建筑物；20世纪50年代修建了一批平房；到70年代中期，为巩固我国南海边防，在西沙群岛扩建港口、码头、渔业水产收购站、海洋观测站等，也是在这个时期为克服建设原材料不足和节约成本，我国海军工程部开始了海水拌和养护珊瑚礁砂混凝土的可行性研究；80年代，在永兴岛机场和码头的防浪堤护坡上（素混凝土）及非受力范围和受力压强不大的其他工程（如地坪和道路等）中进行了海水拌和养护珊瑚礁砂混凝土的应用；90年代初，西沙群岛琛航岛新的码头护岸护坡，以及道路、航道、港池的防浪堤等也都运用了海水拌和养护珊瑚礁砂混凝土工艺。

（a）修复中

（b）修复后

图 1.1 日本人用珊瑚礁砂混凝土建造的瞭望楼

然而，南海岛礁自然环境复杂，高温、高湿、高盐、风速大且海况条件恶劣，并且关于珊瑚礁砂混凝土性能的系统研究明显滞后于工程实践。对西沙某岛礁珊瑚礁砂混凝土结构进行调查发现，其在服役不足 10 年的情况下就发生了开裂、剥落、钢筋裸露、冲刷磨蚀等损伤劣化现象，这对混凝土结构的安全稳定和长期服役性能造成严重威胁。珊瑚礁砂作为一种有别于陆源砂的特殊岩土介质，是配制珊瑚礁砂混凝土的重要原材料，但目前关于海水拌和养护珊瑚礁砂混凝土作用机理，以及复杂恶劣的热带海洋环境对珊瑚礁砂混凝土力学性能、耐久性和微观影响的研究尚不够深入，这必将对建筑于珊瑚岛礁上的珊瑚礁砂混凝土构筑物的安全稳定带来隐患。因此，揭示珊瑚礁砂混凝土在复杂海洋环境及恶劣海况条件下的损伤机理，进而评价其安全性和长期服役性能具有必要性与紧迫性。

1.2 国内外研究动态

1.2.1 珊瑚礁砂混凝土的物理力学性能

将珊瑚礁砂作为混凝土建筑材料的研究和应用一直以来是国内外学者关注的热点问题。通常，依据骨料类型，珊瑚礁砂混凝土可大致分为三类：第一类是以普通碎石为粗骨料，以珊瑚砂屑为细骨料拌和而成的混凝土；第二类是以破碎的珊瑚或珊瑚礁块为粗骨料，以天然河砂为细骨料拌和而成的混凝土；第三类是以珊瑚礁碎块为粗骨料，以珊瑚砂屑为细骨料拌和而成的混凝土。1974 年，美国学者 Howdyshell[2]对关岛、塞班岛、夸贾林环礁及中途岛的珊瑚礁砂混凝土构筑物进行调查，指出将珊瑚骨料作为混凝土材料是可行的。1988 年，我国学者王以贵[3]对珊瑚混凝土在港工中应用的可行性进行了研究，证实珊瑚礁砂混凝土应用于不含钢筋的防波堤、防沙堤、挡墙、护岸、消浪块体及路面工程等港工构筑物中是可行的，既可节约费用，又可缩短工期。

珊瑚礁砂混凝土的流动性通常较一般混凝土的差，其和易性受水泥用量、水灰比、砂率大小及珊瑚礁砂预湿吸水率等因素的影响很大。珊瑚礁砂具有形状复杂、表面粗糙多孔、比表面积大等特征，只有较多的水泥砂浆才可以完全包裹珊瑚礁砂颗粒。卢博等[4]在研究中指出珊瑚礁砂混凝土比一般混凝土需要更多的水泥用量。韦灼彬等[5]在研究中指出体积砂率是影响珊瑚礁砂混凝土坍落度的最重要因素，而袁银峰[6]、达波[7]等研究发现质量砂率比体积砂率的配合比设计效果更好。相关研究表明，无论是体积砂率还是质量砂率，保证其在 50%以上，可以使制备的珊瑚礁砂混凝土获得良好的流动性[6-8]。珊瑚礁砂的吸水率较大，袁银峰和达博等[6-7]在研究中指出珊瑚礁砂预湿吸水率的变化对珊瑚礁砂混凝土坍落度的影响最大，韩超[9]发现在搅拌过程中采取先预湿珊瑚礁砂、后加水泥的方式可以避免珊瑚礁砂混凝土分层离析现象的发生。虽然珊瑚礁砂混凝土的流动性较一般混凝土的差，但研究发现珊瑚礁砂作为细骨料制备的混凝土的保水性和黏聚性总优于河砂制备的混凝土[10]，且珊瑚礁砂混凝土拌和物一般无严重泌水和崩塌现象[5]。此外，使用海水拌和养护珊瑚礁砂混凝土时，海水中的 $CaCl_2$ 等会促进混凝土的水化，对混凝土的坍落度损失造成一定的影响[11]。

珊瑚骨料质轻，属轻骨料范畴[12]，但珊瑚礁砂混凝土的密度一般在 1 827～2 300 kg/m^3 范围内[6,13-14]，不属于轻骨料混凝土，这一点与 Arumugam 等[15]的结论一致。混凝土的设计指标一般以强度等级为准，采用常规设计理论和方法设计的珊瑚礁砂混凝土的强度等级一般在 C20～C30[3,4,9,12-13,16-18]，早期岛礁建设中主要将其应用在防波堤、道路等非受力部位。卢博等[4]、梁元博等[19]将珊瑚礁砂和普通碎石作为粗细骨料配制出了强度等级为 C40 的珊瑚礁砂混凝土。广西大学李林[12]用珊瑚礁砂和天然河砂配制了强度等级为 C30 的珊瑚礁砂混凝土，采用正交试验法研究了水泥用量、用水量、珊瑚用量和砂率对珊瑚礁砂混凝土强度的影响，得到各因素的影响顺序：水泥用量＞用水量＞砂率＞珊瑚用量。周杰[20]、余强[21]依据高性能轻骨料的配合比设计理论，将水灰比设在 0.25～0.4，配制出了强度等级为 C40 和 C50 的珊瑚礁砂混凝土。南京航空航天大学余红发团队等[6-7,22-23]提出富浆混凝土理论来设计高强珊瑚礁砂混凝土，通过降低水灰比、增加水泥用量配制出了强度等级为 C50～C65 的珊瑚礁砂混凝土，并且利用南沙诸岛较为优质的珊瑚礁砂配制出了强度等级为 C70 和 C80 的珊瑚礁砂混凝土[7]。Wang 等[24]利用计算机程序，使用 Andreasen＆Andersen 颗粒填充数学模型和响应面分析，利用珊瑚砂和珊瑚微粉制备了超高性能的珊瑚混凝土。

珊瑚礁砂混凝土的强度特性与普通混凝土有所不同。珊瑚礁砂混凝土早期强度增长较快，而后期强度增长较慢。1996 年，印度学者 Arumugam 等[15]研究发现珊瑚混凝土在 7 d 龄期后立方体抗压强度几乎不增长，而普通混凝土 28 d 龄期强度约是 7 d 龄期强度的 1.5 倍；国内众多研究学者[8,12,18,25-27]也发现了此规律，珊瑚礁砂混凝土 7 d 龄期的立方体抗压强度就可以达到 28 d 龄期立方体抗压强度的 80%甚至更高，14 d 几乎达到 28 d 龄期立方体抗压强度，并且珊瑚礁砂混凝土在养护初期的立方体抗压强度要高于同强度等级的普通碎石混凝土；然而，由于珊瑚礁砂骨料本身多孔隙、强度较低，28 d 龄期后的珊瑚礁砂混凝土的立方体抗压强度一般低于普通碎石混凝土[8,12,25]。然而，糜人杰等[14]对不同强度等级的珊瑚礁砂混凝土的力学性能进行研究时发现，C20～C50 强度等级范围的珊瑚礁砂混凝土的轴心抗压强度要比普通混凝土高 10%～48%，表明珊瑚礁砂混凝土的延性更好，但随着强度等级的提高，其增量有所降低。Huang 等[28]在对珊瑚礁砂混凝土、再生骨料混凝土和普通碎石混凝土的力学性能进行比较分析时，同样得出了珊瑚礁砂混凝土的轴心抗压强度比普通碎石混凝土高的结论。糜人杰等[14]在研究时还发现，不同强度等级的珊瑚礁砂混凝土的劈裂抗拉强度要比普通混凝土高，这与大部分研究学者[8,12,29-30]的研究结论相同，这是因为珊瑚礁砂表面粗糙、多孔，骨料与水泥浆体之间的黏结力强，且珊瑚礁砂由吸水返水特性形成的“微泵”效应能够促进珊瑚礁砂混凝土界面过渡区的水泥水化，从而使得珊瑚礁砂混凝土具有较高的劈裂抗拉强度；但郭东等[31]对比研究了强度等级为 C30 的珊瑚礁砂混凝土和普通混凝土的力学性能，得出由于珊瑚礁砂本身疏松多孔、易碎，珊瑚礁砂混凝土的劈裂抗拉强度低于普通混凝土的结论，而作者通过阅读其论文推测这可能是因为应用了风化程度较为严重的珊瑚骨料，影响了珊瑚礁砂混凝土的力学性能。达波[7]在研究中比较了未风化珊瑚骨料和风化珊瑚骨料对混凝土强度性能的影响，发现未风化珊瑚混凝土比风化珊瑚混凝土的立方体抗压强度平均约高 12%。珊瑚礁砂表面粗糙、多孔，其“微泵”效应还对抗折强度产生较大影响，糜人杰等[14]的研究发现珊瑚礁砂混凝土的抗折强度和普通混凝土的抗折强度的差异与强度等级有关，强度等级为 C30 的珊瑚礁砂混凝土的抗折强度比普通混凝土的高，但是 C40～C55 强度等级的珊瑚礁砂混凝土的抗折强度比普通混凝土的要低，原因是低强度等级的珊瑚礁砂混凝土的珊瑚礁取代率高，“微泵”效应及界面区嵌固咬合力强。但郭东等[31]、Wang 等[30]研究发现，以珊瑚礁砂为细骨料配制的强度等级为 C40 的珊瑚礁砂混凝土的抗折强度高于普通混凝土。珊瑚礁砂混凝土的抗折强度特性还有待深入研究。

珊瑚礁砂混凝土的早期强度高主要有两方面原因：一是珊瑚礁砂骨料自身带有的盐分或使用海水拌和时水中的盐分，特别是氯盐，会与水泥中的氧化铝反应生成 Friedle′s 盐，能促进水泥的早期水化[32-34]；二是珊瑚礁砂骨料的吸水返水特性在混凝土内部产生内养护作用，能促进水泥水化，且珊瑚礁砂表面粗糙多孔，水泥浆易渗透进骨料表面的孔隙，使得水泥石形成机械网状结构，从而产生比普通混凝土更强的界面黏结力[35-37]；在界面过渡区微观结构特征的研究中，Cheng 等[38]在研究中发现珊瑚礁砂与其他类轻骨料一样，与水泥石之间结合紧密，界面过渡区没有特别明显的分界，水化产物充满礁砂骨料表面的孔隙，预湿珊瑚礁砂骨料的内养护作用能够有效促进水化，改善界面过渡区结构；正因如此，珊瑚礁砂混凝土的界面过渡区的显微硬度与普通混凝土明显不同，珊瑚礁砂混凝土中界面过渡区的显微硬度大大高于普通混凝土，特别是在 0～70 μm 范围内，且珊瑚礁砂混凝土的界面过渡区的显微硬度的最大值出现在礁砂与水泥石结合处(0)，而普通混凝土一般在骨料与水泥石交界 50 μm 外硬度值较高[8,12,25]。

在变形发展方面，珊瑚礁砂混凝土表现出与普通混凝土不同的特征。珊瑚礁砂混凝土的应力-应变曲线中，上升阶段呈线性变化，峰值应力前，珊瑚礁砂混凝土的塑性变形较普通混凝土小，峰值应力后，珊瑚礁砂混凝土的应力突然下降，应力-应变曲线的下降段较普通混凝土和其他轻骨料混凝土更陡峭，表现出更加明显的脆性破坏特征[28,39-40]，这是珊瑚礁砂的主要矿物成分决定的；不同强度等级的珊瑚礁砂混凝土的应力-应变曲线的上升段相似，但下降的陡峭程度随着强度等级的提高而增大，表明珊瑚礁砂混凝土的脆性特征随着强度等级的提高而增大[39-40]。珊瑚礁砂混凝土的泊松比随着强度等级的升高先增大后减小，而弹性模量则逐渐增大[39-40]，珊瑚礁砂混凝土的弹性模量一般低于普通碎石混凝土[12,28,39-41]，这可能是因为孔隙率较高的珊瑚骨料的弹性模量小于普通碎石[41]。

珊瑚礁砂混凝土的破坏为脆性破坏，破坏状态以劈裂破坏为主，有明显的垂直裂缝和斜裂缝[39-40]。达波等[39]、Da 等[40]在研究中发现不同等级的珊瑚礁砂混凝土的宏观失效裂缝与轴向之间的夹角为 65°～70°；而 Huang 等[28]的研究发现珊瑚礁砂的失效裂缝与轴向之间的夹角为 20° 左右，且小于普通碎石混凝土和再生骨料混凝土的宏观裂缝与轴向之间的夹角。珊瑚礁砂混凝土的破坏裂纹直接贯穿珊瑚骨料，破坏断面较为平整，这与普通碎石混凝土的破坏面多集中在骨料和水泥浆体的界面处的特征有所不同[8,28,39-42]。Huang 等[28]通过数字图像相关（digital image correlation，DIC）技术观察到混凝土试样的变形分布和裂纹扩展，发现珊瑚礁砂混凝土的大应变（横向和纵向）明显出现在珊瑚骨料中，而普通碎石混凝土和再生骨料混凝土的大应变主要集中在骨料与砂浆界面及水泥砂浆中。

除以上静态力学性能以外，研究学者对珊瑚礁砂混凝土的动态力学性能进行了初步探讨，与普通混凝土相比，珊瑚礁砂混凝土表现出不同的动态力学性能。李林[12]、张栓柱[25]、Wang 等[43]进行小梁弯曲疲劳试验对珊瑚礁砂混凝土的动态疲劳特性进行研究，发现珊瑚礁砂混凝土的弯曲疲劳寿命较好地服从韦布尔（Weibull）分布，且其疲劳寿命要高于普通碎石混凝土。马林建等[44]对珊瑚礁砂混凝土的立方体试块进行单轴抗压疲劳试验，发现其疲劳寿命高于普通碎石混凝土和轻骨料混凝土，整体抗疲劳性较好，珊瑚礁砂混凝土的疲劳寿命受加载频率的影响比普通混凝土显著。章艳[45]利用分离式霍普金森压杆（split Hopkinson pressure bar，SHPB）对珊瑚礁砂混凝土的动态力学性能进行研究，指出珊瑚礁砂混凝土与普通混凝土一样同属于应变硬化材料，有明显的应变率效应，碱式硫酸镁水泥和剑麻纤维混凝土表现出良好的增韧效果，使珊瑚礁砂的破坏形态表现出明显的延性，尤其是掺加剑麻纤维的珊瑚礁砂混凝土在高应变率下“裂而不散”。吴文娟等[46]也利用 SHPB 研究发现珊瑚礁砂混凝土的动态强度增长因子比普通碎石混凝土对应变率表现出更高的敏感性，这与 Ma 等[47]的研究结论一致；两类混凝土的动态强度增长因子与应变率均呈对数函数关系，能耗密度与应变率呈线性关系；相同应变率条件下，珊瑚礁砂混凝土由于骨料自身强度低、结构疏松且多内孔隙，冲击作用下吸收能量的能力更强，且珊瑚礁砂混凝土在冲击荷载作用下浆-石不易分离，抗冲击性能更好。

1.2.2 珊瑚礁砂混凝土的耐久性能

海洋暴露环境为混凝土等工程材料的长期稳定性带来了巨大的挑战，处在不同区域环境（包括大气区、浪溅区、潮差区和浸没区等）的混凝土的长期稳定性能取决于物理和化学机制（包括波浪和潮汐的冲刷、氯离子侵蚀、硫酸盐侵蚀及碳化等）的复杂相互作用，这些机制都对混凝土材料具有很强的侵略性。其中，氯离子侵蚀引起的钢筋锈蚀问题尤为突出，据调查，我国华南、华东地区的海港工程中处于浪溅区的梁、板底部，由于氯离子渗透混凝土保护层，钢筋不到10年就发生混凝土保护层顺筋胀裂，剥落损坏，而且胀裂剥落后，破坏日益加剧。例如，1981年调查了南方仅使用7～25年的18座海港钢筋混凝土码头，其中因钢筋腐蚀而破坏或不耐久的占90%；北仑港10×10^4 t级矿石中转码头当时是全优工程，但仅使用11年，桩帽和水平撑就普遍出现顺筋胀裂，厚约5 cm的混凝土保护层内钢筋周围的砂浆含盐量达0.8%。鉴于海工混凝土不耐久的现状，1970年以来，交通部已对海港工程结构技术规范进行了3次修订，每次修订都对海工混凝土结构的耐久性提出了更高的要求。

由图1.2可知，处在海洋环境中的混凝土会发生侵蚀破坏的一个重要因素是混凝土遭受海水中氯盐、镁盐和硫酸根的侵蚀，这些有害离子通过扩散、对流等方式进入混凝土的内部，与其水化产物中的氢氧化钙及水化铝酸钙作用生成新的盐类物质，生产无胶结性或膨胀性的难溶盐类物质，无胶结可溶性物质在海水的反复冲刷下溶解析出，而膨胀性难溶性物质不断累积，在混凝土内部产生膨胀应力，这些都会使混凝土的孔隙或裂缝增加，这又为海水中的有害离子如氯离子等渗入混凝土内部提供了更佳便利的通道，

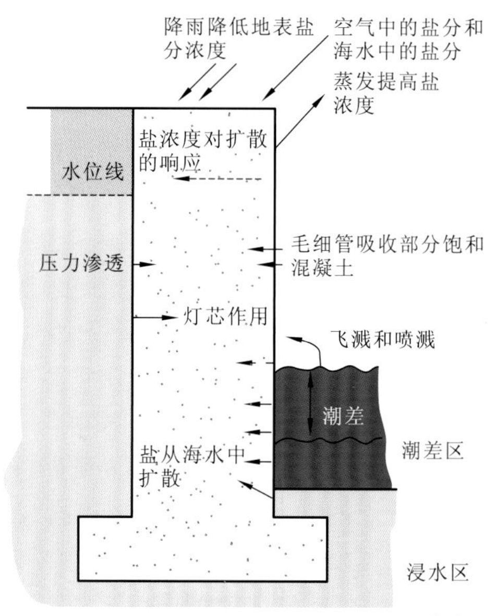

图1.2 海洋环境中混凝土劣化示意图[48]

从而加剧钢筋锈蚀，并使混凝土胀裂剥落。此外，如果水灰比控制不严，施工质量较差，混凝土振捣不密实，甚至会出现蜂窝麻面等现象，这些都会加剧含盐环境对混凝土的侵蚀，使其强度减弱，耐久性降低。

我国南海海域自然环境条件复杂，高温、高湿、高盐等特殊环境对混凝土构筑物有很强的损伤破坏作用，尤其是性能较差的珊瑚礁砂混凝土。余强等[49]指出南海珊瑚礁砂混凝土所面临的主要耐久性问题有：一是海水拌和养护珊瑚礁砂混凝土长期在岛礁高温条件下强度的发展，二是干湿交替引起的混凝土表面开裂，三是盐分（包括氯盐、硫酸盐、镁盐等）的腐蚀，四是强紫外线照射的影响，五是海浪的冲刷磨蚀及台风的影响等。其中，氯离子侵蚀一直在海洋混凝土腐蚀破坏现象中尤为突出[50-52]，因此，珊瑚礁砂混凝土中氯离子的侵蚀破坏问题一直受到国内外研究学者的关注。1951 年，美国学者 Dempsey[53]认为珊瑚礁砂混凝土持续暴露在大气和潮湿环境中可能发生腐蚀破坏；1974 年，Howdyshell[2]在发表有关珊瑚礁砂混凝土的报告中指出海水拌和养护珊瑚礁砂混凝土容易发生钢筋腐蚀；1991 年，美国学者 Ehlert[54]对比基尼岛上的珊瑚礁砂混凝土构筑物进行了实地调查并现场取样，通过对样品进行试验指出，如果配合比合适，珊瑚礁砂骨料和海水就能够用于拌制高性能的混凝土，但是珊瑚礁砂骨料多孔引起的高渗透性严重影响混凝土的耐久性，他同时指出影响珊瑚礁砂混凝土耐久性的首要因素不是海水侵蚀，而是钢筋表面保护层厚度、建筑结构表面裂缝和盐雾腐蚀。

研究珊瑚礁砂混凝土受氯离子的侵蚀行为，首先要研究氯离子的扩散性能。混凝土表面自由氯离子浓度（C_s）、混凝土内部自由氯离子含量（C_f）及表观氯离子扩散系数（D_a）是评价氯离子扩散性能的重要参数。2003 年，日本学者 Wanchai 等[55]研究发现，与普通混凝土相比，珊瑚礁砂混凝土的表观氯离子扩散系数（D_a）是其 3 倍还多，这是由于珊瑚礁砂混凝土自身的孔隙率较普通混凝土大[30]，且其抗渗透能力较普通混凝土低[8]。2005 年日本学者 Tehada[56]、2009 年日本学者 Wattanachai 等[57]分别研究了氯离子扩散与钢筋锈蚀行为，发现由于珊瑚礁砂本身含有盐分，珊瑚礁砂混凝土的钢筋锈蚀和氯离子扩散速率均明显高于相同配合比的普通混凝土。Da 等[58]、达波等[59-60]、Hongfa 等[61]对我国南海岛礁的珊瑚礁砂混凝土和普通混凝土构筑物进行了调查研究，发现在同一岛礁环境中，同一深度珊瑚礁砂混凝土的 C_f 和总氯离子含量（C_t）比普通混凝土的 C_f 和 C_t 大得多，珊瑚礁砂混凝土的 C_s 比普通混凝土的 C_s 要高出 13～28 倍，且 C_s 的分布规律按区域条件从高到低依次为水下区、浪溅区、大气区；珊瑚礁砂混凝土的 D_a 是普通混凝土的 1～8 倍，水下区和浪溅区的珊瑚礁砂混凝土的 D_a 可分别达到大气区的 15 倍和 7.4 倍；普通混凝土在南海岛礁环境下的 D_a 比北欧、北美及我国东海等一般近海环境中普通混凝土的 D_a 大 1～2 个数量级。达波 [7]、窦雪梅等[62]、达波等[63]、窦雪梅等[64]、窦雪梅[65]、Da 等[66]采用自然扩散法研究暴露在海水环境中的珊瑚礁砂混凝土的氯离子扩散特性，发现海洋环境下，珊瑚礁砂混凝土的 C_s、C_f 和 D_a 都要比同强度等级的普通混凝土的高得多；暴露在我国南海实际岛礁环境中的珊瑚礁砂混凝土立方体试件的 C_s 比实验室条件下的大 60%～90%，实际工程中服役的珊瑚礁砂混凝土构筑物的 C_s 比较稳定，比实验室条件下的大 1.2～1.6 倍；实际岛礁环境中立方体试件的 D_a 比实验室数据大 11 倍之多，实际海洋工程中服役的珊瑚礁砂混凝土的 D_a 要比实验室条件下获得的数据高 3 个数量级。

在我国南海岛礁工程中，加筋混凝土结构发生了大面积的混凝土保护层胀裂、剥落、钢筋裸露及钢筋锈蚀等破坏现象，研究发现处在南海岛礁海洋环境中的混凝土中钢筋的锈蚀速率比一般海洋环境高出几十倍，甚至数百倍。严酷的南海岛礁环境加剧了混凝土中钢筋的锈蚀速率，不同区域环境的混凝土中钢筋的锈蚀速率大小为浪溅区＞水下区＞大气区[7, 67]。珊瑚礁砂骨料多孔隙的特点使其孔隙率高于同强度等级的普通混凝土[25, 30]，这种多孔性能使海水或盐雾中的有害离子更容易扩散到混凝土内部，降低混凝土的耐久性；并且珊瑚礁砂混凝土的氯离子结合能力（R）比普通混凝土的小，这是珊瑚礁砂混凝土中钢筋易锈蚀的另一个重要因素[59]；同时，由于珊瑚礁砂骨料本身或拌和海水中含有盐分，即使在正常环境下，珊瑚礁砂混凝土中的普通钢筋也会发生锈蚀[7]；在同等条件下，加筋珊瑚礁砂混凝土中钢筋的锈蚀速率是同配比的普通钢筋混凝土的 2 倍以上[49,68]。

除 Cl^-侵蚀外，处在海洋环境中的混凝土还会受到海水中 SO_4^{2-} 、Mg^{2+}等的侵蚀作用而发生破坏。在海水的高盐环境中，海水中的 SO_4^{2-} 与水泥中的 C_3A、C_4AH_6 等成分反应生成膨胀性产物钙凡石（AFt）等，在混凝土内部产生膨胀应力[69-71]。陈兆林等[72]将工程现场浇筑的珊瑚礁砂混凝土试块置于海水环境中长达 19 年之久，未发现明显膨胀或劣化现象，认为海水中的氯盐能提高 $CaSO_4$ 和 AFt 的溶解度，并且在波浪、海流作用下 $CaSO_4$ 和 AFt 会析出，实验室静止状态下易观察到硫酸盐引起的体积膨胀。有学者认为，海水中高浓度的 Cl^-会降低或抑制混凝土中硫酸盐侵蚀引起的体积膨胀是由于 Cl^-会与水泥中的 C_4AH_6 等反应生成 Friedel′s 盐[73-74]。然而，李伟峰等[75]认为珊瑚礁砂骨料本身含有的 Cl^-、SO_4^{2-} 等会使珊瑚礁砂混凝土内部生成钙凡石。Zhang 等[76]发现浸泡于 5%硫酸钠溶液中 720 d 后的珊瑚礁砂混凝土的抗蚀系数与普通混凝土类似。Tang 等[77]探讨了干湿循环条件下硫酸盐侵蚀对珊瑚礁砂凝土和普通河砂混凝土的影响，发现普通河砂混凝土的腐蚀产物为钙矾石，而珊瑚礁砂混凝土内的腐蚀产物不仅有钙矾石，还存在 Friedel′s 盐；两种混凝土具有相似的强度损失，但不同之处在于珊瑚礁砂混凝土中存在更多的侵蚀产物，且其弹性模量损失少于普通河砂混凝土。苏春义[78]比较了硫酸钠溶液和硫酸镁溶液干湿循环条件下的性能变化，发现在硫酸钠溶液干湿循环条件下，混凝土侵蚀产物以钙矾石型破坏为主，在硫酸镁溶液干湿循环条件下，混凝土侵蚀产物以石膏型破坏为主；相比于普通混凝土，珊瑚礁砂混凝土达到损伤破坏时，质量损失较小，其动弹性模量损失程度低于普通混凝土，但是抗压强度与抗折强度损失程度较高[78]。海洋环境中，混凝土中的 $Ca(OH)_2$ 和铝相产物也易受 Mg^{2+}、Cl^-的侵蚀，一般在流动的海水中，$Ca(OH)_2$ 等水化产物在孔隙溶液和外部环境的浓度梯度下连续排出，混凝土中的 $Ca(OH)_2$ 被消耗，导致 C-S-H 凝胶脱钙，混凝土的孔隙率、塑性增加[71,79]。然而，吴文娟等[80-81]研究发现，热带海洋环境中盐雾侵蚀作用下珊瑚礁砂混凝土的 $Ca(OH)_2$、C-S-H 凝胶等起胶结作用的成分减少，而无胶结作用的富镁矿物 $Mg(OH)_2$ 等成分增加，导致珊瑚礁砂混凝土的力学性能下降。

处在大气或海水环境中的混凝土易受空气或海水中CO_2的作用而发生碳化，因此，抗碳化性能也是海洋环境中混凝土结构耐久性研究的重要方面。Cheng 等[82-83]对比研究了珊瑚礁砂混凝土和普通混凝土的抗碳化性能发现，珊瑚礁砂混凝土在早龄期（＜14 d）的碳化深度小于普通混凝土，而在后期（＞14 d）的碳化深度超过普通混凝土，表明珊瑚礁砂混凝土在早龄期的抗碳化性能更强，这主要是由于珊瑚礁砂的粗糙表面及其内养护特性改善了混凝土的界面过渡区，密实度增加，从而产生更好的抗碳化性能[84-85]，但是因为珊瑚礁砂骨料的孔隙率大，所以珊瑚礁砂混凝土在后期碳化深度增加[86]。在实际岛礁工程结构中，珊瑚礁砂混凝土的碳化深度与区域位置、环境作用因素等条件有关，调研发现，不同位置珊瑚礁砂混凝土的碳化深度从高到低依次为大气区＞浪溅区＞潮差区[59,61]。

岛礁环境条件复杂，珊瑚礁砂混凝土的应用面临着高温、强光照、大风速、表面水分蒸发快等影响因素，在使用珊瑚礁砂混凝土进行大体积段（如护岸胸墙等）施工时，养护期间构筑物表面偶见裂纹，裂纹深度达到 0.5 m 以上[87]，因此，珊瑚礁砂混凝土的体积稳定性问题受到了研究学者的关注。在珊瑚礁砂混凝土干燥收缩性能的研究方面，研究学者得出了不一致的结论，陈飞翔等[85]在研究中发现珊瑚礁砂混凝土的干缩值要小于普通混凝土，而 Cheng 等[82]得出相反的结论，认为珊瑚礁砂混凝土的干缩值要大于普通混凝土；郭超[29]的研究也得出了珊瑚礁砂混凝土的干缩率要比普通混凝土大的结论，这主要是由较多的水泥用量引起的，混凝土的干缩变形主要由水泥石的收缩引起，珊瑚骨料的体积用量少，对水泥石收缩的约束作用较小，因而干缩变形大；部分学者[76,88]研究发现珊瑚礁砂混凝土的干缩主要发生在早期阶段，后期干缩变化不大，且早期干燥收缩速率远大于普通混凝土。苏春义[78]、Cheng 等[83]对比了 C30、C35 和 C40 珊瑚礁砂混凝土在不同龄期的干缩值，指出相同条件下珊瑚礁砂混凝土的干燥收缩程度与水灰比呈正相关关系，干缩值随水灰比的减小而减小；Cheng 等[38]、Liu 等[89]发现预湿珊瑚礁砂骨料的内养护作用能明显抑制混凝土的自收缩，尤其对后期自收缩的改善效果明显；随预湿珊瑚礁砂骨料掺量的增加，内养护作用增大，珊瑚礁砂混凝土的自收缩率也逐渐降低[89]。

1.2.3 珊瑚礁砂混凝土的改良措施

与普通混凝土相比，珊瑚礁砂混凝土具有强度较低、脆性大、抗渗性能差、抗腐蚀能力弱等不足，为增强珊瑚礁砂混凝土的基本力学性能，改善其在海洋环境下的耐久性能，国内外研究学者针对不同措施对其性能的影响开展了一系列的研究工作。总地来说，目前珊瑚礁砂混凝土性能的改善方法主要分为以下几类。

1. 骨料预处理

珊瑚礁砂骨料质轻、吸水性大，属轻骨料范畴，拌制混凝土前通常先进行预湿处理，以利用骨料的吸水返水特性在混凝土内部充分发挥内养护作用。珊瑚礁砂骨料的内养护作用可以减轻珊瑚礁砂混凝土的自收缩和干燥收缩，并改善混凝土的孔隙结构，优化其界面过渡区结构，提高珊瑚礁砂混凝土的强度和抗氯离子渗透的能力[38,57,90]。

另外，珊瑚礁砂骨料本身强度较低且表面多附着有害离子、微生物等，部分学者考虑从骨料本身的性质着手，挑选优质骨料或对骨料进行表面预处理，改善骨料本身的性能。酸处理是再生骨料制备时表面处理的常用工艺，可以使骨料表面清洁、粗糙，增强骨料与砂浆的界面黏结力[91-93]。姚燕等[94]先用一定浓度的盐酸浸泡珊瑚礁砂骨料，以去除珊瑚礁砂骨料的柔软表面，然后将其浸泡在水玻璃中至珊瑚礁砂骨料表面形成胶体薄膜，填充珊瑚礁砂骨料的大孔隙和裂缝并在表面形成一定的附着力，处理后的珊瑚礁砂骨料成功制备了强度等级为C45的珊瑚礁砂混凝土。Wanchai等[55]在研究中发现，通过涂抹有机材料的方法来处理珊瑚礁砂骨料表面可以改善珊瑚礁砂的强度和抗氯离子扩散的性能，但同时指出用盐酸预处理时珊瑚礁砂骨料中会有Cl^-残留，这对钢筋珊瑚礁砂混凝土的应用提出了挑战。根据珊瑚礁的矿物成分和孔隙特征，使用化学酸处理珊瑚礁表面的附着物和有害离子是改善珊瑚礁砂骨料性能的重要手段，但是，值得注意的是，化学酸类型的选择、化学酸浓度及浸泡时间的控制、骨料内部孔隙结构（孔隙连通性、孔隙度和孔壁等）、处理液的回收与管理，以及骨料中残余处理液对混凝土性能的影响均是在对珊瑚礁砂骨料进行表面预处理时需要考虑的问题[95]。

2. 替换水泥类型

考虑到波特兰水泥水化产物在海洋环境下的不稳定性，部分学者考虑使用碱式硫酸镁水泥替代波特兰水泥的方法配制珊瑚礁砂混凝土。碱式硫酸镁水泥是以硫氧化镁水泥的体系胶凝材料为基础，以不溶性碱式硫酸镁晶须和氢氧化镁为主要水化产物的一种新型镁质水泥，具有快凝、早强、高强、高韧性、抗水、抗腐蚀等优点[96]。袁银峰[6]、Da等[40]在研究中指出，碱式硫酸镁水泥珊瑚礁砂混凝土和波特兰水泥珊瑚礁砂混凝土具有相似的力学性能，相同配合比情况下，碱式硫酸镁水泥珊瑚礁砂混凝土的轴压强度、抗折强度和抗拉强度均较波特兰水泥珊瑚礁砂混凝土大，且其轴压比、折压比、拉压比等分别较波特兰水泥珊瑚礁砂混凝土提高16%、75%、41%。章艳[45]、董淑慧等[36]进行单轴压缩和动态压缩试验时发现碱式硫酸镁水泥能降低珊瑚礁砂混凝土的脆性，提高其韧性，是良好的抗冲击材料；这主要是由于碱式硫酸镁水泥的水化产物为针杆状的$5Mg(OH)_2 \cdot MgSO_4 \cdot 7H_2O$晶须，其以$MgO_6$八面体为骨架，以$OH^-$或$H_2O$及$SO_4^{2-}$四面体为填充离子/分子，使得水泥水化后的微观结构更加致密，从而强度增加，而大量的$5Mg(OH)_2 \cdot MgSO_4 \cdot 7H_2O$晶须起到类似于纤维的作用，降低了混凝土的韧性[96]。同时，致密的$5Mg(OH)_2 \cdot MgSO_4 \cdot 7H_2O$相还可以改善混凝土的抗氯离子渗透的性能，与波特兰水泥珊瑚礁砂混凝土相比，相同条件下碱式硫酸镁水泥珊瑚礁砂混凝土的表观氯离子系数随暴露时间的延长下降速率更快，在相同深度处的自由氯离子浓度均较波特兰水泥珊瑚礁砂混凝土小[63]；并且碱式硫酸镁水泥珊瑚礁砂混凝土的氯离子结合能力R较波特兰水泥珊瑚礁砂混凝土增加约90.7%，表明碱式硫酸镁水泥能够有效地结合Cl^-[66]，这对于降低珊瑚礁砂混凝土的氯离子侵蚀具有重要的意义。

无机聚合物（又称地质聚合物）材料是一种创新的高分子无机胶凝材料，是通过在碱性条件下（碱激发剂）活化含固体氧化铝、二氧化硅等的基体材料（粉煤灰、矿渣和偏高岭土等）形成的[97]，具有快凝、早强、耐疲劳和抗冲击等优点[98-99]，其作为海洋混凝土应用在海洋工程中及用于海洋混凝土的强化、修复等具有广泛的潜力[100]。彭自强等[101-102]研究了无机聚合物珊瑚礁砂混凝土的基本力学性能，发现其坍落度、强度等都能满足工程需要，且劈裂抗拉强度和弹性模量较波特兰水泥珊瑚礁砂混凝土有所提高。

3. 掺加矿物掺合料

矿物掺合料具有微填充作用、较高的火山灰活性及微膨胀效应，能够改善混凝土的孔隙结构和密实度，改善混凝土的力学性能和耐久性能，在现代混凝土中是一种有效的、不可或缺的组成材料[103-104]。武汉理工大学研究人员[82-83,105-106]采用单掺、复掺及三掺粉煤灰、矿粉和偏高岭土的方法研究其对珊瑚礁砂混凝土力学性能、抗氯离子渗透性能与碳化和体积稳定性能等的影响，结果表明与掺加粉煤灰和矿渣相比，无论是在单掺、复掺还是在三掺掺合料体系中，偏高岭土的掺入能有效改善珊瑚礁砂混凝土强度和抗氯离子渗透性能的发展，减小珊瑚礁砂混凝土的干燥收缩，并且与粉煤灰和矿渣的掺入增加了珊瑚礁砂混凝土的碳化深度相比，掺入偏高岭土表现出了较好的抗碳化性能。苏春义[78]研究了粉煤灰和矿粉对珊瑚礁砂混凝土抗硫酸盐侵蚀的能力，发现单掺粉煤灰能提高珊瑚礁砂混凝土抗硫酸盐侵蚀的能力，而单掺矿粉在前期可以提高混凝土抗硫酸盐侵蚀的能力，后期却加速其侵蚀破坏；与单掺粉煤灰、矿粉相比，复掺粉煤灰和矿粉能有效减少珊瑚礁砂混凝土受侵蚀过程中侵蚀产物石膏和钙矾石的量，从而可以更大程度地提高珊瑚礁砂混凝土的抗硫酸盐侵蚀的能力。中国人民解放军后勤工程学院 Li 等[107]研究了以珊瑚礁砂为细集料的海水拌和养护珊瑚礁砂混凝土的弹性模量和钢筋锈蚀行为，发现掺加适量的粉煤灰、矿渣能提高珊瑚砂碎石海水混凝土的弹性模量，并改善其抗冻性和耐腐蚀性能；韦灼彬等[108]研究了粉煤灰、偏高岭土对珊瑚礁砂混凝土孔隙结构和抗氯离子渗透性能的影响，发现掺加粉煤灰可以细化珊瑚礁砂混凝土的孔隙结构，减小多害孔的比例而增大无害孔的比例，增强混凝土抗氯离子渗透的能力，并且复掺粉煤灰和偏高岭土进一步改善了珊瑚礁砂混凝土的孔隙结构，使其生成更加致密的凝胶体系，更加显著地降低了其氯离子扩散系数和电通量值。此外，部分学者还研究了硅灰对珊瑚礁砂混凝土力学和耐久性能的影响，发现硅灰能有效改善其立方体抗压强度和劈裂抗拉强度[6,8,109,110]，提高其抗氯离子渗透的性能与毛细吸水性能[8]，孙宝来[109]指出珊瑚礁砂混凝上中硅灰的最佳掺量为 20%～30%，但 Wu 等[8]指出考虑到硅灰对混凝土体积稳定性能的影响，硅灰的掺量不宜过大，需控制在 10%以内。硅灰的掺入还可以有效抑制剑麻纤维珊瑚礁砂混凝土在干湿循环作用下剑麻纤维的老化，从而提高珊瑚礁砂混凝土的耐久性能[111]。

4. 纤维增强

纤维在混凝土中能够约束混凝土中裂缝的扩展，减弱裂缝处的应力集中，使混凝土内的应力场更加连续、均匀，改善混凝土的力学性能、抗渗性能等。对珊瑚礁砂混凝土进行增韧的相关研究发现，添加碳纤维、聚丙烯纤维及玻璃纤维可以明显提高其立方体抗压强度、劈裂抗拉强度、抗折强度和弹性模量[110,112-117]，并降低珊瑚礁砂混凝土的脆性特征，增强其韧性[115]；其中，珊瑚礁砂混凝土抗折强度的增加最为明显，通常为50%～65%[115]；对珊瑚礁砂混凝土立方体抗压强度的增强作用主要是由于纤维在混凝土内部产生的环箍效应和裂缝桥接效应[112,118]。考虑到人造纤维的成本问题，研究人员考虑在珊瑚礁砂混凝土中使用更加廉价的剑麻纤维[119-123]。剑麻纤维是亲水性植物纤维，具有一定的吸湿性和摩擦性能，能够与水泥砂浆较好地黏结，形成良好的界面区域[121]；剑麻纤维对珊瑚礁砂混凝土的抗压强度影响不大，但能明显增强其劈裂抗拉强度与抗折强度[119,122-123]；掺加剑麻纤维的混凝土试件也表现出明显的延性，具有降脆增韧作用[45,115]，并表现出良好的抗冲击性能[45]。同时，相关研究表明，不同类型的纤维掺入不同系统的混凝土中均存在最优掺量的问题，过多的纤维会因分散不充分而过度集中，导致纤维与水泥浆体之间形成薄弱的界面区域，从而使混凝土的力学性能等下降[115]。其中，珊瑚礁砂混凝土中碳纤维和聚丙烯纤维的最优掺量约为2 kg/m^3[110,113,115,117]，玻璃纤维的最优掺量为1～2 kg/m^3[114]，剑麻纤维的最优掺量为3～4.5 kg/m^3[115,119]。

珊瑚礁砂骨料本身含有部分氯离子，若在其中掺入钢筋，很容易引起锈蚀，因此，设计人员在钢筋珊瑚礁砂混凝土的应用方面非常谨慎。部分学者提出通过增加保护层厚度，以及在结构表面涂覆涂层、掺加阻锈剂等附加措施来延长混凝土结构在南海环境下的服役寿命[65,124-125]。许多学者对纤维增强塑料筋的应用等进行了分析，其中碳纤维筋、玻璃纤维筋和玄武岩纤维筋在有特殊需求的工程领域的应用越来越广泛[126]。研究发现，受珊瑚礁砂骨料本身的限制，碳纤维筋、玻璃纤维筋与珊瑚礁砂混凝土的黏结强度低于普通混凝土，且可能发生大的滑移，但被证实其黏结应力能够满足一般工程的需要[127-129]；玄武岩纤维筋与珊瑚礁砂混凝土的黏结已发生劈裂破坏，且其黏结强度受养护环境的影响有些许差异[130]。碳纤维筋可以改善珊瑚礁砂混凝土梁的脆性破坏[131]，且碳纤维筋珊瑚礁砂混凝土梁的挠度高于碳纤维筋普通混凝土梁[132]。但是，除受珊瑚礁砂骨料本身限制外，纤维增强塑料筋的力学性能和黏结性能在海水环境中存在不同程度的下降[133-134]，且南海环境紫外线强烈，混凝土中纤维增强塑料筋的降解问题也不容忽视，其在南海环境中的适用性面临严峻的挑战。

1.3 目前研究中存在的主要问题

综上所述，国内外研究学者针对珊瑚礁砂混凝土的基本物理力学性能、耐久性能、性能改善方法及工程应用等方面开展了众多的研究工作，取得了较为客观的研究成果，但对以上研究成果进行总结，发现目前仍存在以下几个问题。

（1）高强、高性能珊瑚礁砂混凝土的设计。2014 年国家发展和改革委员会颁布《关键材料升级换代工程实施方案》，其中明确提出到 2016 年支持南海岛礁建设用海水拌和养护混凝土产业化，珊瑚礁、砂集料就地取材率大于 75%，并且对海水拌和养护珊瑚礁砂混凝土的强度提出了具体指标要求（28 d 抗压强度大于 50.0 MPa，劈裂抗拉强度大于 5.0 MPa）。珊瑚礁砂骨料表面粗糙多孔、形状复杂且多棱角，采用常规方法配制的珊瑚礁砂混凝土的强度等级集中在 C20～C30，如何在保证珊瑚礁、砂集料利用率的前提下设计出高强、高性能的珊瑚礁砂混凝土是在岛礁大规模建设这一大环境下目前亟待解决的重要问题之一。

（2）抗渗透性能较低，抗海洋环境腐蚀能力较弱。珊瑚礁砂骨料本身多孔，配制的混凝土孔隙率较高，珊瑚礁砂混凝土的抗渗透性能较低，这为海洋环境中有害离子的侵入提供了通道，导致珊瑚礁砂混凝土抗海洋环境腐蚀的能力较弱。

（3）关于热带海洋环境下珊瑚礁砂混凝土耐久性方面的研究不够广泛、深入。海洋环境下，海水侵蚀（Cl^-、SO_4^{2-} 等）、碳化、海浪冲刷磨蚀、温度作用、微生物的腐蚀等是海洋混凝土长期服役性能退化的主要原因，尤其是在高温、高湿、高盐且多台风的热带海洋环境下，性能相对薄弱的珊瑚礁砂混凝土更容易受到破坏，但目前珊瑚礁砂混凝土耐久性方面的研究不够广泛，主要集中在氯离子侵入引起的钢筋锈蚀方面，而对海洋环境下其他方面引起的珊瑚礁砂混凝土的耐久性劣化问题的研究甚少。

（4）珊瑚礁砂混凝土在南海海洋环境下的损伤规律及其机理尚不明确。复杂海洋环境下混凝土的损伤机理一直是国内外研究的重点内容，而对于热带岛礁环境下珊瑚礁砂混凝土的损伤规律及其机理的研究鲜有报道。

1.4　本书主要研究内容

基于对珊瑚礁砂混凝土基本力学性能、耐久性等方面的归纳和总结，针对我国南海岛礁现役珊瑚礁砂混凝土构筑物在复杂海洋环境和恶劣海况条件下发生的多种模式的大面积损伤情况，本书以“南海珊瑚礁砂混凝土的结构损伤规律”为研究主线，交叉融合珊瑚礁砂岩土工程、混凝土结构工程等多学科知识，综合运用现场调查取样、室内加速模拟试验、理论分析等手段，探寻南海珊瑚礁砂混凝土的损伤模式及其影响因素，获取珊瑚礁砂混凝土在不同损伤模式的损伤机制，设计出高强珊瑚礁砂混凝土并分析其在不同损伤模式下的环境适应性，提出珊瑚礁砂混凝土在不同损伤模式下的寿命预测模型并探讨其损伤演化规律，为我国南海岛礁工程建设和长期服役性能评价提供科学依据。基于以上思路，确定本书的研究内容主要包含以下几个方面。

（1）珊瑚礁砂混凝土结构健康状态调查。在调查了解珊瑚岛礁区域气象、水文和地质条件基础上，对现役珊瑚礁砂混凝土构筑物的健康状态进行现场调研，研究不同区域的珊瑚礁砂混凝土的碳化深度，进行考虑区域条件、环境作用因素等的结构损伤模式分类及损伤原因分析。

（2）珊瑚礁砂的物理力学性能。针对岛礁现场不同区域获取的不同珊瑚礁砂类型，开展基本组成成分、微观形貌、形态特征、颗粒强度及吸水返水特性等综合试验分析，选取最佳的珊瑚礁砂类型。

（3）珊瑚礁砂混凝土的基本性能。以所选珊瑚礁砂类型为粗细骨料，结合珊瑚礁砂本源特性，采用富浆混凝土方法配制高强珊瑚礁砂混凝土，探究掺合料（粉煤灰、硅灰）和纤维（聚丙烯纤维）对珊瑚礁砂混凝土的强度特性、界面结构特征等方面的影响规律，择优选取配合比。

（4）珊瑚礁砂混凝土的损伤特征与机制分析。针对岛礁现场划分的盐雾侵蚀损伤模式，钻取典型损伤部位的珊瑚礁砂混凝土芯样，通过宏观物理力学性能测试，获取表观密度、单轴抗压强度、劈裂抗拉强度、孔隙率等参数，探究珊瑚礁砂混凝土盐雾侵蚀损伤规律，并开展扫描电子显微镜（scanning electron microscope，SEM）、X 射线荧光光谱仪（X-ray fluorescence spectrometry，XRF）、热重-差热分析仪（thermogravimetric analysis-differential thermal analysis，TG-DTA）等微观结构分析，揭示盐雾侵蚀作用下珊瑚礁砂混凝土的损伤机理。针对岛礁现场划分的开裂崩落损伤模式，钻取典型损伤部位的珊瑚礁砂混凝土芯样，通过宏观物理力学性能测试，获取表观密度、单轴抗压强度、劈裂抗拉强度、孔隙率等参数，探究珊瑚礁砂混凝土开裂崩落损伤规律；并通过理论分析和试验研究，揭示高低温循环交变作用下珊瑚礁砂混凝土的开裂损伤机理。

（5）珊瑚礁砂混凝土的环境适应性及其调控对策。对选取的高强珊瑚礁砂混凝土，进行室内加速盐雾侵蚀试验，根据质量变化、相对动弹性模量变化和抗压强度变化，探究高强珊瑚礁砂混凝土盐雾侵蚀的环境适应性，并探究岛礁实际盐雾侵蚀与室内加速试验的相关性。对选取的高强珊瑚礁砂混凝土，进行室内加速高低温循环交变试验，根据相对动弹性模量变化、抗压强度变化和劈裂抗拉强度变化，分析高强珊瑚礁砂混凝土盐雾侵蚀的环境适应性。对选取的珊瑚礁砂混凝土，进行室内冲刷磨蚀试验，根据抗冲磨强度的变化、磨损率的变化，利用 X 射线衍射（X-ray diffraction，XRD）和 SEM 等先进微观测试手段揭示提高珊瑚礁砂混凝土抗冲磨性能的机理。

（6）珊瑚礁砂混凝土的损伤演化。基于损伤变量和损伤力学理论，结合模拟试验数据，建立盐雾侵蚀与高低温循环作用下珊瑚礁砂混凝土的损伤演化模型；基于损伤变量和裂纹密度模型，对盐雾侵蚀环境下珊瑚礁砂混凝土的侵蚀深度变化及高低温循环作用下珊瑚礁砂混凝土内部裂纹密度的发展规律进行探讨。

（7）珊瑚礁砂混凝土的优化设计及其工程应用。运用富浆混凝土理论、高性能混凝土配制原理，通过降低水灰比 W/C，增大胶凝材料（水泥和矿物掺合料）的用量，使用高效减水剂来配制高强、高性能的珊瑚礁砂混凝土，从而使珊瑚礁砂混凝土在高温、高盐、高辐射和高湿的海洋环境下具有更好的耐久性。通过单因素试验对试验材料用量进行修正，最终得出各试验影响因素的基准值：水泥用量为700 kg/m^3，水灰比为0.33，砂率为50%，粉煤灰掺量为10%。通过正交试验结果的极差和方差分析各影响因素对珊瑚礁砂混凝土抗压强度的影响规律：水泥用量＞砂率＞水灰比＞粉煤灰。综合配合比设计、制作工艺及优化配合比，选取的珊瑚礁砂混凝土的最优配合比如下：水泥用量为700 kg/m^3，水灰比为0.33，砂率为45%，粉煤灰掺量为0。

第 2 章
珊瑚礁砂混凝土结构物健康状况调查

我国南海岛礁处于欧亚大陆东南缘、太平洋西部、赤道北侧，陆地面积小，且散布在辽阔的南海之中，受北太平洋的黑潮暖流影响，属典型的热带海洋性季风气候。西沙群岛是南海诸岛中四大群岛之一，常年高温，湿度大，季节变化小，对流旺盛，雨量多，干湿分明，风能资源丰富，热带气旋、暴风雨、干旱等灾害性天气频繁发生。如此恶劣的气候环境对岛礁工程中服役多年的混凝土结构物的长期服役性和稳定性构成了严重威胁，本章主要对西沙群岛的气象条件、水文条件、区域地质条件及岛礁上珊瑚礁砂混凝土结构物的健康状态调查情况进行阐述，并初步分析珊瑚礁砂混凝土结构物的损伤原因。

2.1 珊瑚礁区域气象与水文条件

2.1.1 光照

西沙群岛纬度低，太阳投射角大，辐射强烈，年太阳辐射总量在 6 000 MJ/m^2 以上，各月平均辐射总量大多数大于 400 MJ/m^2（12 月除外），月平均辐射总量以 5 月最大，为 630～650 MJ/m^2，一年之中有 5 个月辐射总量达到 600 MJ/m^2，辐射量丰富。图 2.1 为西沙群岛某岛礁全年各月辐射总量变化曲线。

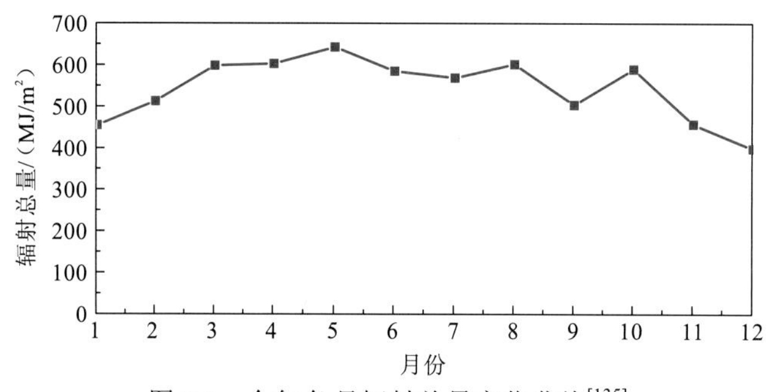

图 2.1　全年各月辐射总量变化曲线[135]

光照充足、时间长，早晚无较大差别，年日照总时间达 2 500～2 900 h，月平均日照时间为 180～195 h，一年之中有 10 个月的月平均日照时间超过 200 h，以 5 月时间最长，长达约 300 h，11 月和 12 月日照时间最短，与我国日照时间最长的拉萨和吐鲁番地区相比相差无几。西沙地区大气透明度好，云量较少，年平均日照率约为 65%，各月平均日照率都超过 50%。图 2.2 为西沙群岛全年各月日照时间变化曲线。

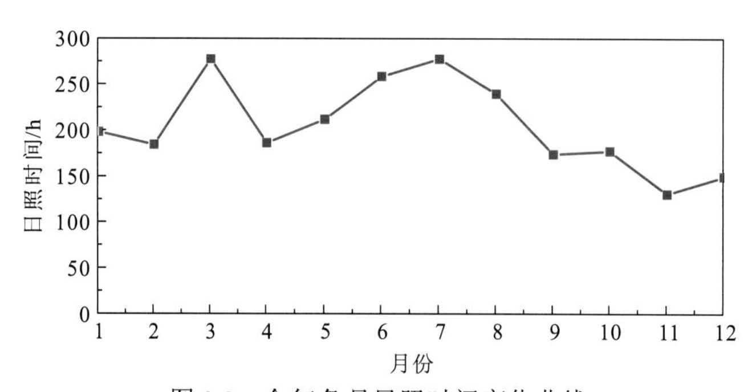

图 2.2　全年各月日照时间变化曲线

2.1.2　气温

西沙地区接受太阳辐射量大，且常年受热带天气气流影响，终年高温，区域年平均气温为 26～27 ℃，月平均气温均超过 22 ℃，年较差为 6～8 ℃；受海洋调节作用影响，年平均最高气温未超过 30 ℃，虽气温不算太高，但昼夜温差变化不大；全年 5 月、6 月温度最高，约为 28.9 ℃，极端最高气温在 35 ℃左右，10 月～次年 3 月气温相对偏低，1 月最低，达 22.9 ℃，年平均最低气温为 25 ℃左右，极端最低气温为 15.3～16.4 ℃。图 2.3 为西沙群岛全年各月气温变化曲线。

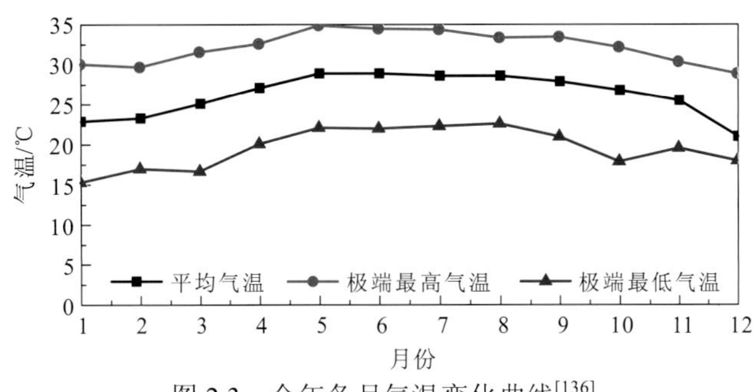

图 2.3　全年各月气温变化曲线[136]

2.1.3　降水

西沙群岛水汽来源充足，降水充沛，根据沿岸和岛屿记录，西沙群岛降水的年际变化差异较大，年平均降雨量为 1 200～3 300 mm，年降水日数在 120 d 左右[137]；地处热带，主要受热带季风影响，因此降水呈单峰型，干、雨季分明。其中，6～11 月为雨季，降雨量为全年降雨量的 86%，各月降雨量均在 140 mm 以上，7～10 月的降雨量均在 200 mm 以上；雨季平均月降水日数基本上均在 10 d 以上，9～11 月降水日数在 15d 以上。12 月～次年 5 月是干季，干季的降雨量仅占年降雨量的 14%，除 5 月降雨量为 70 mm 左右外，其他各月降水量均在 50 mm 以下，其中 2 月最少，降水量只有 10 mm 左右；干季各月降水日数多在 10 d 以下，只有 12 月和 1 月降水日数较多，在 10 d 以上。日降水量≥10 mm 的日数，雨季占全年的 83%，干季只占 17%。表 2.1 为西沙群岛全年降雨各月平均降雨量和降水日数统计。

表 2.1　全年降雨各月平均降雨量和降水日数统计[137]

项目	月份											
	1	2	3	4	5	6	7	8	9	10	11	12
平均降雨量/mm	35.2	14.4	17.4	25.5	69.8	172.6	242.3	245.7	237.9	257.9	141.0	45.6
平均降水日数/d	10.1	6.7	4.6	4.0	8.0	12.0	9.8	12.7	17.1	17.8	16.0	13.7

2.1.4 风况

西沙群岛地处季风区，受季风环流影响，风际变化大，年平均风速为 5～6 m/s，其中冬季风时期风速较大，以 11 月、12 月风速最大，超过 6 m/s，风速最大可达 8 m/s，风速最小月份的月平均风速也在 4 m/s 以上；西沙群岛地势平坦，属于低矮岛屿，四面来风、无遮挡，大风日较多，全年大风日超过 30 d，但季节分配不均匀，10～12 月风日多，3～5 月风日少。图 2.4 为西沙群岛某岛礁全年风速大小变化曲线。

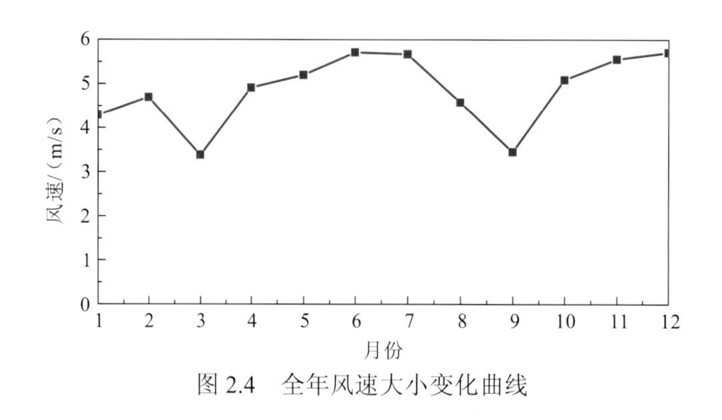

图 2.4　全年风速大小变化曲线

我国南海海域多台风，西沙群岛也是我国受台风影响最为频繁的地方。在南海生成或由西北太平洋生成后移入南海的台风，全年平均超过 16 次之多。台风影响最早出现在 1 月，以 6～11 月台风影响最为频繁，其中 8 月、9 月最盛，平均风速最大可达 60 m/s。台风的到来可带来较大的降水量，一般占全年降水量的 65%左右，最多时可占 82%[138-139]。

2.1.5 湿度

西沙群岛终年高温，太阳辐射大，光照强，海水蒸发量大，年蒸发量达到 2 400 mm，各月平均蒸发量均超过 170 mm，蒸发量大的月份达到 245 mm；由于蒸发量大，加上雨量多、浪花飞溅等因素，西沙群岛的大气湿度较大，全年平均相对湿度约为 81%，最大达 100%，年内月平均相对湿度在 78%～84%，均超过金属腐蚀临界湿度 70%，且相对湿度超过 80%的时间在 10 个月以上，其中 6～8 月较大，12 月～次年 1 月较小；全天相对湿度的最高值多出现在清晨，最低值则发生在下午，日变化较大。图 2.5 为该区全年各月相对湿度变化曲线。虽然湿度大，但由于气温较高，且缺乏强的水平温度梯度，难以形成雾。雾日每年平均不超过 0.6 d。由于雾少，海上能见度大。

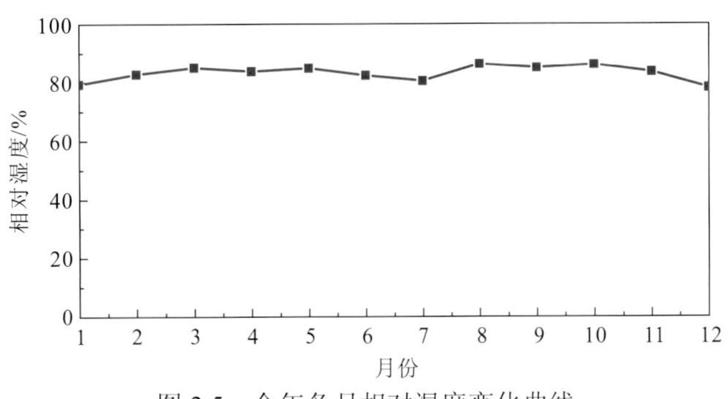

图 2.5 全年各月相对湿度变化曲线

2.1.6 海水物理性质

1. 表层水温

西沙地区地属低纬度热带海域，水温偏高，但各区域海水温度较均匀，区域海水表层水温大致在 29.4～30.5℃变化，琛航岛附近的水温为 28.4℃，比其他海区的温度低得多。东北季风盛行期表层水温为 22～27℃，西南季风盛行期南北表层水温为 28～29℃；水温年较差约为 5℃，5～8 月水温最高，月平均温度都在 30℃以上；1 月和 12 月水温最低，低至 25℃以下，每年的 1～4 月水温逐渐上升，9～12 月水温逐渐下降。图 2.6 为西沙群岛某岛礁全年各月平均表层水温变化曲线。

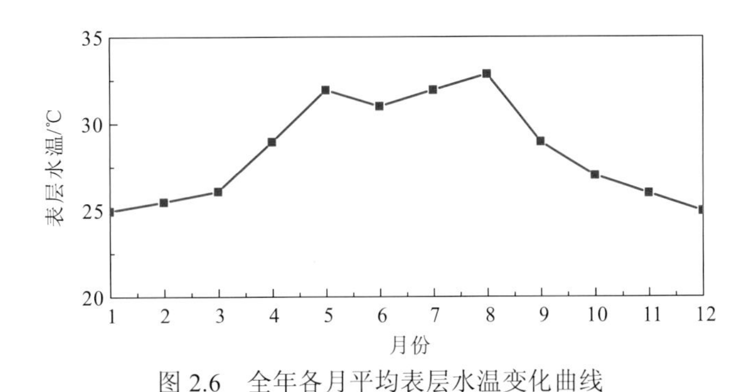

图 2.6 全年各月平均表层水温变化曲线

2. 表层盐度

西沙群岛海域远离大陆，基本不受陆地径流影响，光照时间长，海水表层盐度较高，均超过 33.4‰，近岸海水盐度有大面积、大范围均匀的特点，近岸比外海盐度略有降低，永乐群岛从西南向东北海域盐度逐渐增大，靠近金银岛和羚羊礁南部海域的盐度往东北方向逐渐增大，在岛礁围成的海域内盐度在 33.86‰～33.87‰变化；银屿—石屿—琛航岛的东北面海域盐度骤然增大，增大至 34.0‰～34.2‰[135,138]。表 2.2 显示了西沙群岛某岛礁外海海水和港池海水化学成分含量与盐度分析情况。

表 2.2　海水化学成分含量与盐度分析

区域	海水化学成分含量						盐度/‰
	Cl^-	CO_3^{2-}	HCO_3^-	SO_4^{2-}	Mg^{2+}	Ca^{2+}	
岛礁 1	19 111.0	0	166.0	2 608.2	1 323.0	390.8	34.3
岛礁 2 外海	18 240.0	0	176.6	2 030	1 325	440.87	34.0
岛礁 2 港池	18 660.0	0	176.6	2 110	1 345	481.94	34.5

海水盐度的年际变化往往与该海域的降水量成反比，西沙群岛 2 月平均雨量最少，海水盐度反高，达 34.0‰，9 月、10 月平均雨量多，而海水盐度变低，低至 33.4‰。

2.1.7　潮汐

西沙群岛海域属于弱潮海区，潮差较小，1989～1991 年平均潮差仅为 92 cm，月极端最大潮差平均仅有 150.9 cm。各月平均潮差以 12 月最大，约为 107 cm，6 月次之，约为 105.7 cm，3 月约为 77.7 cm，9 月最小，约为 77.3 cm。月极端最大潮差出现在 6 月，约为 182.9 cm，7 月次之，约为 178.3 cm，3 月约为 132.3 cm，月极端最小潮差出现在 9 月，约为 130.7 cm。图 2.7 为西沙群岛月平均潮高变化曲线。

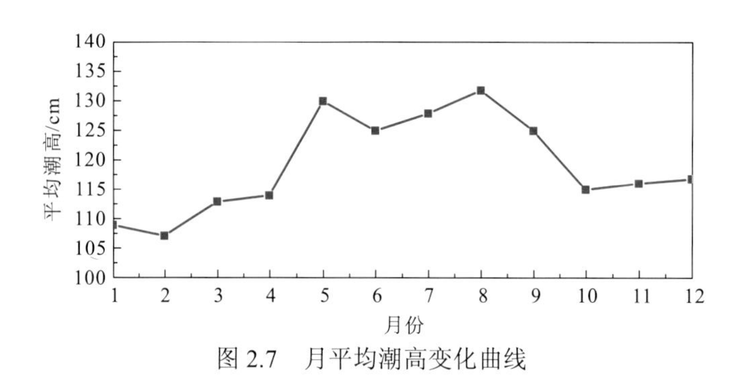

图 2.7　月平均潮高变化曲线

2.1.8　波浪

西沙群岛海域波浪以风浪为主，波浪普遍较大，平均波高有 14 个方位均在 1 m 以上。受季节影响变化较大，最大平均波高发生在秋冬季，10 月～次年 1 月的平均波高分别约为 1.5 m、1.8 m、1.6 m、1.6 m；春夏季的平均波高较小，2 月约为 1.3 m，4～9 月平均波高的变化范围为 1.1～1.3 m。虽然平均波高最大值发生在秋冬季，但受南海台风作用的影响，最大浪出现在夏季的 6 月、7 月，最大波高达到 9.0 m，8.0 m 左右的波高多出现在 8 月，在 16 个方位中有 12 个方位能观测到 7 m 的大浪。

2.2　珊瑚岛礁区域地质条件

2.2.1　区域地质构造

南海地处太平洋板块、欧亚板块和印度洋板块三大板块的交汇处，受其相对运动和相互作用的影响，地质构造背景复杂[140]。西沙群岛地处南海西北部大陆坡上，其地质史可追溯到中元古代，与海南岛抱板群原岩时代，即海南岛晋宁构造阶段沉积物相当；晋宁运动之后西沙基底露出水面，与海南岛乃至华南地区相连为陆地，长期遭受地球外力剥蚀；直到新生代，喜马拉雅构造运动在西沙地区表现为“南海运动”，西沙隆起受北东东向、东西向和北东向为主的断裂切割，成为断块隆起带；在新近纪中新世和上新世的早期，地壳下沉接受海侵，沉积了总厚度近 1 000 m 的生物礁相灰岩；在中新世和上新世末期，海面明显下降，致使原先沉积的生物礁相灰岩产生白云岩化作用，前者厚度大于 80 m，后者厚 32 m；在新近纪晚期，西沙地区产生一组北西向断裂，并切割了早期的东西向和北东向构造，为高尖石火山岩喷发准备了通道。第四纪以来，地壳间歇性升降运动引起海平面的变化，接受了约 260 m 厚的生物礁相灰岩和生物碎屑灰岩的沉积；距今 3000～4000 年前，西沙地区海平面基本稳定在目前的位置，而一些沙洲岛及部分海滩岩则是近 1000～2000 年才出现的，这些岛礁洲滩及其成岛作用直至现今仍在受着风海流（包括风暴潮）等自然力的不断改造而处于持续变化之中[135,141-142]。

西沙群岛受南海扩张的影响，全区发生沉降。西沙地块早中新世被海水淹没，中新世相对稳定的构造环境给大规模生物礁体发育提供了条件[140]。生物礁体的发育可划分为早中新统、中中新统、晚中新统及上新统至今 4 个时代，晚中新统以来，礁区非礁相沉积层不连续分布，主要出现在低洼处，区内的拉张构造环境使基底上松散的非礁相沉积层也发育了一些断层，对生物礁的沉积发育未造成较大影响，生物礁特殊的发育过程和结构特征也使礁体内未见明显的断层构造，因此，西沙礁区的活动断裂多为浅部断裂，并且主要发育于礁体外的第四纪非礁相沉积中；上新世以来，西沙群岛快速沉降，相对海平面快速上升，生物礁向构造高部位退积，西沙群岛进入环礁发育阶段，多发育塔礁和环礁等[140]。

2.2.2　区域地质特征

西沙群岛及其海域的海底地形是在前寒武纪变质岩基底长期裸露和地形经受剥蚀的基础上发育起来的[143]，多为巨大的岩盆结构，岩盆底以巨厚的礁格架灰岩为主体，从礁缘至礁坪突起带，由生物体和钙质胶结固结成整体形成的原生礁构成珊瑚礁体骨架，形成完整性程度高的岩盆的盆沿。岩盆内堆积了全新世松散珊瑚礁碎屑，自盆沿向中心堆积厚度逐渐加大，粒径逐渐减小，依次为强胶结的砾块堆积、弱胶结粗中砂堆积和松散的潟湖粉细砂堆积。岛礁在地貌形态上均可划分为礁前斜坡、礁坪（包括外礁坪、礁突起带、内礁坪）、潟湖坡和潟湖等不同的地貌单元，大致呈水平层状分布，由于它们所处的礁体位置不同，承受不同的水动力环境作用，其地貌形态也各具特色，礁体自上而下的分布为：5～20 m 为未充分胶结或未胶结的珊瑚碎屑、砂砾，以及灰白色礁格架灰岩及砾块的混合交互沉积；20～40 m 为灰白色礁格架灰岩夹砾屑灰岩；40.0 m 以下为灰黄色礁格架灰岩与泥粒灰岩互层。

其中，琛航岛位于西沙群岛永乐环礁内，与广金岛同属一个礁盘，主要由松散的生物碎屑在礁盘上堆积形成，属于砂砾岛。岛礁沉积物主要由白色珊瑚碎屑、少量的贝壳及其他生物碎屑组成，上层地表大致 12 m 以内为松散的珊瑚砂、砂砾和碎石，厚度较薄，是岛屿相沉积物，属于中高压缩性土；12～17 m 为灰白色礁格架灰岩与松散珊瑚礁碎屑层交互更迭，属礁坪及礁坪潟湖相沉积；17～30 m 为灰白色礁格架灰岩夹砾屑灰岩；30～100 m 为粒泥灰岩、泥粒灰和礁格架灰岩，属礁后相沉积；100～180 m 为泥粒灰岩、颗粒岩、粒泥灰岩夹礁格架灰岩，为礁坪—礁坪潟湖相沉积；大于 180 m 的深度为粒泥灰岩、泥粒灰岩间夹礁格架灰岩或藻屑灰岩间夹礁格架灰岩，为环礁潟湖相沉积[144]。岛的东部发育有多条由风暴潮作用形成的羽状、平行相叠的砾垒、堤，堤宽可达数百米[145]。沙堤内侧有封闭潟湖，水深大于 45 m。潮间发育有层理清晰平整的海滩岩，单层厚度一般为 10～30 cm，呈 9°～15°的倾角倾向大海之中[48]，以生物砂屑灰岩、珊瑚砾屑灰岩、有孔虫珊瑚藻砂屑灰岩等为主[146]。

2.3 珊瑚礁砂混凝土结构物健康状态现场调查

2013 年 1 月和 2015 年 7 月，对南海西沙群岛某岛礁进行考察，重点对岛礁上混凝土构筑物的修筑工艺、参数、破损形态等服役性能进行调查，部分现役混凝土工程采用海水拌和养护珊瑚礁砂混凝土的方法进行施工，充分利用当地珊瑚礁砂资源，满足孤岛施工需要。

2.3.1 工程信息

20 世纪 80 年代末和 90 年代初，在西沙岛礁工程建设中，为克服建筑原材料不足的问题，并竭力降低海上运输成本，工程设计和施工部门就地取材，采用海水拌和养护珊瑚礁砂混凝土的施工工艺，主要在非受力状态的防波堤、护岸等海工工程及一些机场跑道、普通路面等道路工程中进行应用。岛礁护岸结构形态如图 2.8 和图 2.9 所示。

根据前期调查资料，该岛礁工程建设中应用的海水拌和养护珊瑚礁砂混凝土的粗细礁砂均为某岛礁表层或挖出的珊瑚礁碎块和珊瑚砂，大的珊瑚礁碎块被破碎为 5～15 mm 与 15～30 mm 两种粒径作为粗礁砂，前者占粗礁砂用量的 30%，后者占 70%，珊瑚砂粒径＜5 mm，珊瑚礁碎块、珊瑚砂的基本性能如表 2.3 所示；水泥类型为 525 号普通硅酸盐水泥（ordinary Portland cement，OPC），将海水作为拌和与养护用水，配合比设计如表 2.4 所示。

图 2.8　防浪堤挡墙

图 2.9　防波堤护坡

表 2.3　珊瑚礁碎块、珊瑚砂的基本性能

测试材料	堆积密度/（kg/m^3）	颗粒密度/（kg/m^3）	空隙率/%	1 h 吸水率/%	氯离子含量/%
珊瑚礁碎块	938～1 037	1 923～1 966	46.20～52.30	8.26～10.20	0.19
珊瑚砂	1 027	1 940	47.10	1.80	0.31

表 2.4　西沙群岛某岛礁珊瑚礁砂混凝土的配合比

区域位置	拌和用水	养护用水	配合比/（kg/m^3）				水灰比	含礁率/%	强度/MPa		干表观密度/（kg/m^3）
			水泥	水	珊瑚砂	珊瑚礁块			抗压强度	劈裂抗拉强度	
防波堤胸墙、护坦等	海水	海水	580	311	790	269	0.54	26	22.0～34.0	1.78～2.40	1 860～2 100

2.3.2　损伤现状

现场调研依据《水运工程质量检验标准》（JTS 257—2008）[147]进行，重点调查部位如表 2.5 所示，对破坏典型部位用电动取样机钻取直径为 100 mm 的混凝土芯样进行室内测试分析。混凝土的碳化是空气或海水中的 CO_2 进入混凝土内与其碱性水化产物发生反应后生成碳酸盐而使混凝土碱度降低的化学腐蚀过程，对不同部位分别用质量分数为 1%的酚酞酒精溶液测定混凝土的碳化深度，表 2.5 给出了不同珊瑚礁砂混凝土结构物的碳化深度，其中以位于大气区的港池防波堤胸墙内侧的碳化深度最深，其次为位于大气区的防波堤路面，再者是处在浪溅区的港池防波堤胸墙外侧，最后是位于潮差区的外海防波堤护坦，表明南海岛礁的珊瑚礁砂混凝土的碳化深度变化为大气区＞浪溅区＞潮差区。受条件限制，本书并未开展对水下浸没区混凝土结构物的调查。

表 2.5　西沙群岛某岛礁调查的珊瑚礁砂混凝土结构物的碳化深度

编号	调查结构物区域	服役龄期/a	腐蚀环境分区	碳化深度/mm
1	港池防波堤挡墙内侧	25	大气区	＞50
2	港池防波堤挡墙外侧	25	大气区+浪溅区	20～30
3	港池防波堤挡墙顶面	25	大气区+浪溅区	—
4	外海防波堤斜坡护坦	25	浪溅区+潮差区+大气区	10
5	外海防波堤底部护坦	25	潮差区	8～13
6	防波堤路面	25	大气区	35

图 2.10 展示了南海岛礁不同区域珊瑚礁砂混凝土构筑物的损伤情况。图 2.10（a）显示出在港池防波堤挡墙内侧的珊瑚礁砂混凝土表层 10 cm 范围内出现了不同程度的盐雾侵蚀破坏，表面粗糙，严重区域礁砂几乎全部裸露，表面粉化严重，呈齑粉状，水泥水化产物丧失黏结力，掉渣较多，手指轻搓礁砂浆体即可分离，混凝土破坏严重。从图 2.10（a）中可以看出该区域不同部位受盐雾侵蚀的速度不同，可能与珊瑚礁砂混凝土的施工质量有关。图 2.10（b）、（c）分别显示的是港池防波堤挡墙的外侧与表面，可以看到港池防护堤挡墙的外侧与顶面出现了大面积的开裂、剥落，结构损伤严重。图 2.10（d）、（e）显示的是外海防波堤护坦的损伤情况，可以看到，防波堤的底部护坦

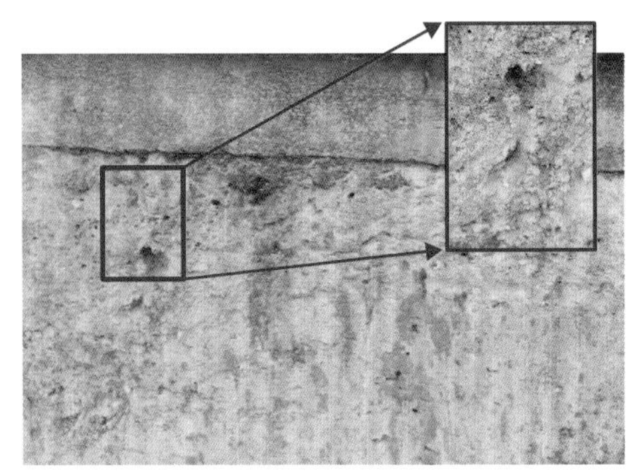

（a）港池防波堤挡墙内侧

（b）港池防波堤挡墙外侧

（c）港池防波堤挡墙顶面

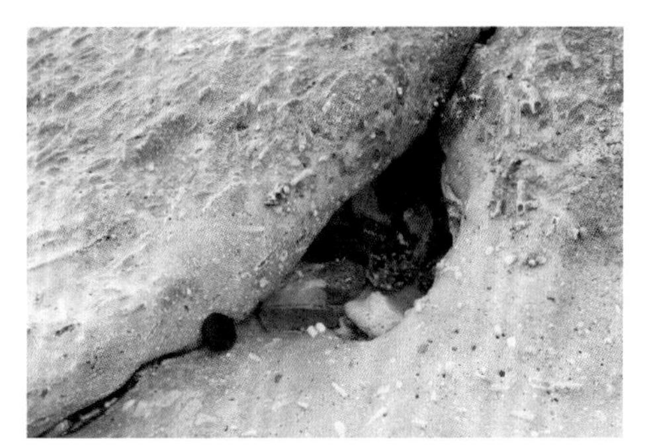

（d）外海防波堤斜坡护坦

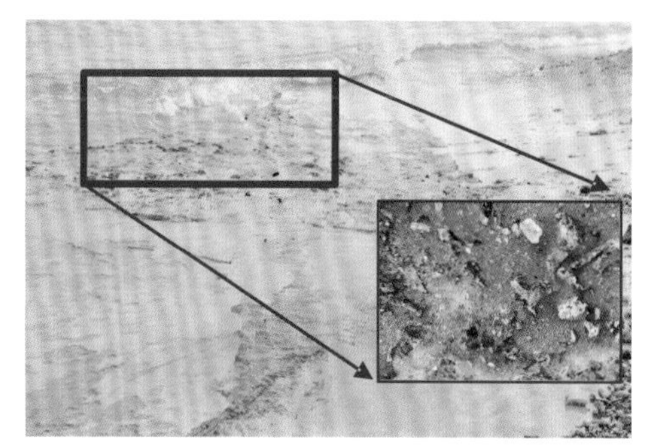

（e）外海防波堤底部护坦

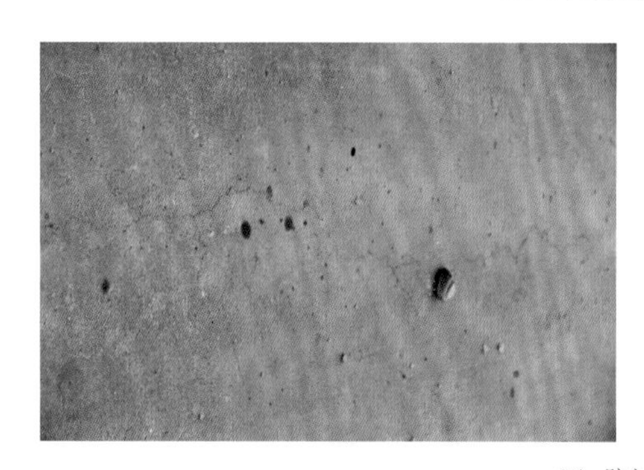

（f）防波堤路面

图 2.10　南海岛礁不同区域珊瑚礁砂混凝土构筑物的损伤情况

受到了海浪及其裹挟的珊瑚礁砂的冲刷、磨蚀作用，同时受到了海水的侵蚀作用，表面混凝土的水泥砂浆遭磨蚀，骨料裸露，护坦表面呈现凹凸不平的麻面状；防浪堤堤脚处、斜坡护坦下部受海浪冲刷、磨蚀甚至掏蚀，护坦下防护堤砂层地基遭到海水抽吸；防波堤斜坡护坦面开裂，出现贯穿裂缝。图 2.10（f）中防波堤路面也同样出现裂缝甚至开裂、坍塌等破坏现象，受损严重，这主要由车辆等机械荷载作用引起。

考虑到珊瑚礁砂混凝土构筑物的所处区域、损伤部位及环境作用因素等，将以上珊瑚礁砂混凝土的结构损伤模式分为三大类：第一类是湿热多雨海洋气候条件下盐雾造成的混凝土立面齑粉状侵蚀破坏；第二类是长时间烈日照射与海浪飞溅形成的频繁的冷热交替引起的珊瑚礁砂混凝土表层的大面积开裂崩落；第三类是潮汐海浪裹挟着珊瑚礁砂碎块对防波堤坡面、坡脚的冲刷磨蚀破坏。表 2.6 列出了珊瑚礁砂混凝土的结构损伤模式分类情况。

表 2.6　西沙群岛珊瑚礁砂混凝土结构损伤模式分类

编号	损伤模式	腐蚀环境分区	作用因素
1	盐雾侵蚀	大气区	湿度、海水有害离子
2	开裂崩落	大气区+浪溅区	温度、海水阴离子
3	冲刷磨蚀	潮差区+大气区	物理破坏、海水有害离子

调查表明，图 2.10（a）中的区域发生盐雾侵蚀破坏主要是因为，港池防波堤内侧位于大气区，环境相对封闭，堤脚处因海浪淘蚀、珊瑚礁砂堆积形成沟壑（现沟壑已被填埋），涨潮或台风发生时，海水飞溅至堤脚处，部分海水滞留于沟内，在高温和强日照天气下，海水蒸发形成盐雾，防波堤堤面珊瑚礁砂混凝土保护层长期遭受盐雾中 Cl^-、SO_4^{2-}、Mg^{2+}等腐蚀离子的侵蚀而发生破坏。

对图 2.10（b）～（d）中珊瑚礁砂混凝土结构发生开裂损伤的原因进行分析：一是岛礁上气温高（图 2.11）、日照时间长，防波堤等构筑物长期暴露在烈日下，表层温度可达 60～70 ℃，表面极其干燥，风浪大或涨潮时，温度较低的海水飞溅至堤岸上，防波堤表面温度骤然降低，热胀冷缩，而混凝土的导热系数较小，当表面温度剧烈变化时，构筑物整体不能很快达到统一的温度，防波堤内部产生温度应力，冷热交替循环往复，长期作用下会导致混凝土结构开裂；二是防波堤在较高温度作用下处于干燥状态，海水的作用湿润了防护堤表层，使得防护堤整体出现湿度梯度，混凝土材料具有干缩湿胀的特性，湿度梯度的出现必然会使混凝土结构（构件）中存在由表及里的收缩或湿胀梯度，当混凝土结构的尺寸较大时，收缩或湿胀梯度将产生较大的拉应力，进而引起混凝土结构开裂；三是海水中含有 Cl^-、SO_4^{2-}、Mg^{2+}等腐蚀离子，早期物理破坏形成的裂缝为海水中的侵蚀盐类进入混凝土提供了更为有利的通道，侵蚀介质与水泥石相互作用发生反应并在混凝土的内部空隙和毛细管内形成难溶盐类，并不断累积增加，体积增大，混凝土内部产生有害膨胀应力，加剧混凝土结构的破坏，这类破坏中以硫酸盐侵蚀破坏为主。这几种破坏作用的频繁发生使珊瑚礁砂混凝土表面出现裂缝、大面积胀裂脱落等现象。

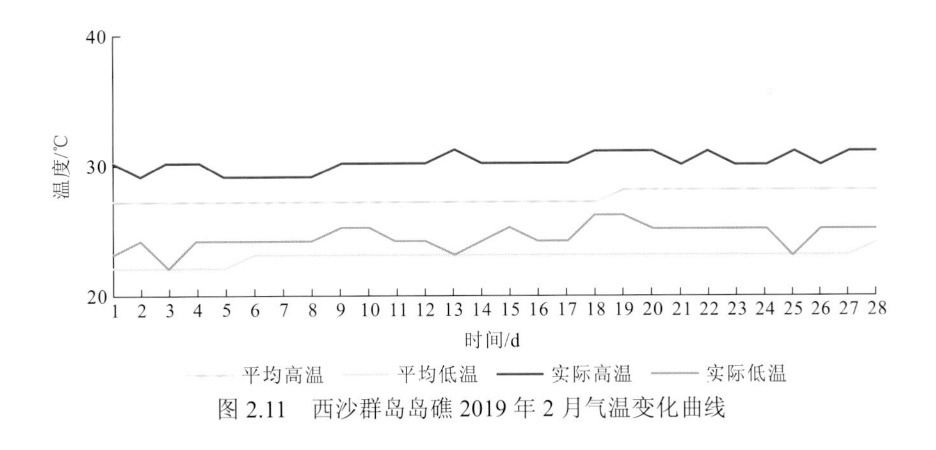

图 2.11　西沙群岛岛礁 2019 年 2 月气温变化曲线

调查发现，防波堤护坦受冲刷磨蚀有两种方式。潮汐海浪裹挟珊瑚礁砂砾屑作用于护坦是防波堤护坦受冲刷磨蚀的主要方式。护坦底部向外海方向 20 m 左右的范围内是经过长期生物胶结、冲击作用形成的外礁坪，海浪裹挟的砂砾屑源于海水对礁坪和礁前斜坡珊瑚礁的不断冲刷，涨潮时，海浪裹挟珊瑚礁砂砾屑冲刷护坦，使防波堤斜坡、底部护坦表面产生一定的磨损，退潮时砂砾屑堆积在防波堤斜坡底部；护坦的磨蚀几乎存在于现场所有护坦的迎浪面，在海浪的作用下，被裹挟的珊瑚砂砾反复冲刷护坦混凝土，被海浪冲刷的珊瑚砂砾多为外礁坪的珊瑚残枝或碎屑物，棱角分明，且硬度高于水泥石，使与海浪作用的护坦表面混凝土的水泥基体被磨蚀，骨料裸露，出现分布紧凑的孔洞，呈现出高低起伏的麻面状。在磨蚀处的涌浪方向，可以看到磨蚀的珊瑚砂砾堆积；观察岛礁相同位置、海浪作用力大致相同的防波堤护坦发现，磨蚀严重处的珊瑚砂砾堆积粒径较大，冲蚀物的粒径越小，破坏越轻微。

在凸向海水的弧形防波堤处，在海浪的作用下，珊瑚礁砂砾屑被运移至圆弧的起弯折角处形成堆积，使得圆弧防浪堤处较少存在珊瑚礁砂砾屑，该处护坦主要承受波浪的直接冲刷作用。

2.4 本章小结

南海岛礁现役珊瑚礁砂混凝土构筑物的健康状态的调查结果如下。

（1）南海岛礁高温、高湿、高盐及多台风，气候环境条件恶劣，服役近25年的珊瑚礁砂混凝土构筑物发生大面积开裂、胀裂、剥落、侵蚀、冲刷磨蚀及垮塌等损伤现象。

（2）南海岛礁工程中珊瑚礁砂混凝土的碳化深度较深，不同暴露区域的碳化深度大小为大气区＞浪溅区＞潮差区。

（3）根据区域条件和环境作用因素等，珊瑚礁砂混凝土的损伤模式分为高温、高湿、高盐引起的盐雾侵蚀，频繁的冷热交替引起的开裂崩落，以及海浪裹挟珊瑚礁砂碎块的冲刷磨蚀破坏三大类。

第 3 章
珊瑚礁砂的物理力学性能

珊瑚礁砂作为一种特殊的岩土介质，广泛分布在我国南海岛礁，就地取材，以珊瑚礁、砂屑等作为粗细骨料配制混凝土，对于加快岛礁工程建设、节约经济等具有重要的现实意义和工程实用价值。珊瑚礁砂在化学矿物成分、颗粒形貌和颗粒强度上与陆源砂相差较大，而这些特性会影响混凝土的性质，因此有必要从矿物成分、颗粒形貌和颗粒强度等方面系统地研究珊瑚礁砂，故本章对取自南海某岛礁不同区域的三种类型的珊瑚礁砂的基本特性进行分析，包括组成成分、颗粒形态、微观形貌、颗粒强度及吸水返水特性等方面，选取性能较好的珊瑚礁砂类型。

3.1 组成成分

3.1.1 化学成分

利用武汉理工大学材料研究与测试中心的 Zetium 波长色散型 X 射线荧光光谱仪测试珊瑚礁砂的化学成分，该仪器可以对材料的无机元素进行定量分析；将珊瑚礁砂用自来水洗净，然后在 60 ℃温度下烘干至少 24 h（至恒重），破碎成细小颗粒，放入自动研磨机中研磨成粉末，过 200 目筛，将粉末灼烧后压成饼状试样放入试验仪器内进行测试，测试结果如表 3.1 所示。

表 3.1 珊瑚礁砂的化学成分

物质	化学成分含量/%									
	SiO_2	Al_2O_3	Fe_2O_3	MgO	CaO	Na_2O	K_2O	SO_3	SrO	烧失量
珊瑚礁砂	0.25	0.04	0.04	2.32	50.85	0.42	0.02	0.26	0.78	44.69
天然河砂	88.86	3.78	1.15	0.81	0.81	0.96	1.67	0	0	2.77
普通碎石	8.21	0.20	0.23	0.69	50.39	0.03	0.09	0.57	0	39.59

注：因 XRF 测试的元素范围为 Na～U，故所测化学成分含量的和不为 100。

3.1.2 矿物成分

本试验利用中国科学院武汉岩土力学研究所的 D8 Advance X 射线衍射仪对粉末状的珊瑚礁砂样品进行测试分析，将珊瑚礁砂用自来水洗净，然后在 60 ℃温度下烘干至少 24 h（至恒重），破碎成细小颗粒，放入自动研磨机中研磨成粉末，过 200 目筛，取此粉末状样品进行 XRD 图谱分析。试验结果如图 3.1 所示。

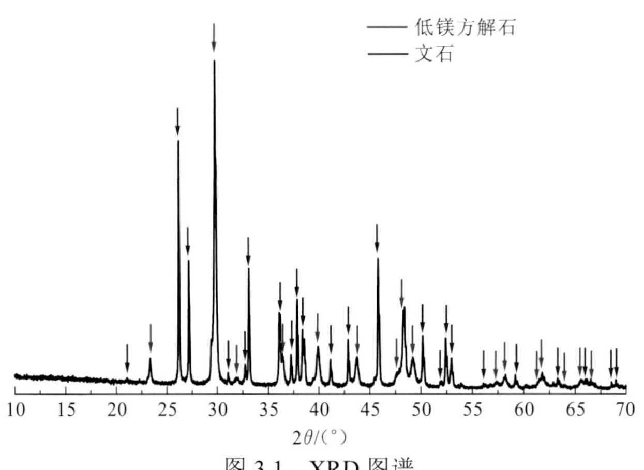

图 3.1 XRD 图谱

由图 3.1 可知，珊瑚礁砂主要的矿物成分为文石、白云石、高镁方解石和低镁方解石，随着时间的推移，文石与高镁方解石逐渐向低镁方解石转化，低镁方解石含量增多。

由骨料的基本组成成分可以定性分析其碱活性，珊瑚礁砂骨料的主要成分为碳酸钙，为稳定的非活性成分。

3.2 颗粒形态

生物成因的珊瑚礁砂，因形成环境的特殊性，在沉积过程中大部分都未经长途搬运，保留了许多原生生物的特征，具有形状各异、多棱角及表面粗糙多孔等本源特征，而在混凝土材料中，骨料的形态特征，包括形状、大小、表面纹理等，是影响新拌混凝土流动性和硬化混凝土力学性能的重要因素。

3.2.1 珊瑚礁砂原材

本次试验对比分析三种珊瑚礁砂的形态特征，如图 3.2 所示。第一种是大的珊瑚礁块经人工破碎而成的，称为人工破碎型；第二种是取自海边，经过海浪长时间冲刷打磨的珊瑚块，称为水力磨圆型；第三种是仍保留部分原生生物形态，未经长期冲刷打磨的珊瑚块，称为珊瑚原生型。针对这三种珊瑚礁砂，选取粒径大小为 4.75～9.5 mm、9.5～13.2 mm、13.2～16 mm 和 16～19 mm 的样品分别进行形态分析。

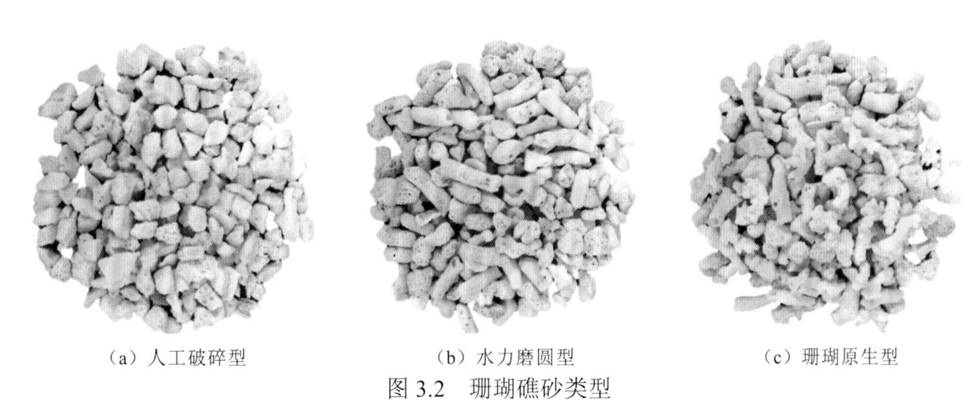

（a）人工破碎型　　（b）水力磨圆型　　（c）珊瑚原生型

图 3.2　珊瑚礁砂类型

3.2.2 三维动态颗粒图像分析仪

试验设备采用某公司（Microtrac Inc.）研发的三维动态颗粒图像分析仪 PartAn 3D（图 3.3），主要由观测设备、给料设备、照明设备等部分组成。给料设备负责通过震动将堆叠的颗粒震分散，使其均匀、不重叠地经过观测区域。颗粒离开给料设备时，由于给料设备的震动产生翻滚，并在重力作用下自由下落，最终落入下方的集料盆；照明设备主要对颗粒在下落路径上进行持续、均匀的照明；观测设备是指高分辨率相机，可以实现每秒至少 100 幅的高速连续拍照，记录颗粒下落的整个图像；获取颗粒图像后，用像素数量对颗粒参数进行度量，每个像素的大小可以通过标定过程来确定。

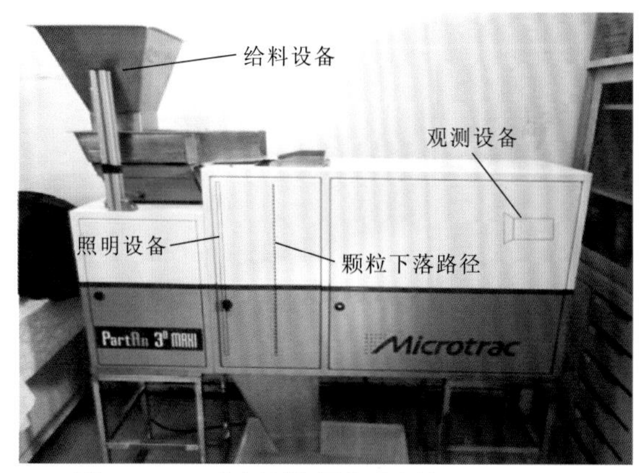

图 3.3　3D 动态颗粒图像分析仪 PartAn 3D

3.2.3　颗粒形状参数的选取

1. 颗粒基本几何尺寸

通过高分辨率相机拍摄得到同一颗粒在下落过程中的一系列图像后，经软件处理，可以得到同一颗粒单元体在下落过程中不同图像的二维几何尺寸参数，如长、宽、周长、面积及 Feret 直径（最大和最小），根据这些参数还可以获得等面积圆直径、等周长圆直径等间接参数。表 3.2 给出了一系列几何尺寸参数的定义[148-149]，并给出了用于 3D 图像分析的各尺寸的确定方法。图 3.4 为颗粒基本几何尺寸参数示意图。

表 3.2　颗粒基本几何尺寸参数

参数名称	符号	二维计算	3D 计算
面积	A	颗粒图像轮廓的面积	一系列图像的均值
周长	P	颗粒图像轮廓的周长	一系列图像的均值
凸面积	C_A	围绕颗粒的最小凸边界面积	一系列图像的均值
凸周长	C_P	围绕颗粒的最小凸边界周长	一系列图像的均值
Feret 直径	F_a	颗粒外边界外切平行线间距	无
长度	L	最大 Feret 间距	一系列图像中的最大长度
宽度	W	最小 Feret 间距	一系列图像中的最大宽度
厚度	T	无	一系列图像中的最小宽度
等面积圆直径	D_A	与颗粒等面积圆的直径	一系列图像的均值
等周长圆直径	D_P	与颗粒等周长圆的直径	一系列图像的均值

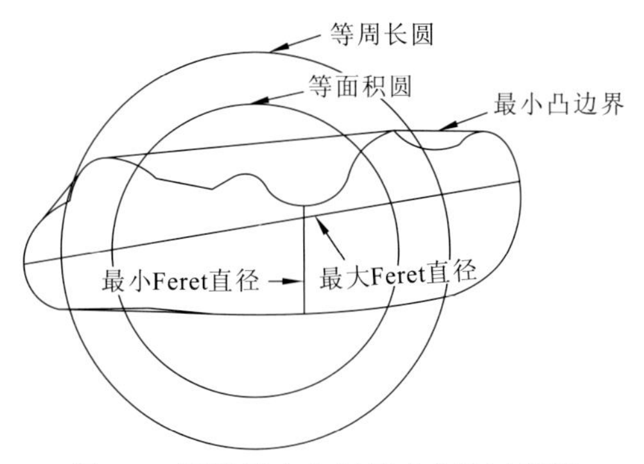

图 3.4　颗粒基本几何尺寸参数示意图

2. 形状特征评定参数

为了准确描述珊瑚礁砂颗粒的形状特征，参考文献[150-153]中的研究，选取一系列参数作为评定颗粒形态特征的指标，如表 3.3 所示。

表 3.3　形状特征评价指标

参数名称	符号	公式	3D 计算	参数意义
体积	V	$V=\pi(D_A)^3/6$	$V=L\times W\times T$	—
凸度比	S_o	$S_o=A/C_A$	取均值	用于评价颗粒的表面形貌
圆形度	C_i	$C_i=4\pi A/P^2$	取均值	用于评价颗粒棱角的尖锐程度
宽厚比	W/T	—	取均值	用于评价颗粒的尺寸特征
长宽比	L/W	—	取均值	用于评价颗粒的尺寸特征
球形度	S_p	$S_p=D_A/D_P$	取均值	用于评价颗粒的整体形态
凸度	C_v	$C_v=C_P/P$	取均值	用于评价颗粒的表面形貌

3.2.4　颗粒尺寸大小、形状与表面形态特征分析

1. 颗粒尺寸特征

珊瑚礁砂的尺寸特征用长度、宽度、厚度及长宽比和宽厚比来表征。长度定义为颗粒下落过程中一系列图像的 Feret 长的最大尺寸，宽度是颗粒下落过程中一系列图像的 Feret 宽的最大尺寸，厚度则是颗粒下落过程中一系列图像的 Feret 宽的最小尺寸。从每个珊瑚礁砂样品的一系列图像中提取每个颗粒的三种尺寸，各类型珊瑚礁砂的尺寸特征统计结果如表 3.4 所示。

表 3.4 各类型珊瑚礁砂的尺寸特征统计结果

珊瑚礁砂类型	粒径大小/mm	长度/mm		宽度/mm		厚度/mm		长宽比		宽厚比	
		平均值	标准差	平均值	标准差	平均值	标准差	平均值	标准差	平均值	标准差
人工破碎型	4.75	12.87	3.19	8.53	1.70	5.90	1.43	1.52	0.31	1.50	0.37
	9.5	17.71	3.33	12.31	1.67	8.54	1.68	1.45	0.26	1.50	0.42
	13.2	23.31	3.48	16.52	1.57	11.60	1.99	1.42	0.22	1.47	0.35
	16	27.45	3.81	19.47	2.01	13.75	2.47	1.42	0.21	1.47	0.34
水力磨圆型	4.75	13.69	4.15	8.27	1.75	5.76	1.37	1.68	0.48	1.48	0.35
	9.5	22.02	5.86	13.08	1.82	9.01	1.74	1.71	0.51	1.51	0.39
	13.2	27.14	6.65	16.64	2.04	11.21	2.03	1.66	0.48	1.54	0.38
	16	32.26	6.89	19.60	2.26	13.72	2.33	1.67	0.40	1.47	0.31
珊瑚原生型	4.75	10.84	3.02	7.07	1.54	5.02	1.25	1.55	0.34	1.45	0.34
	9.5	20.19	4.74	12.50	1.76	9.02	1.60	1.64	0.42	1.42	0.32
	13.2	26.11	5.75	16.22	1.93	11.70	1.89	1.63	0.43	1.43	0.35
	16	30.83	6.22	18.84	2.04	14.00	2.01	1.66	0.40	1.37	0.26

2. 颗粒形状分类

颗粒的形状通常分为针状、片状、块状、球状及枝状等，现有的研究对颗粒形状分类并没有切实有效的方法，本试验针对珊瑚礁砂颗粒形状复杂的特点，参照《普通混凝土用砂、石质量及检验方法标准》（JGJ 52—2006）[154]和其他学者的研究成果[155]，选取表 3.3 中长宽比、宽厚比、球形度、凸度比四个参数对珊瑚礁砂颗粒的形状进行分类，分为长棒状、片状、枝状与块状，如表 3.5 所示，同时满足两或三种参数要求的颗粒才可确定为目标颗粒，不同形状类别的颗粒集合之间不得有交集，即同一颗粒不会被同时划分为多种形状类别，以此来最大限度地提高颗粒形状分类的精确性。

表 3.5 珊瑚礁砂颗粒形状分类方法

形态参数	形状			
	长棒状	片状	枝状	块状
长宽比	>2.0	—	—	—
宽厚比	<2.0	>2.0	>1.2	—
球形度	—	—	<0.9	—
凸度比	>0.9	>0.9	<0.9	—

依据表 3.5 的分类方法得到的三种类型珊瑚礁砂颗粒的形状分类结果如表 3.6 所示。由表 3.6 可知，块状珊瑚礁砂颗粒含量由大到小依次为人工破碎型、水力磨圆型和珊瑚原生型；长棒状珊瑚礁砂颗粒含量由大到小依次为水力磨圆型、珊瑚原生型、人工破碎型；片状珊瑚礁砂颗粒含量由大到小依次为人工破碎型、水力磨圆型、珊瑚原生型，但人工破碎型与水力磨圆型珊瑚礁砂的片状含量相差不大；枝状珊瑚礁砂颗粒含量由大到小依次为珊瑚原生型、水力磨圆型、人工破碎型。在普通碎石混凝土中，针状（本章指长棒状）、片状碎石颗粒由于易碎而不利于混凝土强度性能的提高，现有标准[154]规定 C30～C55 强度等级的混凝土用石料中针状、片状的碎石颗粒总含量不得超过 15%，同理，珊瑚礁砂混凝土中也应尽量减少长棒状、片状珊瑚礁砂骨料的含量；珊瑚礁砂颗粒质脆、易破碎，在混合物搅拌过程中枝状颗粒更易发生破碎，且不利于珊瑚礁砂混凝土强度性能的提高。综合考虑，配制珊瑚礁砂混凝土时应选取块状珊瑚礁砂颗粒含量最多的骨料类型，因此，选取人工破碎型珊瑚礁砂为优选骨料类型。

表 3.6　各类型珊瑚礁砂颗粒的形状分类情况

珊瑚礁砂类型	粒径大小/mm	体积百分比/%			
		长棒状	片状	枝状	块状
人工破碎型	4.75	5.64	6.51	7.11	80.74
	9.5	3.13	7.74	4.92	84.21
	13.2	1.62	5.45	2.01	90.92
	16	1.98	4.53	2.19	91.30
水力磨圆型	4.75	19.94	5.72	8.15	66.19
	9.5	23.95	6.09	9.10	60.86
	13.2	20.34	8.39	9.41	61.86
	16	18.50	3.03	9.10	69.37
珊瑚原生型	4.75	8.33	4.27	11.87	75.53
	9.5	9.68	2.99	22.39	64.94
	13.2	10.20	3.66	23.02	63.12
	16	12.36	1.23	26.93	59.48

3. 棱角与表面纹理特征

二维图像分析方法通常用于表征粗聚集体的角度和表面纹理，如图 3.5 所示，棱角被定义为珊瑚礁砂图像轮廓上的凸出部分，表面纹理被认为是轮廓上的微小起伏。两种形态特性的主要差异在于棱角是珊瑚礁砂二维图像轮廓的宏观表现，而表面纹理是微观表现。

本试验参考文献[156]中的研究成果，采用指标 AT 来表征珊瑚礁砂二维图像轮廓的

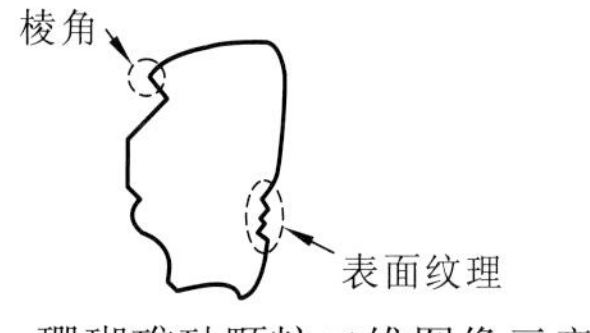

图 3.5 珊瑚礁砂颗粒二维图像示意图

棱角与表面纹理的综合效果，AT 指标由珊瑚礁砂二维图像轮廓的周长和凸周长的差异定义，如式（3.1）所示，周长 P 是图像轮廓的总长度，凸周长 C_P 是省略轮廓凹陷部分的图像边界线的长度。在计算轮廓凸周长时，凹陷的长度由直线的长度代替。AT 越接近于 0，代表轮廓越光滑，AT 越接近于 1，代表表面越粗糙、棱角越多。

$$\mathrm{AT}=\frac{P-C_P}{C_P} \tag{3.1}$$

珊瑚礁砂颗粒的 AT 指标是通过面积加权的珊瑚礁砂颗粒二维图像的 AT 指标的平均值建立的，如式（3.2）所示：

$$\mathrm{AT}=\frac{\sum_{i=1}^{n} A_i \cdot \mathrm{AT}_i}{\sum_{i=1}^{n} A_i} \tag{3.2}$$

式中：n 为计算中使用的图像数量；A_i 为颗粒第 i 幅图像的面积；AT_i 为颗粒第 i 幅图像的 AT 指标。

图 3.6 显示了不同尺寸的三种类型珊瑚礁砂样品的复合 AT 指标。从图 3.6 中可以看到，除 4.75 mm 粒径的颗粒外，三种类型珊瑚礁砂颗粒的复合 AT 指标的大小排序为珊瑚原生型＞人工破碎型＞水力磨圆型，且人工破碎型与珊瑚原生型珊瑚礁砂颗粒的复合 AT 指标均较水力磨圆型珊瑚礁砂颗粒大得多，表明珊瑚原生型珊瑚礁砂颗粒表面最为粗糙、多棱角，其次为人工破碎型珊瑚礁砂颗粒，水力磨圆型珊瑚礁砂颗粒因经过长期的海浪冲刷，表面变得较为平整光滑；珊瑚原生型珊瑚礁砂颗粒与水力磨圆型珊瑚礁砂颗粒的复合 AT 指标大小均随粒径的增大而增大，表明粒径越大，珊瑚礁砂颗粒表面越粗糙、多棱角，珊瑚原生型珊瑚礁砂颗粒表现得更为明显，而人工破碎型珊瑚礁砂颗粒的复合 AT 指标大小与粒径大小无关，且不同粒径的复合 AT 指标大小相差不大，表明人工破碎后的不同粒径的珊瑚礁砂颗粒的棱角性、表面形态特征近似。

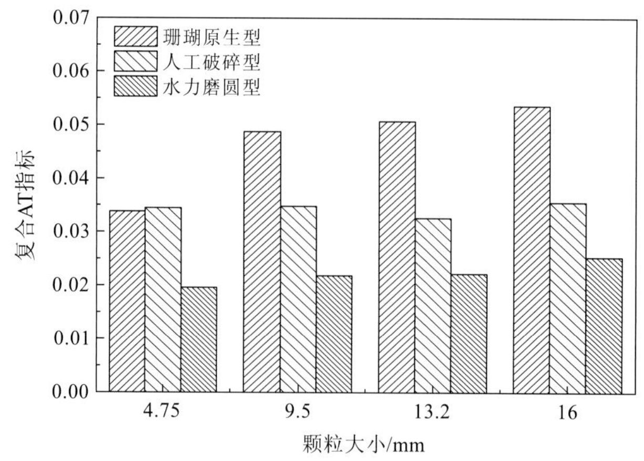

图 3.6 各类型珊瑚礁砂的复合 AT 指标

3.3 微观形貌

利用中国科学院武汉岩土力学研究所的 Quanta 250 扫描电子显微镜对珊瑚礁砂的微观形貌进行观察（图 3.7），可以看到珊瑚礁砂表面粗糙、多孔，这些珊瑚礁砂的结构相对密实，但仍保留有原生生物骨架形态，如呈现出明显的蜂窝状表面、原生孔隙等。

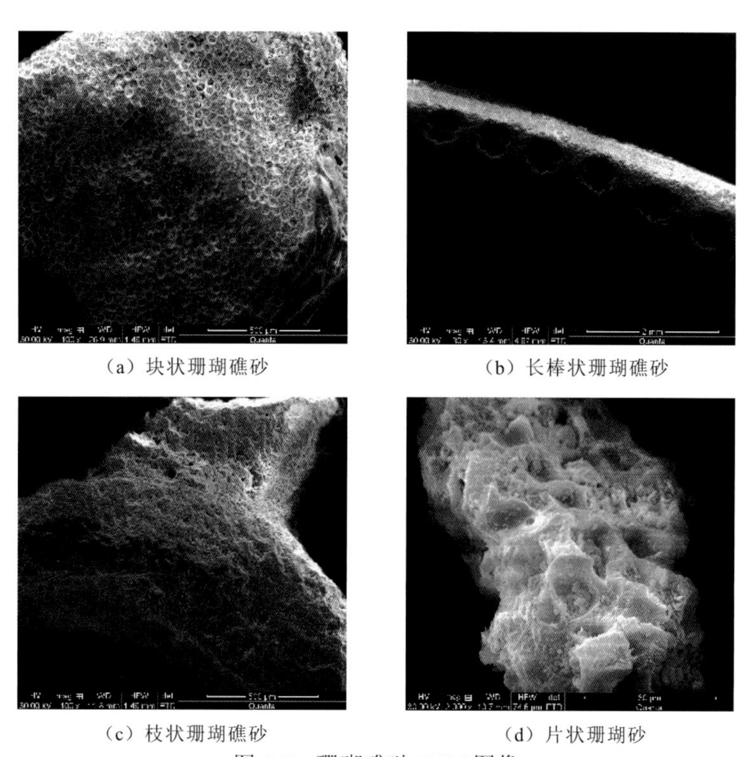

（a）块状珊瑚礁砂　（b）长棒状珊瑚礁砂

（c）枝状珊瑚礁砂　（d）片状珊瑚砂

图 3.7　珊瑚礁砂 SEM 图像

3.4 颗粒强度

珊瑚礁砂的强度特性用颗粒强度来表征。研究证明，单个不规则颗粒在集中径向荷载（图 3.8）作用下失效破坏的本质是内部拉应力作用导致的拉伸断裂破坏[157-159]。Hiramatsu 等[158]通过一系列试验研究指出，颗粒的压缩破坏强度可定义为颗粒破坏时的拉伸应力，并推导出如下颗粒强度的表达式：

$$\sigma = 0.9\frac{F}{d^2} \tag{3.3}$$

式中：σ 为颗粒破坏时的特征应力；F 为颗粒破坏时的径向作用力；d 为颗粒粒径。

可见，颗粒强度与颗粒在径向荷载作用下破坏时的作用力和颗粒粒径的平方之比成正比。

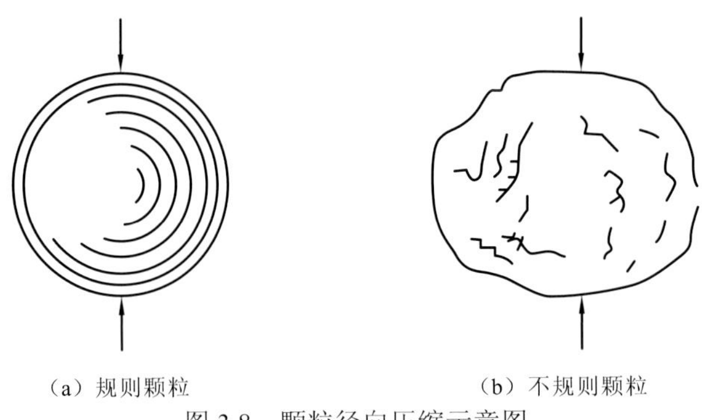

（a）规则颗粒　　　　（b）不规则颗粒

图 3.8　颗粒径向压缩示意图

本试验测试所用仪器为泰州市姜堰分析仪器厂生产的 KC-3 数显颗粒强度测定仪，如图 3.9 所示。该仪器可以自动完成加力、测量显示、最大强度值的锁定及复位等操作，具有体积小、测量值直读、精度高和使用方便等优点。

图 3.9　KC-3 数显颗粒强度测定仪

试验选取粒径为 10 mm 的珊瑚礁砂、页岩陶粒和普通碎石三种骨料颗粒，尽量选取近似球形的颗粒，各约 105 个颗粒，置于 KC-3 数显颗粒强度测定仪中进行测试。测试时，应注意调零，使显示器显示 000 或在 000 附近；将试验窗门打开，样品置于样品盘的中心位置，关好试验窗门；按下启动键，直线电机即自动加力，接触到样品时，显示器有实时数据输出；样品破碎时，蜂鸣器短促鸣叫一声以进行提示，受力最大值（强度值）即被锁定，同时直线电机反向运行，直至复位状态。

对珊瑚礁砂、页岩陶粒和普通碎石颗粒进行简单统计（图 3.10），可以看到强度值的离散性都较大，大致判断出三种骨料颗粒的强度服从偏态分布，大小为珊瑚礁砂＜页岩陶粒＜普通碎石。

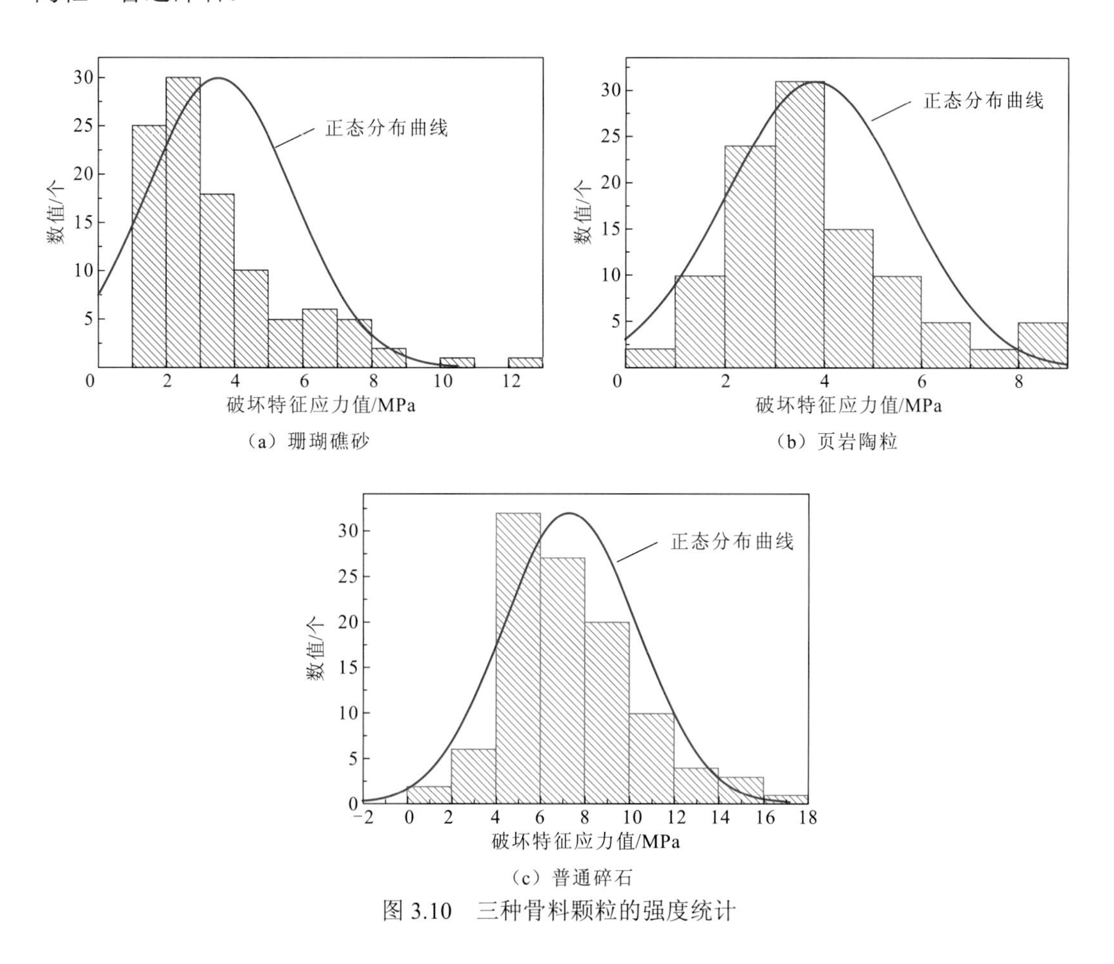

（a）珊瑚礁砂　（b）页岩陶粒

（c）普通碎石

图 3.10　三种骨料颗粒的强度统计

为更加准确地分析单个骨料颗粒的强度，运用韦布尔统计方法[160]对强度数据进行拟合分析。韦布尔统计方法的使用基于以下假设：测试的颗粒在几何上是相似的，并且颗粒破碎是由内部拉伸应力而不是表面上的裂缝引起的。以上假设本试验条件均基本满足。

经整理，得到经验公式式（3.4），其表示了颗粒特征应力与残存概率之间的关系。

$$P_s = \exp\left[-\left(\frac{\sigma_f}{\sigma_{f0}}\right)^m\right] \tag{3.4}$$

式中：σ_f 为颗粒发生最终破坏时的特征应力；σ_{f0} 为颗粒残存概率为 37%时的特征应力；m 为韦布尔模量。

其中，颗粒的残存概率 P_s 定义为

$$P_s = \frac{\text{某一应力}\sigma\text{下未发生破坏的颗粒数}}{\text{总的测试颗粒数}} \tag{3.5}$$

在式（3.4）两边分别取两次对数，可将韦布尔分布函数变为

$$\ln\left[\ln\left(\frac{1}{P_{\mathrm{s}}}\right)\right]=m\ln\left(\frac{\sigma_{\mathrm{f}}}{\sigma_{\mathrm{f0}}}\right) \tag{3.6}$$

其中，韦布尔模量 m 为对数坐标中直线的斜率。

图 3.11 为三种骨料颗粒对应的残存概率曲线，可以看出三种骨料颗粒的残存概率曲线基本相似，当残存概率为 37%时，珊瑚礁砂、页岩陶粒和普通碎石颗粒对应的特征应力 σ_{f0} 分别为 3.65 MPa、3.90 MPa 和 7.90 MPa，可见，珊瑚礁砂的强度比页岩陶粒和普通碎石低得多。

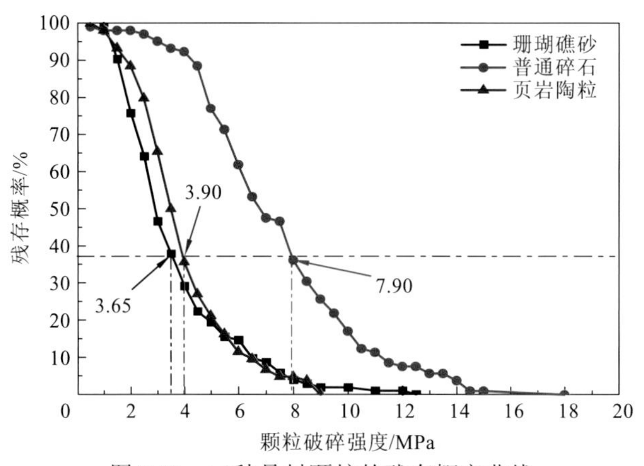

图 3.11　三种骨料颗粒的残存概率曲线

以 $\ln(\sigma_{\mathrm{f}}/\sigma_{\mathrm{f0}})$ 为横坐标，以 $\ln[\ln(1/P_{\mathrm{s}})]$ 为纵坐标，绘制归一化后的残存概率曲线，如图 3.12 所示。虽然存在一定的离散性，但总体来说三种骨料颗粒都表现出韦布尔分布特性。珊瑚礁砂、页岩陶粒和普通碎石颗粒对应的 m 值分别为 1.70、2.43 和 2.20。

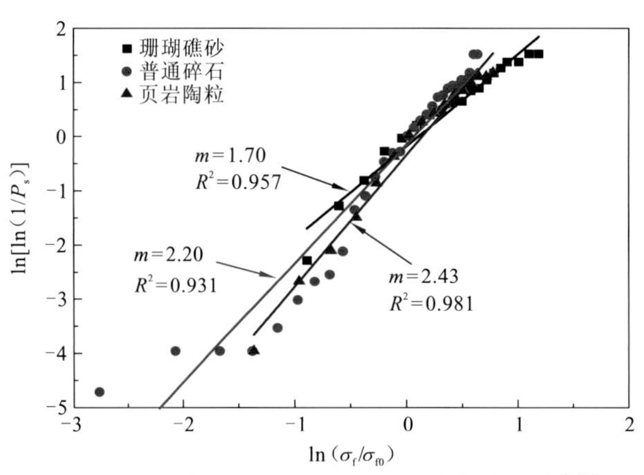

图 3.12　三种骨料颗粒归一化的残存概率曲线[161]

3.5　吸水返水特性

珊瑚礁砂具有质轻、多孔、吸水性强等特点，是一种天然的轻骨料[12]，在以珊瑚或珊瑚礁砂砾屑为粗细骨料的混凝土中，其吸水返水特性形成的内养护作用会引起混凝土内部微结构及其基本性能的较大变化[83,108,161-162]，有必要对珊瑚礁砂的吸水返水特性进行较为深入的研究。本试验主要参照 Castro 等[163]采用的对轻细骨料吸水返水特性进行研究的方法，测试选取的人工破碎型珊瑚礁砂骨料的吸水返水特性。

3.5.1　吸水特性

采用容量瓶法[163]测试不同粒径珊瑚礁砂的吸水性，如图 3.13 所示。将待测样品放置于烘箱中，在（105±2）℃温度下烘干至恒重，然后在室温条件下让其自然冷却至室温，将（300±10）g 样品放入容量瓶中，考虑瓶颈大小，将粒径为 13.2 mm 的样品放入 1 000 mL 的容量瓶中，将其他粒径的样品放入 500 mL 的容量瓶中，然后往容量瓶中加入一定量的蒸馏水，轻轻振荡去除颗粒间夹杂的气泡，继续加入蒸馏水至容量瓶刻度，蒸馏水与珊瑚礁砂接触 5 min 后记录下容量瓶、珊瑚礁砂样品与蒸馏水的总质量。随着时间的推移，珊瑚礁砂吸收容量瓶中的水分，容量瓶中的液面下降，通过向容量瓶中加蒸馏水使其保持标准容量，不同时间间隔（10 min、20 min、30 min、1 h、2 h、3 h、4 h、5 h、6 h、12 h、24 h、48 h）向容量瓶中加入的水量即珊瑚礁砂不同时间的吸水量，记录每次加入蒸馏水后的总质量。每次加蒸馏水之前轻轻振荡容量瓶以消除气泡。

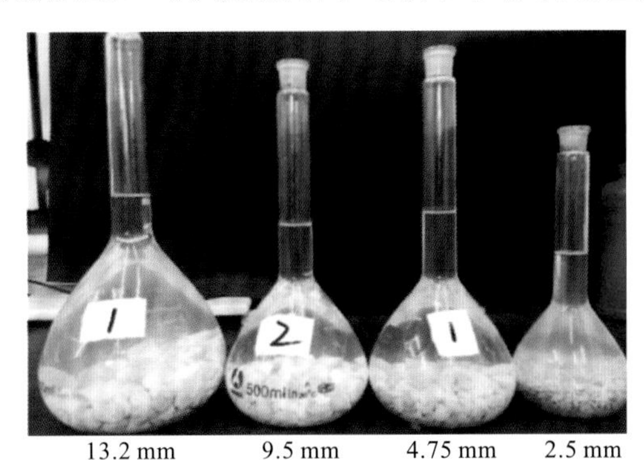

13.2 mm　　9.5 mm　　4.75 mm　　2.5 mm

图 3.13　容量瓶法测试珊瑚礁砂的吸水性

图 3.14 展示了 48 h 内干燥珊瑚礁砂骨料吸水性随时间的变化曲线，可以看到珊瑚礁砂骨料的吸水率随时间的推移而增加，前期吸水快，后期吸水渐趋平衡，1 h 以内珊瑚礁砂骨料的吸水速率极快，1～6 h 吸水速率减慢，6 h 后珊瑚礁砂骨料的吸水率基本趋于稳定；同时，不同粒径大小的珊瑚礁砂骨料的吸水率不同，吸水率随着粒径的增大而增大，这主要是因为大的颗粒具有较大的孔隙，内部连通孔隙较多，吸水性更强，24 h

珊瑚礁砂骨料的吸水率为6.3%～10.7%。图3.15给出了珊瑚礁砂骨料经过24 h吸水率归一化后吸水性随时间的变化，归一化吸水率表示珊瑚礁砂骨料浸泡不同时间向混凝土内部提供内养护水的程度，当骨料未达到饱和时，若需骨料在混凝土内部提供相似的内养护水，则需要更多的骨料。

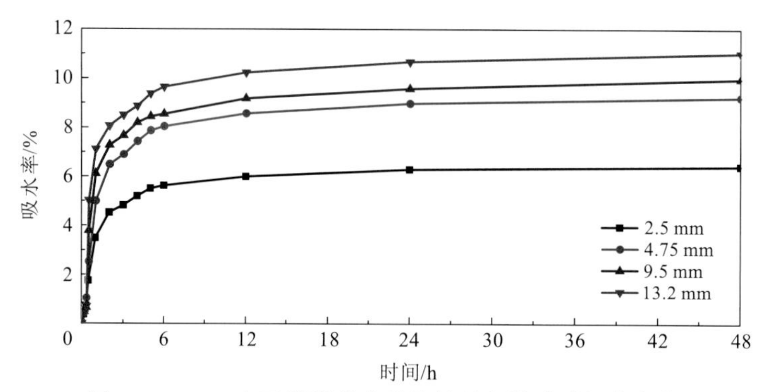

图3.14　48 h内干燥珊瑚礁砂骨料吸水性随时间的变化

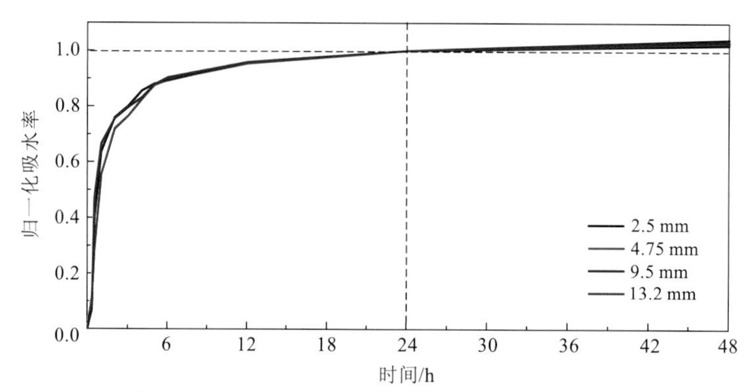

图3.15　珊瑚礁砂骨料吸水性随时间的变化（24 h吸水率归一化）

通过观察曲线，可以用时间的幂函数来表示吸水性的变化，如式（3.7）所示：

$$S = a \times t^b \tag{3.7}$$

式中：a、b为拟合参数；t为时间，h。参数拟合结果如表3.7所示，可以看到不同粒径的珊瑚礁砂骨料，各参数值相差不大，因此取平均值0.4939、0.2764一般可以描述24 h之内整个珊瑚礁砂骨料的吸水行为。

表3.7　吸水曲线拟合参数

粒径大小/mm	a	b	相关系数 R^2
2.5	0.477 0	0.287 6	0.882 5
4.75	0.478 2	0.286 6	0.880 4
9.5	0.505 7	0.269 2	0.828 0
13.2	0.514 6	0.262 0	0.810 6
平均值	0.493 9	0.276 4	—

3.5.2 返水特性

轻骨料的返水特性可以通过等温解吸曲线来描述[163]。本试验利用南京理工大学分析测试中心的蒸汽吸附仪，测定干燥期间（不同相对湿度条件）珊瑚礁砂骨料孔隙中水的质量损失，建立恒定温度下以相对湿度为函数的质量损失曲线，来评估珊瑚礁砂骨料在混凝土中的返水特性。由于仪器的限制，只能测试颗粒较小的珊瑚礁砂试样的返水特性，本试验测试 1.18～2.36 mm 粒径的珊瑚礁砂颗粒。

测试方法为，将浸泡 24 h（预湿）的珊瑚礁砂样品用拧干的湿毛巾擦去表面水分至饱和面干状态，取 20～30 mg 的样品放置在石英盘中，将石英盘悬挂在天平（±0.001 mg 精度）上，放置在温度为（23±0.05）℃、相对湿度为（98±0.1）%的平衡室中 24 h 或至样品达到稳定质量（质量变化小于 0.001%/5min），样品质量稳定后，将室内的相对湿度以 2%～3%为间隔降低到 80%，样品在新的相对湿度下平衡 12 h 或至样品达到稳定质量（质量变化小于 0.001%/5 min），样品在相对湿度 80%下达到质量平衡后，将样品在（23±0.05）℃下干燥直到样品达到稳定质量。

图 3.16 给出了饱水后的珊瑚礁砂骨料在不同湿度条件下的解吸曲线，从图中可以看出，当相对湿度下降至 96%时，24 h 预湿的珊瑚礁砂骨料失去大部分水量，被认为是良好的返水行为，从内养护角度来说，珊瑚礁砂骨料是一种有效的内养护材料，在高相对湿度下释放的水可参与水泥的水化反应。

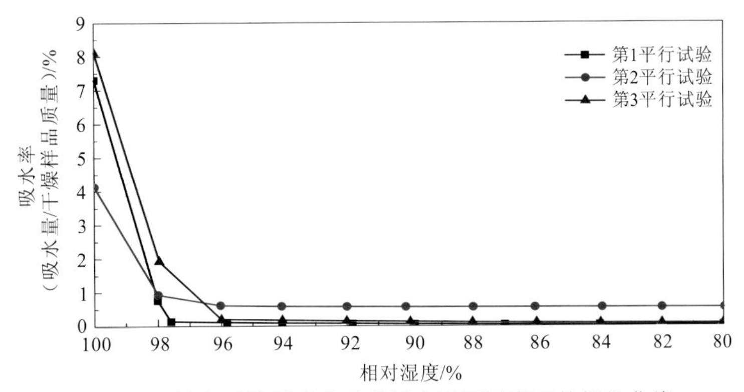

图 3.16 饱水后的珊瑚礁砂骨料在不同湿度下的解吸曲线

通过珊瑚礁砂骨料 24 h 吸水率对其等温解吸曲线进行归一化，如图 3.17 所示，从图 3.17 中可以确定不同相对湿度下从珊瑚礁砂的孔中释放的水的比例，注意到，珊瑚礁砂骨料在相对湿度 96%下释放大部分水（85%～98%）。通过对图 3.16 中曲线进行拟合，可以用相对湿度的函数来描述骨料的返水行为：

$$D=\frac{d_1\mathrm{RH}}{(1-\mathrm{RH})[1+(d_2-1)\mathrm{RH}]}+d_3\mathrm{RH}^2 \tag{3.8}$$

式中：RH 为相对湿度，取 0～1；d_1、d_2、d_3 为拟合参数，参数拟合结果如表 3.8 所示。

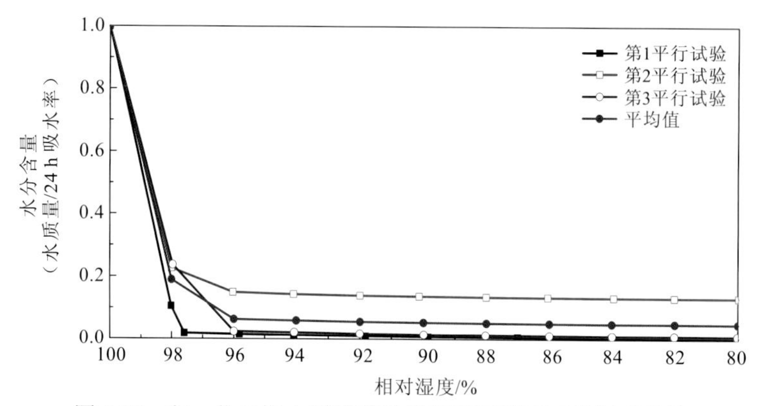

图 3.17　归一化后饱水珊瑚礁砂骨料不同湿度下的解吸曲线

表 3.8　返水（解吸）曲线拟合参数

粒径大小/mm	d_1	d_2	d_3	相关系数 R^2
2.5	0.002 2	0.623 0	0.047 3	0.882 5
4.75	0.001 7	0.631 9	0.031 4	0.880 4
9.5	0.002 1	0.601 6	0.031 2	0.828 0
13.2	0.001 9	0.619 0	0.015 1	0.810 6
平均值	0.002 0	0.618 9	0.031 3	—

3.6　本章小结

本章对南海某岛礁不同区域得到的三种珊瑚礁砂类型的基本特性，包括组成成分、颗粒形态、微观形貌、颗粒强度及吸水返水特性等进行分析，主要结论如下。

（1）珊瑚礁砂的主要成分为碳酸钙，为稳定的非活性成分；颗粒表面粗糙、多孔，大多数仍保留有原生生物的骨骼形态。珊瑚礁砂的颗粒强度均小于普通碎石和页岩陶粒的颗粒强度。

（2）对三种类型珊瑚礁砂颗粒的形状进行分类，发现块状珊瑚礁砂颗粒含量最多的是人工破碎型；长棒状珊瑚礁砂颗粒含量最多的是水力磨圆型；片状珊瑚礁砂颗粒含量最多的是人工破碎型；枝状珊瑚礁砂颗粒含量最多的是珊瑚原生型。

（3）珊瑚礁砂骨料 24 h 的吸水率为 6.3%～10.7%，吸水率随时间的推移而增加，前期吸水快，后期吸水渐趋平衡，可以用时间的幂函数来表示珊瑚礁砂混凝土吸水行为的变化；此外，发现珊瑚礁砂骨料在相对湿度 96%下释放大部分水（85%～98%），是一种有效的内养护材料。

第 4 章 珊瑚礁砂混凝土的制备及其基本性能

本章选取性能较好的珊瑚礁砂类型，按照 2014 年国家发展和改革委员会颁布的《关键材料升级换代工程实施方案》中明确提出的到 2016 年支持南海岛礁建设用海水拌和养护混凝土产业化，以及对海水拌和养护珊瑚礁砂混凝土的强度提出的具体指标要求（抗压强度大于 50.0 MPa，抗拉强度大于 5.0 MPa），在了解珊瑚礁砂混凝土目前研究进展与存在问题的基础上，考虑环境适应性，同时结合珊瑚礁砂本源特性，配制高强、高性能珊瑚礁砂混凝土，并研究其强度发展规律和耐久性能，关于耐盐雾侵蚀性能、高低温抗劣化及抗冲刷磨蚀性能将在第 6 章中进行介绍。

4.1 珊瑚礁砂混凝土配合比设计

4.1.1 原材料

1. 粗骨料

1）珊瑚礁块

珊瑚礁砂混凝土所用粗骨料为人工破碎的珊瑚礁块，如图 4.1 和图 4.2 所示，取自南海某珊瑚岛礁，粒径大小为 5～20 mm，其中 5～10 mm 与 10～20 mm 的珊瑚礁块的比例为 1∶2，此时堆积密度最大。因珊瑚礁块质轻，符合轻集料的定义，依据《轻集料及其试验方法 第 2 部分：轻集料试验方法》（GB/T 17431.2—2010）[164]对其物理力学性质进行测试，测试结果如表 4.1 所示。

图 4.1 珊瑚礁

图 4.2 破碎的珊瑚礁块

表 4.1 粗骨料的物理力学性质

测试项目	堆积密度 /（kg/m^3）	空隙率 /%	表观密度 /（kg/m^3）	吸水率 /%	孔隙率 /%	压碎值 /%	比表面积 /（m^2/g）	氯离子含量 /%
珊瑚礁块	999	47.56	1905	13.17	22.26	38.99	0.80～3.20	0.023
普通碎石	1532	42.41	2660	0.86	1.96	15.14	0.61～0.72	0.008

2）普通碎石

普通碎石为湖北武汉石灰岩碎石，如图 4.3 所示，最大粒径为 16 mm，连续级配，其物理力学性质如表 4.1 所示。

图 4.3　普通碎石

2. 细骨料

1）珊瑚砂

珊瑚礁砂混凝土所用细骨料为南海某岛礁珊瑚砂，如图 4.4 所示，粒径范围为 0.075～4.75 mm，其级配曲线如图 4.5 所示，细度模数为 2.70，属于中砂。依据《轻集料及其试验方法　第 2 部分：轻集料试验方法》（GB/T 17431.2—2010）[164]对其物理性质进行测试，测试结果如表 4.2 所示。

图 4.4　珊瑚砂

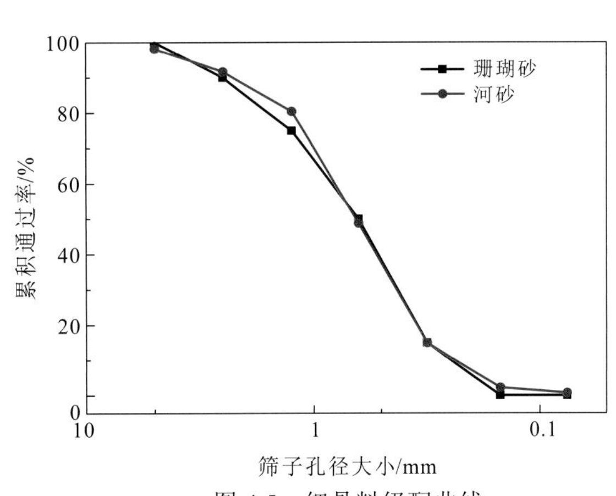

图 4.5　细骨料级配曲线

表 4.2　细骨料的物理性质

测试项目	堆积密度 /（kg/m^3）	空隙率 /%	表观密度 /（kg/m^3）	细度模数	1h 吸水率 /%	氯离子含量 /%
珊瑚砂	1 131	58.87	2 750	2.70	1.96	0.11
河砂	1 450	45.08	2 640	2.58	0.45	0.014

2）河砂

河砂为湖北武汉天然河砂，如图 4.6 所示，4.75 mm 以下连续级配，其级配曲线如图 4.5 所示，细度模数为 2.58，属于中砂，其物理性质如表 4.2 所示。

图 4.6　河砂

3. 其他材料属性

1）水泥

试验所用水泥为华新水泥股份有限公司生产的 PO42.5 OPC，其化学成分和物理力学性能分别见表 4.3 和表 4.4。

表 4.3　水泥熟料的化学成分　（单位：%）

测试项目	SiO_2	Al_2O_3	MgO	Fe_2O_3	CaO	Na_2O	SO_3	烧失量
OPC	23.55	5.64	1.67	2.85	64.17	0.26	0.49	1.37

表 4.4　水泥的物理力学性能

测试项目	比重/（kg/m^3）	比表面积/（m^2/kg）	初凝时间/min	终凝时间/min	抗压强度/MPa		抗折强度/MPa	
					3 d	28 d	3 d	28 d
OPC	3 100	350	240	300	29.5	54.7	5.7	8.9

2）减水剂

试验所用减水剂为某公司生产的 Q8081PCA 液体均衡型聚羧酸系高性能减水剂，减水效率≥40%，技术指标如表 4.5 所示。

表 4.5 减水剂技术指标

检验项目	形态	氯离子含量/%	总碱量/%	液体含固量/%	粉体含水率/%	密度/（g/cm^3）	pH	硫酸钠含量/%
检验结果	淡黄色液体	0.01	0.02	40	2	1.1	7.0～8.0	0.01

3）试验用水

试验所用拌和与养护用水均为普通自来水。

4）粉煤灰与硅灰

粉煤灰与硅灰采用某工厂生产的 I 级粉煤灰与 98 级硅灰，其化学成分与基本物理性能指标如表 4.6 所示。

表 4.6 粉煤灰和硅灰的化学成分与基本物理性能指标

测试项目	容重/（g/cm^3）	平均颗粒粒径/μm	堆积密度/（g/cm^3）	比表面积/（m^2/g）	SiO_2/%	Al_2O_3/%	MgO/%	Fe_2O_3/%	CaO/%	Na_2O/%
粉煤灰	2.1	7.1	0.78	0.33	58	30	2.8	4.3	1.5	3.2
硅灰	1.6～1.7	0.1～0.3	0.67	25	98	0.7	0.6	0.5	0.2	—

5）聚丙烯纤维

聚丙烯纤维采用某公司生产的束状单丝短纤维，长度为 12 mm，其基本物理力学性能指标如表 4.7 所示。

表 4.7 聚丙烯纤维的基本物理力学性能指标

检验项目	密度/（g/cm^3）	熔点/℃	断裂强度/MPa	抗拉强度/MPa	断裂延伸率/%	含水率/%	吸水率/%
检验结果	0.91	165～175	≥750	725	19.9	0.5	0.1
标准要求	≥0.90	≥160	—	≥650	≥8	≤0.6	≥0.1
单项判定	合格	合格	—	合格	合格	合格	合格

4.1.2 配合比设计与试块制作

1. 配合比

一般混凝土可以看作骨料与浆体的两相组合，改善混凝土的力学性能与耐久性能则有两种设计原则：一是提高骨料本身的性能；二是改善砂浆基体的性能。考虑到第 4 章中珊瑚礁砂颗粒强度低、易破碎的特征，并借鉴前人研究成果，本试验研究以改善砂浆基体性能为原则，采用富浆混凝土方法[6,7,14]，即在较高胶凝材料用量、较大砂率等条件下进行配合比设计；同时，考虑到珊瑚礁砂在工程建设中并未得到推广应用，且没有相关的技术规范，而珊瑚礁砂属于天然轻骨料，因此本试验所用配合比参照《轻骨料混凝土应用技术标准》（JGJ/T 12—2019）[165]中的松散体积法进行设计。

2014 年国家发展和改革委员会颁布了《关键材料升级换代工程实施方案》，其明确提出到 2016 年支持南海岛礁建设用海水拌和养护混凝土产业化，对海水拌和养护珊瑚礁砂混凝土的强度提出了具体指标要求（抗压强度大于 50.0 MPa，抗拉强度大于 5.0 MPa），为此，本试验设计目标为强度等级为 C50 的高强珊瑚礁砂混凝土，总水灰比为 0.3，坍落度大于 220 mm，且 1 h 坍落度损失＜20%，参考其他学者的研究[166-168]，设计了粉煤灰、硅灰和聚丙烯纤维的掺量。本试验共设计了 6 个配合比，如表 4.8 所示。以强度等级为 C50 的 OA-50 普通碎石混凝土和强度等级为 C50 的 CA-50 珊瑚礁砂混凝土为例进行比较分析。

表 4.8　珊瑚礁砂混凝土配合比　（单位：g/cm^3）

试样类型	OPC	硅灰	粉煤灰	聚丙烯纤维	珊瑚砂	河砂	珊瑚礁碎块	普通碎石	水	减水剂
OA-50	580	0	0	0	—	688	—	952	180	6.0
CA-50	750	0	0	0	688	—	570	—	225	9.0
CA-F20	600	0	150	0	688	—	570	—	225	8.3
CA-S5	712.5	37.5	0	0	688	—	570	—	225	11.3
CA-F15S5	600	37.5	112.5	0	688	—	570	—	225	12.0
CA- F15S5PF	600	37.5	112.5	1.5	688	—	570	—	225	12.0

2. 试块制作

试验采用强制式搅拌机机械搅拌，投料和搅拌参照《轻骨料混凝土应用技术标准》（JGJ/T 12—2019）[165]按如图 4.7 所示的方法进行。

拌和后的拌和物装入预先准备好的塑料试模中并在 0.8m×0.8m 的振动台上振捣成型，成型后的试件用抹刀将表面刮平，将塑料薄膜覆盖在其表面，室温环境下放置 24h 脱模。试验以 3 个平行试件为一组，脱模后置于恒温、恒湿标准养护室养护至试验龄期，养护条件为温度为（20±0.5）℃，相对湿度≥95%。

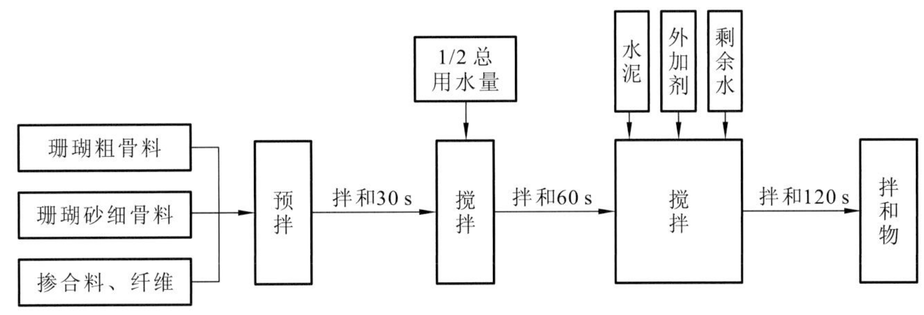

图 4.7　珊瑚礁砂混凝土的投料顺序与搅拌方式

4.2　测试设备与试验方案

4.2.1　立方体抗压与劈裂抗拉强度的测试设备与试验方案

依据《水工混凝土试验规程》(SL/T 352—2020)[169]，采用 100 mm×100 mm×100 mm 的立方体试块，在中国科学院武汉岩土力学研究所自主研发的 RMT-150C 岩石力学试验系统上，测试 3 d、7 d、28 d、90 d 龄期混凝土试块的立方体抗压强度和劈裂抗拉强度，以 0.002 mm/s 的加载速率进行试验。每组试验至少有三个试样，将至少三个试样的平均值作为每组立方体抗压强度和劈裂抗拉强度的试验结果。

4.2.2　毛细吸水性能的测试设备与试验方案

毛细吸水性描述了毛细管吸力导致的不饱和混凝土孔隙中水的入渗，是与渗透性相关的重要参数，用于评估混凝土的耐久性[170]。试验参照 *Standard test method for measurement of rate of absorption of water by hydraulic-cement concretes*：ASTM C1585-2013[171]进行，用ϕ100 mm×200 mm 的圆柱体试样浇筑成型，切割成直径为（100±6）mm、高度为（50±3） mm 的圆柱体试件进行测试。试验在 28 d 和 90 d 龄期时进行。试验前需将试件放在 60 ℃的烘箱中烘干至恒重，并冷却至室温；试验时，试件的一个表面与水自由接触（水面在试件底部上方不超过 3 mm），而其他面用铝带密封。该方法是通过测定试件毛细吸水质量随时间的变化来确定其吸水性能的，按照 0、5 min、10 min、20 min、30 min、1 h、2 h、3 h、4 h、5 h、6 h 的时间来测定试件的质量，测量时用拧干的湿抹布抹去表面水分，立即称取试件质量，第一个小时内的实际测量时间应在 10 s 内，之后 5 h 的测量可在 1 min 之内完成。

毛细吸水量 I 用试件质量的变化除以试件和水自由接触的横截面积与水的密度的乘积，即单位面积的累积吸水量来表示，如式（4.1）所示：

$$I=\frac{m_t}{A\times\rho_{\mathrm{W}}} \tag{4.1}$$

式中：m_t 为试件质量在 t 时刻的变化值，g；A 为试件与水自由接触的横截面积，mm^2；ρ_W 为水的质量密度，g/mm^3，忽略温度的影响，给定其值为 0.001 g/mm^3。

毛细吸水量 I 与时间的平方根呈正相关关系[170,172]，毛细吸水量 I 与时间的平方根线性拟合的斜率定义为毛细吸水率，可用式（4.2）表示：

$$I = s\sqrt{t} + c \tag{4.2}$$

式中：s 为混凝土与水接触时的毛细吸水率，通过对毛细吸水量 I 与时间的平方根进行线性拟合得到；c 为竖轴上的截距，由试件表面与水接触瞬时毛细孔隙的快速填充引起。

4.2.3 抗氯离子渗透试验的测试设备与试验方案

为了评价混凝土的渗透性，依据《普通混凝土长期性能和耐久性能试验方法标准》（GB/T 50082—2009）[173]，利用某公司生产的 NJ-AR 多功能混凝土耐久性试验设备，采用电通量法，以通过混凝土试件的电通量为指标来快速确定混凝土抗氯离子渗透的性能。用 ϕ100 mm×200 mm 的圆柱体试样浇筑成型，切割成直径为（100±1）mm、高度为（50±2）mm 的圆柱体试件进行电通量试验，试验在 28 d 和 90 d 龄期时进行，试验前需将试件进行真空饱水，并将玻璃胶涂抹在圆柱体试件的侧面进行密封，将试件置于试验槽中并经受 60 V 电位 6 h。试验槽的其中一侧充满 3%NaCl 溶液，另一侧充满 0.3 mol/L NaOH 溶液。测量通过混凝土试件的电流量，并且将通过的总电荷（以库仑计）当作评定混凝土抗氯离子渗透的指标。

4.2.4 界面过渡区维氏显微硬度的测试设备与试验方案

界面过渡区显微硬度测试是用维氏压头测量某些材料局部区域硬度的一种方法[174]。显微硬度是反映材料机械性能的重要指标。本试验将某公司生产的半自动显微硬度测量系统用于混凝土界面过渡区维氏显微硬度的测试。

混凝土试样养护至 28 d 和 90 d 龄期时进行显微硬度测试，试样切割成 ϕ38 mm×10 mm 的圆饼状，如图 4.8 所示，上下面必须平行，测试样品必须明显包含珊瑚礁砂和砂浆的界面区域，图 4.9 为显微镜下测试混凝土的界面过渡区，从图 4.9 中可以看到，由于珊瑚礁砂颜色和形态特征的不同，珊瑚礁砂混凝土和普通碎石混凝土的界面过渡区都可以很容易地区分出来。为使试样表面较容易地辨别出 Vickers 压头在其表面形成的菱形压痕，在研磨机上依次使用 1 200 目和 2 000 目的砂纸对试样表面进行打磨，再置于抛光机上进行抛光处理；打磨、抛光完成后将试样放入超声波清洗机中清洗至少 20 min，以去除试样表面的异物。

珊瑚礁砂与浆体交界处定义为零点，向砂浆方向每隔 10～20 μm 打一个点，每个点打 3 次，试验载荷力为 50 克力（gf①），接触时间为 15 s。

① 1 gf = 0.009 8 N

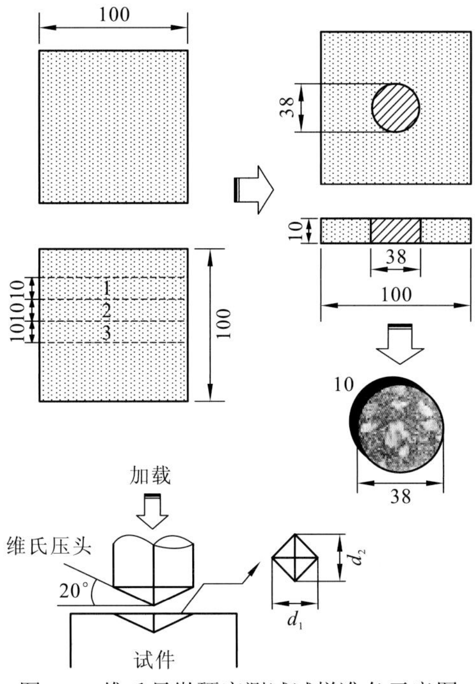

图 4.8　维氏显微硬度测试试样准备示意图

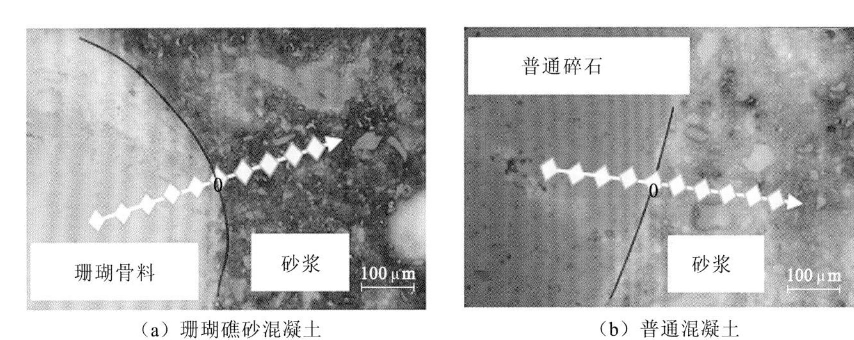

（a）珊瑚礁砂混凝土　　（b）普通混凝土

图 4.9　骨料与砂浆之间的界面过渡区

4.3　珊瑚礁砂混凝土的强度特性

4.3.1　立方体抗压强度

图 4.10 和图 4.11 显示了粉煤灰、硅灰和聚丙烯纤维对不同龄期的珊瑚礁砂混凝土的立方体抗压强度的影响。与 OA-50 相比，CA-50 在 3 d、7 d 的立方体抗压强度增长较快，且高于 OA-50，但 28 d 和 90 d 的立方体抗压强度却低于 OA-50，这与珊瑚礁砂本身强度较低有关。图 4.11 给出了各类型混凝土与 CA-50 相比的归一化抗压强度。从图 4.11 中可以看出，早龄期（在本试验中是指 28 d 及以前）掺加粉煤灰的珊瑚礁砂混

凝土的抗压强度最低，3 d 龄期的抗压强度比 CA-50 低约 13%，这可能与粉煤灰颗粒的粒径较大、早期火山灰活性较低有关，混凝土砂浆中的孔隙未填充，导致大孔径含量增大。随着养护龄期的增加，火山灰活性增加，混凝土的孔隙减少，致密性增加，这就是在 90 d 龄期时，掺加粉煤灰的珊瑚礁砂混凝土较未掺加粉煤灰的珊瑚礁砂混凝土（CA-50）的抗压强度提高了约 6%的原因。很明显，硅灰粉末比粉煤灰更细，其火山灰活性非常高，通过加入硅灰，在所有龄期尤其是早龄期，抗压强度都得到明显改善，CA-S5 比 CA-50 的抗压强度提高约 9%，但粉煤灰的掺入与硅灰相比更有助于珊瑚礁砂混凝土后期抗压强度的发展；同时发现，由于硅灰的掺入，CA-F15S5 的抗压强度总是高于 CA-F20，硅灰的添加可以很好地改善含有粉煤灰和 OPC 的二元水泥体系的抗压强度发展，随着龄期的增长，混掺粉煤灰和硅灰可以产生比单掺硅灰更好的抗压强度的效果，且对后期抗压强度起到更加明显的增强效果。聚丙烯纤维的掺入对珊瑚礁砂混凝土后期抗压强度的提高程度比早期明显，28 d 和 90 d 龄期，CA-F15S5PF 的抗压强度较 CA-50 分别增长了约 13.3%、15%。

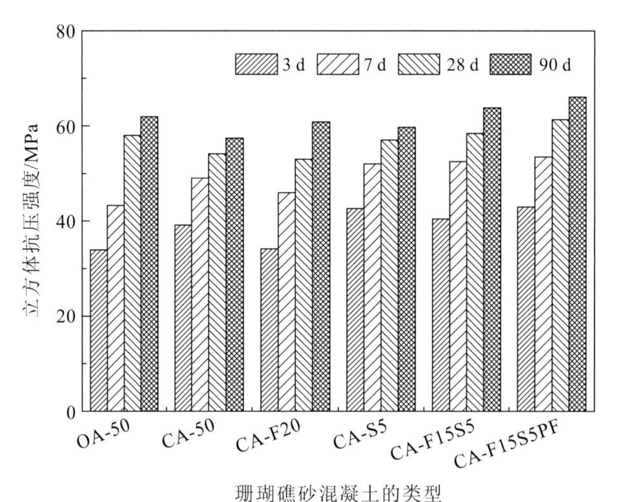

图 4.10　珊瑚礁砂混凝土的立方体抗压强度

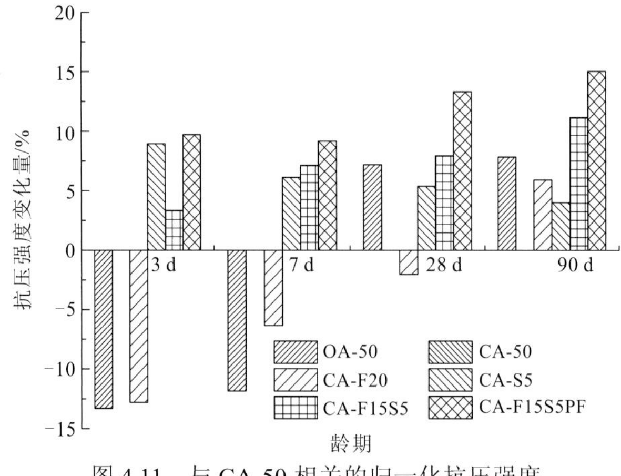

图 4.11　与 CA-50 相关的归一化抗压强度

珊瑚礁砂混凝土早期抗压强度的增长速度要比普通混凝土和轻骨料混凝土快很多，其主要原因是珊瑚骨料本身具有多孔、高吸水率、表面几何特征不一的特点。在搅拌初期，珊瑚骨料的大量孔隙吸收水泥浆体中的拌和用水，使珊瑚骨料周围水泥浆体的水灰比降低，从而减少拌和水在珊瑚骨料表面的聚集，更避免了拌和水在重力作用下于珊瑚骨料下部边缘出现分层而形成“水囊”。此时，骨料与水泥浆体的界面过渡区不会出现大量 $Ca(OH)_2$ 富集和定向排列现象，从而增强了水泥石和珊瑚骨料间过渡区的强度。而在养护后期，随着水泥熟料水化反应的进行，水泥浆体中的水分逐渐减少，此时珊瑚骨料所吸收的水分将会被水泥浆体吸出，对混凝土又起到自养护的作用，骨料与水泥浆体界面过渡区的强度得到进一步增强[9,175-177]。另外，珊瑚骨料表面的几何特性不一，比普通骨料混凝土和轻骨料混凝土的表面粗糙，这就使珊瑚骨料与水泥石之间的摩擦力增大，而且较大的比表面积使水泥石与珊瑚骨料之间的黏结力得到增强。同时，水泥浆体能够渗入珊瑚骨料表面的大孔隙中，使两者形成“嵌套”结构，进一步增强两者之间的黏结力[9]。在混凝土受压破坏过程中，骨料与水泥浆体的界面过渡区首先出现微裂缝，然后随着压力的增加，微裂缝逐渐发展并与水泥石中产生的微裂缝贯通，最终贯穿试块，导致混凝土破坏。而以上描述的珊瑚骨料的特点使珊瑚礁砂混凝土骨料与水泥浆体界面过渡区的强度得到增强，与普通混凝土相比，珊瑚礁砂混凝土骨料与水泥浆体界面过渡区形成裂缝所需的压力更大，但是珊瑚骨料孔隙较多且易破碎，故高强的珊瑚礁砂混凝土的破坏往往不是从界面过渡区开始的，而是由于珊瑚骨料发生破碎。

4.3.2　劈裂抗拉强度

粉煤灰、硅灰和聚丙烯纤维对珊瑚礁砂混凝土劈裂抗拉强度的影响如图 4.12 和图 4.13 所示。从图中结果可以看出，CA-50 的劈裂抗拉强度高于 OA-50，特别是在 3 d、7 d 龄期时，与 CA-50 相比，OA-50 的劈裂抗拉强度降低了 23%，这与珊瑚礁砂表面粗糙、多

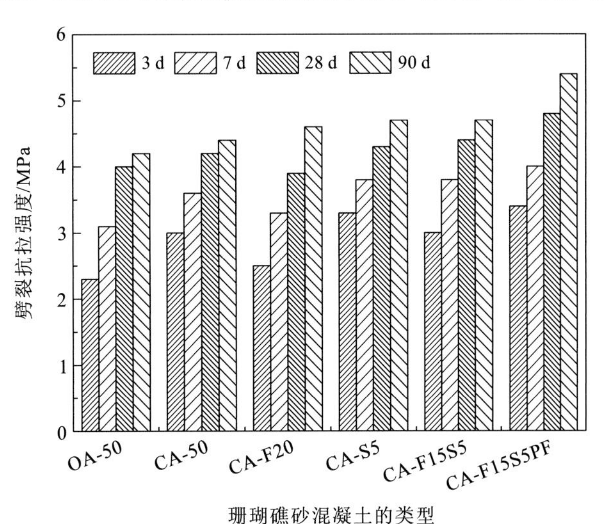

图 4.12　珊瑚礁砂混凝土的劈裂抗拉强度

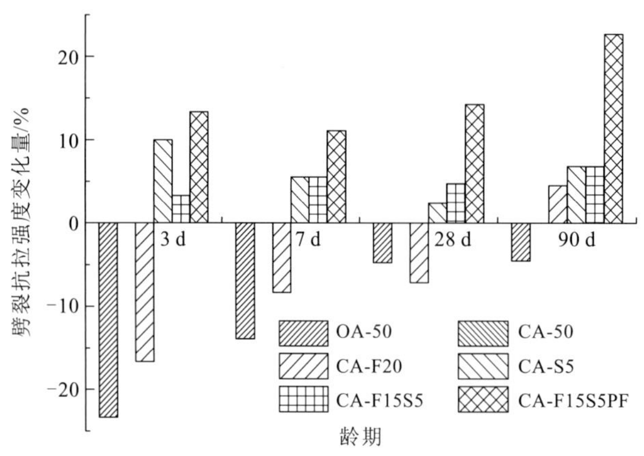

图 4.13 与 CA-50 相关的归一化劈裂抗拉强度

孔隙的特点有关，水泥浆体易进入珊瑚礁砂内部，使得珊瑚礁砂与水泥砂浆之间形成嵌固结构，增强了珊瑚礁砂与水泥砂浆之间的黏结力。图 4.14 是 CA-50 的劈裂拉伸断面，其中大多数珊瑚礁砂本身被破坏，这与珊瑚礁砂强度低有关，与普通碎石混凝土的劈裂拉伸破坏特征不同。

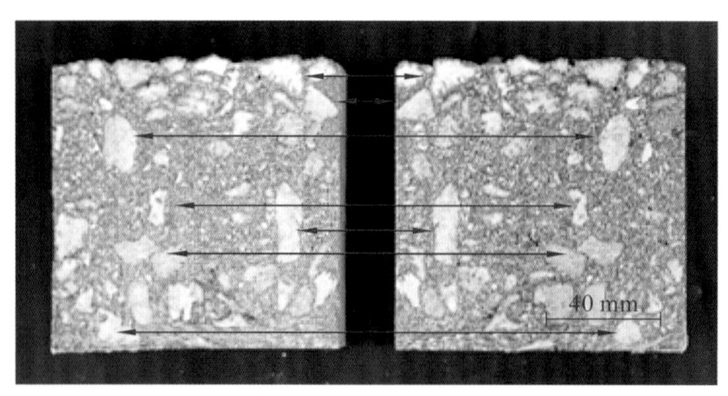

图 4.14 珊瑚礁砂混凝土的劈裂拉伸断面

图 4.13 显示，在 3～28 d 养护龄期中，粉煤灰的掺入降低了珊瑚礁砂混凝土的劈裂抗拉强度，这与抗压强度结果不同。28 d 龄期时，与 CA-50 相比，掺加 20%粉煤灰的珊瑚礁砂混凝土 CA-F20 的劈裂抗拉强度降低了 7.1%；而掺加硅灰的珊瑚礁砂混凝土 CA-S5 在 3～90 d 龄期时的劈裂抗拉强度都较 CA-50 高，且其早期劈裂抗拉强度增加更明显，3 d 龄期时 CA-S5 的劈裂抗拉强度提高约 10%。此外，硅灰的掺加可以有效改善含有粉煤灰的珊瑚礁砂混凝土的劈裂抗拉强度的发展。劈裂抗拉强度增长的趋势与抗压强度结果类似，但是，劈裂抗拉强度增加程度小于抗压强度。例如，在 28（90）d 龄期时，CA-F15S5 的抗压强度增加了 8.0%（11.0%），而劈裂抗拉强度增加了 4.8%（6.8%）。聚丙烯纤维对珊瑚礁砂混凝土劈裂抗拉强度的改善效果较立方体抗压强度更为明显，对早龄期和后期劈裂抗拉强度的增强效果都较为明显，在 28（90）d 龄期时，CA-F15S5FH 的立方体抗压强度增加了 13.3%（15%），而劈裂抗拉强度增加了 19%（22.7%）。

4.3.3　立方体抗压强度与劈裂抗拉强度的关系

对 28 d 和 90 d 龄期的珊瑚礁砂混凝土的立方体抗压强度和劈裂抗拉强度进行拟合分析，得到两者的关系曲线，如图 4.15 所示，立方体抗压强度和劈裂抗拉强度的关系可以用如下表达式表示：

$$f_{ts} = 0.0857 f_c - 0.5567 \quad (4.3)$$

式中：f_{ts} 为劈裂抗拉强度；f_c 为立方体抗压强度。

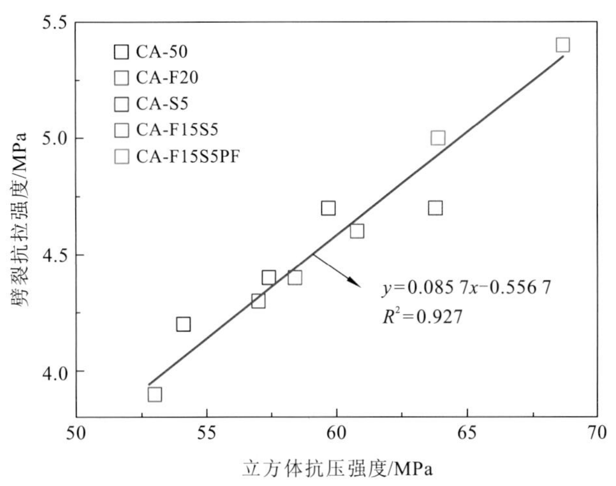

图 4.15　立方体抗压强度与劈裂抗拉强度的关系

糜人杰等[14]也曾研究过珊瑚礁砂混凝土立方体抗压强度和劈裂抗拉强度的关系，他们提供了强度等级为 C20～C55 的珊瑚礁砂混凝土的立方体抗压强度与劈裂抗拉强度的关系式，如式（4.4）所示：

$$f_{ts} = 0.0501 f_c + 1.3858 \quad (4.4)$$

表 4.9 显示了由式（4.3）和式（4.4）预测的珊瑚礁砂混凝土的劈裂抗拉强度值，两类预测值的相对误差均在 10%的范围内。因此，可以确定式（4.4）也可以很好地反映掺加粉煤灰、硅灰和聚丙烯纤维的珊瑚礁砂混凝土的劈裂抗拉强度与立方体抗压强度之间的关系。

表 4.9　劈裂抗拉强度的预测

试样类型	劈裂抗拉强度实测值/MPa		式（4.3）预测的劈裂抗拉强度/MPa		式（4.4）预测的劈裂抗拉强度/MPa		实测值与式（4.3）预测值的相对误差/%		实测值与式（4.4）预测值的相对误差/%	
	28 d	90 d	28 d	90 d	28 d	90 d	28 d	90 d	28 d	90 d
CA-50	4.2	4.4	4.1	4.4	4.1	4.3	−2.4	0	−2.4	−2.3
CA-F20	3.9	4.6	4.0	4.6	4.0	4.4	2.6	0	2.6	−4.3
CA-S5	4.3	4.7	4.3	4.6	4.2	4.4	0	−2.1	−2.3	−6.4
FA-F15S5	4.4	4.7	4.4	4.9	4.3	4.6	0	4.3	−2.3	−2.1
CA-F15S5PF	5.0	5.4	4.9	5.3	4.6	4.9	−2	−1.9	−8	−9.3

4.4 珊瑚礁砂混凝土的毛细吸水和抗氯离子渗透性能

4.4.1 毛细吸水性能

使用线性回归拟合混凝土 6 h 内的吸水率，得到的方程的斜率用于描述前 6 h 的毛细吸水性。图 4.16 表示的是各组混凝土 6 h 内吸水率的变化及拟合曲线。可以看出，随着时间的增加，混凝土吸收的水的累积体积增加。图 4.17 表示的是 28 d 和 90 d 龄期时各组混凝土不同的毛细吸水性特征值。

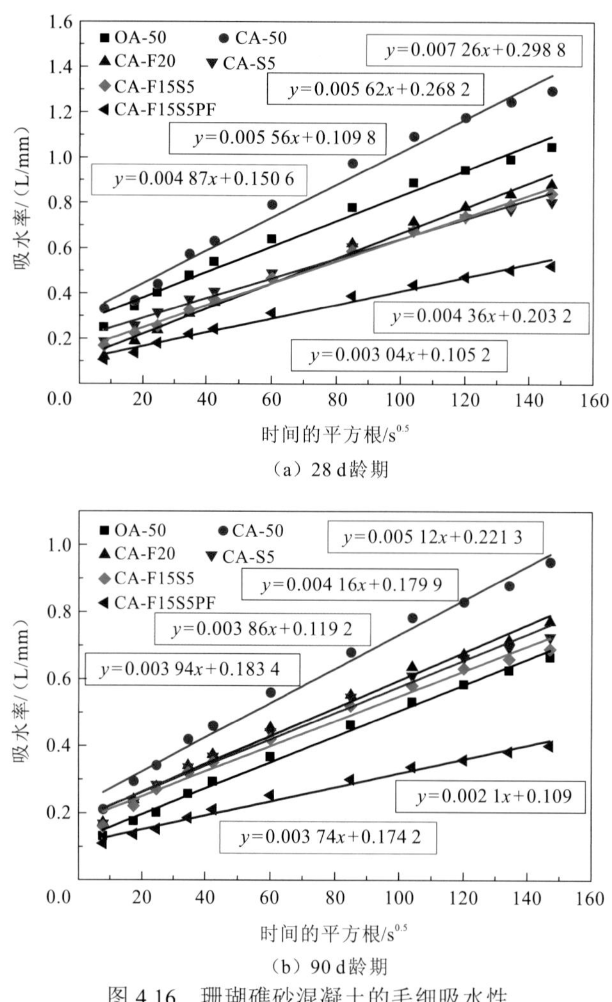

图 4.16 珊瑚礁砂混凝土的毛细吸水性

可以清楚地看出，图 4.16 中 CA-50 的吸水率在 28 d 和 90 d 龄期都比 OA-50 大得多，这可能归因于珊瑚礁砂本身的高孔隙率和吸水率及较高的水泥用量。粉煤灰的掺加可以降低珊瑚礁砂混凝土的毛细吸水率，与 CA-50 相比，掺加 20%粉煤灰的 CA-F20 在 28 d

和 90 d 龄期的毛细吸水率分别降低 23.3%和 17.6%，与掺加粉煤灰的珊瑚礁砂混凝土的强度试验结果不同，这是由于粉煤灰可以降低混凝土中的毛细管含量，虽然粉煤灰可以增加混凝土中大孔隙的含量，但大孔隙对混凝土中毛细管的吸水率影响不大[177]。

对比 CA-F20 与 CA-F15S5 的吸水量的累积体积值（图 4.16）和毛细吸水性特征值（图 4.17）可以发现，硅灰的掺入对珊瑚礁砂混凝土的改善效果更好。28 d 和 90 d 龄期时，CA-F15S5 的毛细吸水性特征值比 CA-F20 分别降低了 12.5%和 11.9%。此外，28 d 龄期时，二元混合相 CA-S5 的毛细吸水性特征值比 CA-F20 降低了约 21%，且比三元混合相 CA-F15S5 的毛细吸水性特征值低约 10.2%，硅灰的掺入对降低珊瑚礁砂混凝土的累积吸水量和毛细吸水性有更显著的效果，这种现象归因于硅灰的高细度和高火山灰活性[178-179]能够有效降低珊瑚礁砂混凝土的孔隙率，使混凝土既有较高的抗压强度和劈裂抗拉强度，又可以获得较低的毛细吸水性。此外，养护至 90 d 龄期时，CA-F15S5 吸收的水分的累积体积低于 CA-S5，其毛细吸水性特征值为 37×10^{-4} mm/s$^{0.5}$，比 CA-S5 降低约 5%，这主要是由后期粉煤灰的火山灰活性增强引起的，表明粉煤灰既有助于珊瑚礁砂混凝土后期强度的增长，又有助于其耐久性的提高。

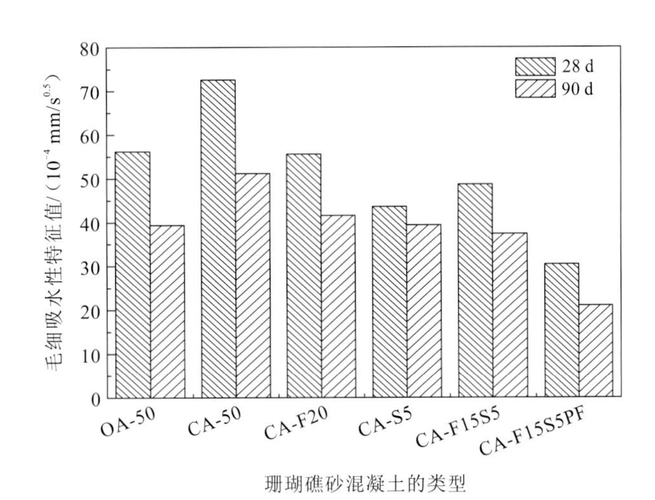

图 4.17　珊瑚礁砂混凝土 28 d 和 90 d 龄期的毛细吸水性特征值

与 CA-F15S5 相比，28 d 和 90 d 龄期，掺加聚丙烯纤维的 CA-F15S5PF 在 6 h 内不同时刻的毛细吸水总量均小得多，并且 28 d 和 90 d 龄期时，CA-F15S5PF 的毛细吸水性特征值比 CA-F15S5 分别降低了 37.6%和 43.9%，表明掺加聚丙烯纤维可以有效改善珊瑚礁砂混凝土的毛细吸水性能。

4.4.2　抗氯离子渗透性能

图 4.18 表示了各组珊瑚礁砂混凝土试样通过的电荷总量。通过混凝土的总电荷

量越低，表示混凝土抵抗氯离子渗透的能力越高。从图 4.18 中的结果可以看出，通过 CA-50 的总电荷量明显高于 OA-50，表明 CA-50 的抗氯离子渗透性能较 OA-50 低，这是由珊瑚礁砂本身的高孔隙率和高吸水率造成的。根据 ASTM C1202（2012）[180]，CA-50 的抗氯离子渗透性能在 28 d 被标记为“中等”水平，而 OA-50 被标记为“低”水平。

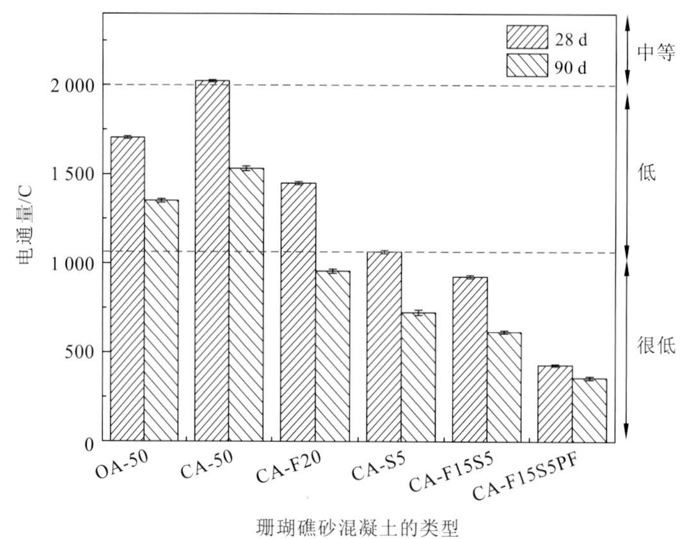

图 4.18　珊瑚礁砂混凝土的电通量

图 4.18 中结果显示，掺加粉煤灰能改善珊瑚礁砂混凝土的抗氯离子渗透性能。28 d 龄期时，与 CA-50 相比，CA-F20 的总电荷量从 2 022 C 降为 1 450 C，抗氯离子渗透性能提高，掺入 20%的粉煤灰，可以改善混凝土本身的氯离子结合能力和孔隙结构[181]，从而改善混凝土的渗透性能，且随着龄期的增加，粉煤灰的火山灰活性提高，混凝土的孔隙率降低，CA-F20 的总电荷量降低到 957 C，氯离子渗透性等级上升到“很低”水平，珊瑚礁砂混凝土的抗氯离子渗透性能得到明显改善。28 d 龄期时，与 CA-50 相比，掺入 5%的硅灰，使得通过珊瑚礁砂混凝土[182]试样的总电荷量从 2 022 C 降低到 1 064 C，抗氯离子渗透性能明显提高，90 d 龄期时，CA-S5 的电通量为 725 C，处于“很低”水平，抗氯离子渗透性能提高更加明显，这是由于硅灰的颗粒细小且火山灰活性很高，可以有效改善混凝土的孔隙结构，降低总孔隙率[181-182]。对于双掺粉煤灰和硅灰的珊瑚礁砂混凝土，与 CA-F20 相比，28 d 龄期时 CA-F15S5 的电通量从 1 450 C 明显降低到 926 C，这种现象可归因于粉煤灰具有高氯离子结合能力和硅灰可以有效改善混凝土的孔隙体系，并且与 CA-S5 相比，通过 CA-F15S5 的总电荷量减少了 13%，这表明双掺粉煤灰和硅灰比单掺硅灰可以获得更好的抗氯离子渗透性能。掺入聚丙烯纤维的 CA-F15S5PF 的 28 d 和 90 d 龄期的总电荷量分别为 429 C、357 C，均较其他类型珊瑚礁砂混凝土低得多，

较 CA-F15S5 分别降低了 54%和 42%，这是由于聚丙烯纤维的掺入在混凝土内形成了网状结构，能够改善其内部结构，抑制内部微裂纹的生成和发展，从而增加混凝土的密实性，提高其抗渗透性能。

图 4.19 表明了珊瑚礁砂混凝土的电通量与毛细吸水性特征值之间的关系。可以容易地观察到，电通量越高，毛细吸水性特征值越大。因此，在珊瑚礁砂混凝土中，毛细吸水性特征值可以作为评估其耐久性的指标。

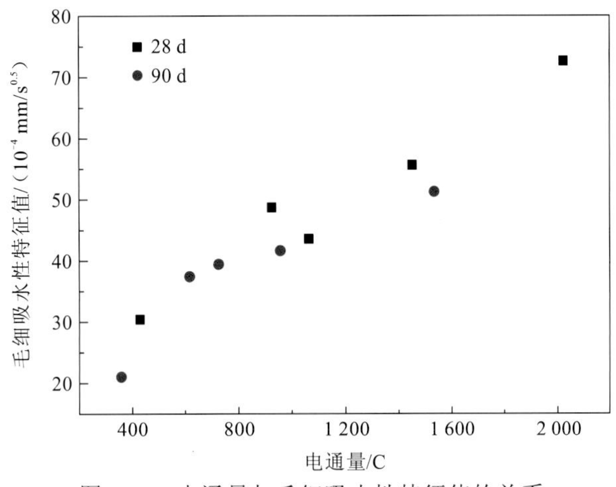

图 4.19　电通量与毛细吸水性特征值的关系

4.5　珊瑚礁砂混凝土的显微硬度

显微硬度是混凝土材料界面过渡区各种特征的综合表征参数。图 4.20 表示各组珊瑚礁砂混凝土在 28 d 和 90 d 龄期时界面过渡区的显微硬度变化。结果显示，普通碎石混凝土（OA-50）在距离骨料和水泥组分界面 10～50 μm 范围内显微硬度较低，说明 OA-50 存在明显的薄弱区，然而，CA-50 中的界面过渡区没有出现这样的区域，而且 CA-50 中界面过渡区的显微硬度大大高于 OA-50，特别是在 0～70 μm 的范围内。在一定程度上，这可以为 CA-50 的劈裂抗拉强度高于 OA-50 的劈裂抗拉强度的结果做出解释。珊瑚礁砂混凝土中 0 处的显微硬度大大高于界面过渡区的其他区域点，这是因为珊瑚礁砂表面粗糙、多孔隙的特性使得水泥浆容易渗透到珊瑚礁砂表面的空腔或大孔中并充满孔隙，从而使表面结构变得更致密，这与轻骨料混凝土的特征相同，质脆且多孔的轻骨料与水泥砂浆之间的嵌固作用使得混凝土界面过渡区更加致密、均匀，此外，珊瑚礁砂的强吸水性可以促进混凝土内部的固化，以改善界面过渡区的结构。

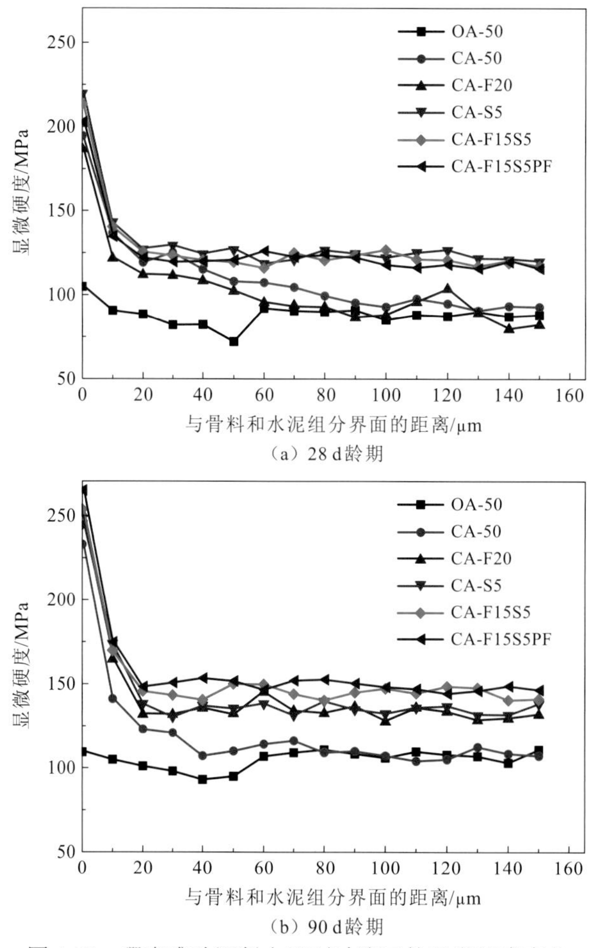

（a）28 d龄期

（b）90 d龄期

图 4.20　珊瑚礁砂混凝土界面过渡区的显微硬度变化

在图 4.20（a）中，由于填充效果不充分和早期火山灰活性低，28 d 龄期时，掺加粉煤灰的珊瑚礁砂混凝土中界面过渡区的显微硬度略低于 CA-50，这与预期的结果一样。然而，当使用硅灰时，CA-S5 的界面过渡区的显微硬度比 CA-50 大幅增加。这与掺加粉煤灰和硅灰的珊瑚礁砂混凝土的强度结果一致。矿物掺合料的细度对于混凝土界面区结构的改善非常重要，与 OPC 和粉煤灰相比，硅灰的颗粒尺寸非常小，更不用说其高的火山灰活性。由图 4.20（a）中结果可见，CA-F15S5 比 CA-F20 的显微硬度高，表明掺加硅灰可以改善粉煤灰混凝土的微观结构。在图 4.20（b）中，随着龄期的增加，各组混凝土界面过渡区的显微硬度都有提高，尤其是 CA-F20。CA-F15S5 在 1～150 μm 的范围内具有最高的显微硬度，这表明双掺粉煤灰和硅灰可以有效改善混凝土的微观结构，这与双掺粉煤灰和硅灰有较高的强度值、抗氯离子渗透性能和低毛细吸水性的结果吻合。与 CA-F15S5 相比，无论是 28 d 龄期还是 90 d 龄期，掺加聚丙烯纤维的 CA-F15S5PF 的界面过渡区的显微硬度没有明显增大趋势，表明聚丙烯纤维对混凝土界面过渡区的微观结构没有明显的改善作用。

4.6 本章小结

以改善砂浆基质为原则，采用富浆混凝土方法配制了高强珊瑚礁砂混凝土，研究了高强珊瑚礁砂混凝土的基本力学性能、耐久性能与界面过渡区的微观结构，主要结论如下。

（1）总体来说，采用富浆设计理论可以使珊瑚礁砂混凝土 28 d 龄期的立方体抗压强度＞50 MPa，但劈裂抗拉强度较难＞5 MPa。与普通混凝土相比，珊瑚礁砂混凝土具有较低的抗压强度，较高的毛细吸水性，较差的抗氯离子渗透性。但是，珊瑚礁砂混凝土的劈裂抗拉强度和界面过渡区的显微硬度均高于普通混凝土。

（2）掺加粉煤灰可以降低珊瑚礁砂混凝土的早期抗压强度、劈裂抗拉强度和界面过渡区的显微硬度。但是，粉煤灰对后期珊瑚礁砂混凝土的抗压强度、劈裂抗拉强度及界面过渡区的显微硬度的改善都具有积极的作用。此外，掺加粉煤灰可以有效降低珊瑚礁砂混凝土的毛细吸水总量和毛细吸水性特征值，也可以改善珊瑚礁砂混凝土的抗氯离子渗透性能。

（3）硅灰提高了珊瑚礁砂混凝土早期和后期的抗压强度与劈裂抗拉强度。此外，硅灰减少珊瑚礁砂混凝土的毛细吸水总量和毛细吸水性特征值，提高其抗氯离子渗透性能，且硅灰的作用远优于粉煤灰。与粉煤灰不同的是，硅灰可以很好地改善珊瑚礁砂混凝土的界面过渡区，提高珊瑚礁砂混凝土的显微硬度。因此，硅灰在改善珊瑚礁砂混凝土的力学性能和耐久性方面最为有效。

（4）双掺粉煤灰和硅灰有利于提高强度，改善毛细吸水性能和抗氯离子渗透性能，甚至优于单掺硅灰的作用。此外，该体系可以明显改善混凝土的界面过渡区的结构，对于含有粉煤灰和硅灰的珊瑚礁砂混凝土，0～150 μm 范围内都有较高的显微硬度，不存在薄弱区域，含有硅灰和粉煤灰的三元体系可以在改善珊瑚礁砂混凝土结构的服役性能和降低施工成本方面取得乐观的效果。聚丙烯纤维可以有效改善珊瑚礁砂混凝土的强度特性和耐久性能，但对界面过渡区的结构没有明显的改善效果。

第 5 章 珊瑚礁砂混凝土的损伤特征与机制分析

珊瑚岛礁地处高温、高盐、高湿、高辐射及风浪频繁的恶劣海洋环境下，建筑于其上的珊瑚礁砂混凝土在不同区域条件和环境作用下会产生不同的损伤模式。作者是长期活跃在珊瑚礁科学研究和工程建设的一线成员，通过现场调研，并结合区域条件和环境作用，提出复杂海洋环境下珊瑚礁砂混凝土的损伤模式主要可以分为如下三类：盐雾侵蚀、开裂崩落和冲刷磨蚀。因此，本章对上述损伤模式对应的现场区域的珊瑚礁砂混凝土进行钻芯取样，再进行室内宏观、微观试验，研究珊瑚礁砂混凝土在不同损伤模式下的损伤机理。

5.1 珊瑚礁砂混凝土的损伤模式与特征分析

经作者所在团队的现场调研，结合区域条件和环境作用因素的分析，热带海洋环境下珊瑚礁砂混凝土的结构损伤模式可分为三大类：湿热多雨海洋气候条件下，盐雾造成混凝土立面齑粉状侵蚀破坏；长时间烈日照射与海浪飞溅形成的频繁的冷热交替使珊瑚礁砂混凝土表层出现大面积开裂崩落；潮汐海浪裹挟珊瑚礁砂碎块对防波堤坡面、坡脚冲刷掏蚀。

对防波堤表面进行观察发现，盐雾侵蚀损伤主要发生在相对封闭的大气区，该区域的混凝土表层出现不同程度的粉化破坏，表面粗糙，严重区域珊瑚礁砂几乎全部裸露，表面粉化严重，呈齑粉状，水泥水化产物丧失黏结力。开裂崩落损伤多发生在易受阳光长时间直射和海浪作用的大气区及浪溅区，结构物表面大面积地开裂、胀裂、剥落，结构损伤严重。严重的冲刷磨蚀多发生在潮差区的防波堤等结构物上，处于潮差区的结构物底部受到海浪及其裹挟的珊瑚礁砂的冲刷、磨蚀作用，同时受到海水的侵蚀作用，表面混凝土的水泥砂浆遭磨蚀，骨料裸露，表面呈现凹凸不平的麻面状，且有横纵向的贯穿裂缝。

5.2 珊瑚礁砂混凝土的环境响应与机制分析

采用 HZ-250 型混凝土电动取芯机，将垂直防波堤混凝土立面固牢，钻取尺寸约为 ϕ100 mm×350 mm 的圆柱芯样，按深度方向从ϕ100 mm 的圆柱芯样上钻取ϕ50 mm×100 mm 的试样进行密度和单轴抗压强度试验，依据《轻骨料混凝土应用技术标准》（JGJ/T 12—2019）[165]采用整体试件烘干法测试珊瑚礁砂混凝土试样的干表观密度，对珊瑚礁砂混凝土的质量损失进行判断；参照《水工混凝土试验规程》（SL/T 352—2020）[169]中关于现场混凝土质量检测的强度试验方法并结合实际条件测试混凝土芯样的抗压强度和劈裂抗拉强度，试验在中国科学院武汉岩土力学研究所自主研制的 RMT-150C 多功能岩石力学试验系统上进行，测试前均在标准养护室内养护一周，然后自然风干，风干含水率约为 1.3%。从不同深度切取大小约为 6.8 mm×6.8 mm×10.0 mm 的小块试样[图 5.1(c)]，通过压汞法（mercury intrusion porosimetry，MIP）进行压汞试验，测试珊瑚礁砂混凝土的孔隙结构变化情况，在试验之前，将其在液氮中干燥以除去水直到获得恒重；并切取同样大小的小块试样，试样需包含珊瑚礁砂部分，将试样置于无水乙醇中，浸泡至少 24 h 终止水化，在 45 ℃温度下烘干至恒重，再采用扫描电子显微镜对其微观结构进行观察。从表到里分层刮取珊瑚礁砂混凝土试样的水泥浆体组分，在 60 ℃温度下干燥至恒重，然后用研钵研磨，过 0.075 mm 筛，对筛下粉末利用 X 射线荧光光谱成分（XRF）分析法进行化学元素分析；同时进行热重-差热分析（TG-DTA）分析，以判定受侵蚀的珊瑚礁砂混凝土的水泥浆体中的矿物成分，从微观层面对珊瑚礁砂混凝土的侵蚀破坏情况进行解释。

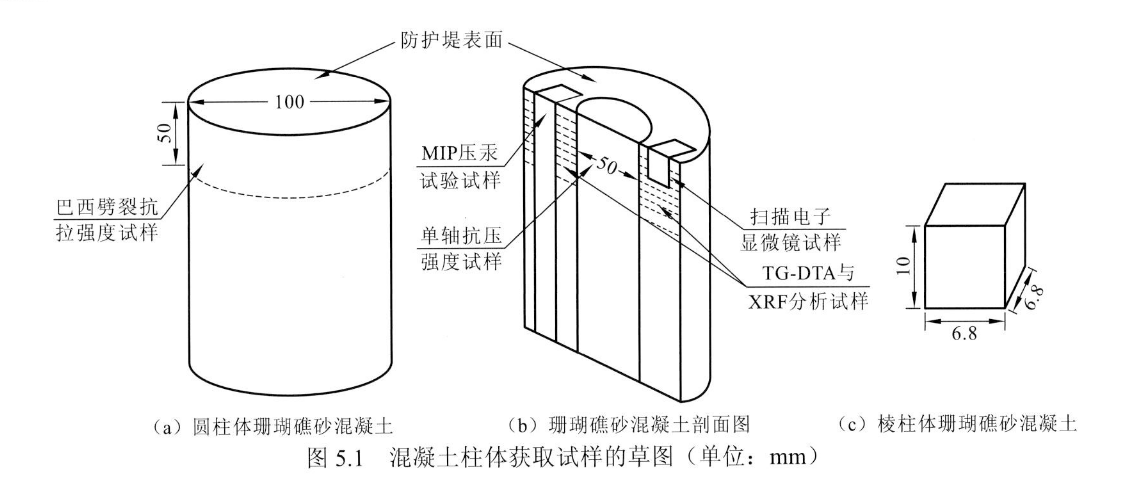

（a）圆柱体珊瑚礁砂混凝土　（b）珊瑚礁砂混凝土剖面图　（c）棱柱体珊瑚礁砂混凝土

图 5.1　混凝土柱体获取试样的草图（单位：mm）

5.2.1 盐雾侵蚀对珊瑚礁砂混凝土蚀变性能的影响

混凝土构筑物在海洋环境中经常会遭受海水侵蚀、碳化、海浪冲刷掏蚀等损伤破坏而使其服役性能提前退化，对海洋结构物安全和长期稳定性造成严重的威胁。混凝土暴露于海水中时，会受到 Cl^-、SO_4^{2-}、Mg^{2+}、CO_3^{2-} 等离子的腐蚀作用[183-184]而发生劣化。近年来，众多学者开展了长期受海水侵害的混凝土劣化方面的现场调查和室内试验研究，De Weerdt 等[185-186]对特隆赫姆峡湾潮汐带中服役 10 年的普通混凝土进行了调查研究，发现混凝土因受 SO_4^{2-}、Mg^{2+}、CO_3^{2-} 离子的作用，表层 20 mm 深度水化产物发生了变化，Cl^-的侵蚀深度达到 70 mm；De Weerdt 等[186]对暴露在海水中的水泥石进行了调查分析，指出水泥石的大部分钙发生了流失，$Ca(OH)_2$ 和 C-S-H 受 Mg^{2+}侵蚀生成 $Mg(OH)_2$ 和 M-S-H，石膏及钙矾石等产物增多，并在 CO_3^{2-} 作用下碳化生成文石；Ragad 等[187]对地中海北部海岸浪溅区受海水侵蚀 4～60 年的波阻块进行调查和取样研究时也发现了这一物相的转变。国内学者范宏等[188]对青岛海岸暴露 20 年以上的混凝土结构物进行了调查和分析，发现与海水长期接触的混凝土发生了 $Ca(OH)_2$ 和 C-S-H 的脱钙。但是，以上调查及试验研究均是在潮差区、浪溅区及海水浸没区等有水的环境下进行的，本节在对南海岛礁环境中服役约 25 年的珊瑚礁砂混凝土结构物的健康状态进行调查时发现，位于大气盐雾区、环境相对封闭的防波堤胸墙内侧的珊瑚礁砂混凝土保护层因长期遭受盐雾中有害离子的侵蚀而出现大面积粉化、珊瑚礁砂裸露等损伤现象，这对我国南海地区工程建设的长期服役性能构成了严重的威胁。

1. 质量损失

表 5.1 为不同位置珊瑚礁砂混凝土的干表观密度测试结果，与 2.3.1 小节中表 2.4 珊瑚礁砂混凝土的干表观密度（1.86～2.1 g/cm^3）结果进行比较可以看出，港池防波堤胸墙内侧珊瑚礁砂混凝土在盐雾侵蚀作用下质量损失明显，密度降低，损失近 15%～25%，与 Haga 对不同水灰比的水泥石进行溶蚀试验研究的结果一致[189]。从表 5.1 中可以看出，越

接近防波堤表面，珊瑚礁砂混凝土的密度越小，即暴露于大气盐雾环境中的珊瑚礁砂混凝土的质量损失越严重，说明高湿、高盐环境对混凝土的侵蚀是由表及里、逐渐深入的。

表 5.1　港池防波堤胸墙内侧珊瑚礁砂混凝土的干表观密度

试样编号	距表层深度范围/mm	干表观密度/（g/cm^3）	试样编号	距表层深度范围/mm	干表观密度/（g/cm^3）
D2-3	0～100	1.75	D6-3	0～100	1.70
D2-2	100～200	1.79	D6-2	100～200	1.75
D2-1	200～300	1.79	D6-1	200～300	1.77
D3-3	0～100	1.67	D8-3	0～100	1.58
D3-2	100～200	1.71	D8-2	100～200	1.67
D3-1	200～300	1.75	D8-1	200～300	1.70

2. 强度损失

1）单轴抗压强度

表 5.2 为珊瑚礁砂混凝土单轴抗压试验结果，图 5.2 为单轴压缩过程的应力-应变曲线。从表 5.2 中可以看出，长期盐雾侵蚀环境下，珊瑚礁砂混凝土的强度损失严重，与干表观密度结果一致，距防波堤表面越近，抗压强度越低，受侵蚀程度越严重；同时，弹性模量大大降低，表明混凝土的刚度明显下降，塑性增强[188-189]，其中 D8-3 的弹性模量仅为 0.28 GPa，图 5.2 中 D8-3 试样的应力-应变曲线波动较大，没有明显的峰值，抗压强度极低，加载初期试样一端便因内部疏松多孔、黏结强度丧失而出现裂纹，如图 5.3 第四张图所示，因此弹性模量极小。

表 5.2　港池防波堤胸墙内侧珊瑚礁砂混凝土单轴抗压试验结果

试样编号	距混凝土表面深度/mm	峰值应力/MPa	轴向应变/10^{-3}	弹性模量/GPa
D8-3	0～100	3.0	6.15	0.28
D8-2	100～200	5.83	8.17	1.71
D8-1	200～300	9.91	4.55	3.47
D6-3	0～100	6.26	10.22	1.08
D6-2	100～200	17.43	6.09	5.69
D6-1	200～300	20.98	6.44	6.10
D3-3	0～100	4.88	6.44	1.30
D3-2	100～200	10.91	6.21	2.55
D3-1	200～300	16.05	6.36	4.72

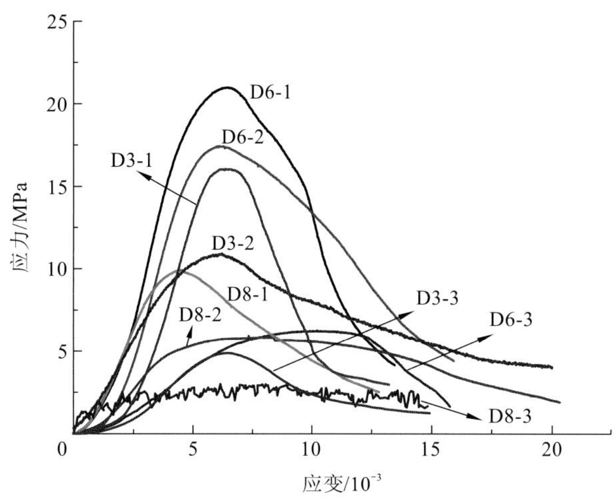

图 5.2　港池防波堤胸墙内侧珊瑚礁砂混凝土单轴压缩过程的应力-应变曲线

此外，图 5.2 中在达到峰值强度前应力-应变曲线呈 S 形，原因是混凝土试样的孔隙率较大，加载初期试样被压密，强度增长缓慢，这时曲线较缓；当试样被压密到一定程度后强度增长较快，这时曲线较陡；在试样强度接近峰值强度时，曲线又变缓；而且当加载应力超过峰值应力后曲线回落缓慢。其与塑性混凝土单轴受压应力-应变曲线有类似的特征，即均具有初始加载段、直线上升段、曲线上升段和下降段[190]，而未受侵蚀的珊瑚礁砂混凝土与普通混凝土的单轴应力-应变曲线一般不具有初始加载段，研究人员在进行全珊瑚礁砂混凝土单轴受压应力-应变曲线试验研究时发现，其曲线的上升段近似呈线性，应力和应变为弹性关系，峰值应力后曲线迅速回落，呈现出明显的脆性破坏[191]。

图 5.3 为珊瑚礁砂混凝土单轴抗压强度破坏特征图。从图 5.3 中可以看到，破坏裂纹一般沿珊瑚骨料和砂浆的界面层绕过骨料发展，这与无侵蚀的珊瑚礁砂混凝土或轻礁砂混凝土裂纹直接贯穿珊瑚碎块或轻骨料的发展路径不同[39]，说明在长期盐雾作用下由于水泥组分的流失，珊瑚骨料与水泥砂浆之间的黏结力减弱，界面强度降低，从而成为混凝土中最薄弱的环节。

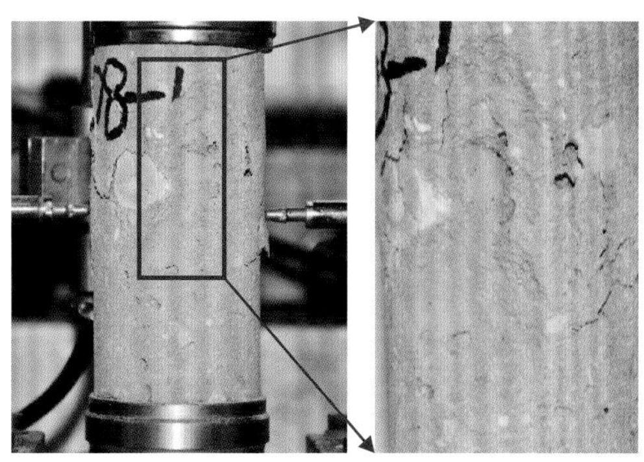
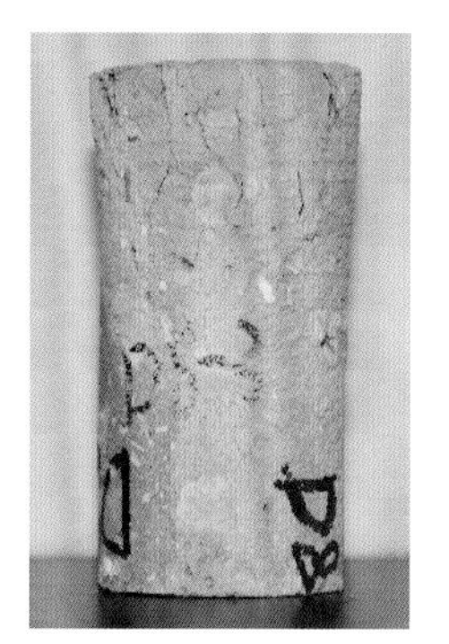

图 5.3　珊瑚礁砂混凝土单轴抗压强度破坏特征

从试验结果中还发现，D3 孔与 D6 孔中相同距离的珊瑚礁砂混凝土的强度普遍高于 D8 孔的混凝土强度，这是因为 D8 孔比 D3 孔、D6 孔更接近于海水蒸腾位置，附着于混凝土表层的盐雾浓度大，湿度高，侵蚀程度更强。结果分析表明：港池防波堤内侧的珊瑚礁砂混凝土在横向和纵向上受盐雾侵蚀的程度不同，距地表积水近处更易受侵蚀作用影响，侵蚀深度可达 300 mm 甚至更深，但程度逐渐减弱。

2）劈裂抗拉强度

表 5.3 为港池防波堤胸墙内侧珊瑚礁砂混凝土劈裂抗拉试验结果，图 5.4 为劈裂抗拉试验的应力-应变曲线。从结果中可以看出，劈裂抗拉强度最大值为 1.48 MPa，多数不足 1.0 MPa，劈裂抗拉强度降低，横向应变增加，再次证明由于长期受盐雾侵蚀作用，混凝土中珊瑚骨料与水泥砂浆的界面因水泥黏结组分的流失黏结强度降低，这与单轴抗压强度试验结果一致。

表 5.3　港池防波堤胸墙内侧珊瑚礁砂混凝土劈裂抗拉试验结果

试样编号	与堤面距离/mm	最大拉伸应力/MPa	横向应变/10^{-3}
D7-1	150～200	1.30	6.35
D7-2	100～150	0.87	8.95
D7-3	50～100	0.71	8.91
D7-4	0～50	0.45	9.41
D5-1	150～200	0.86	8.63
D5-2	100～150	0.72	10.08
D5-3	50～100	0.61	9.96
D5-4	0～50	0.43	10.98
D1-1	200～250	1.48	6.58
D1-2	150～200	1.18	6.08

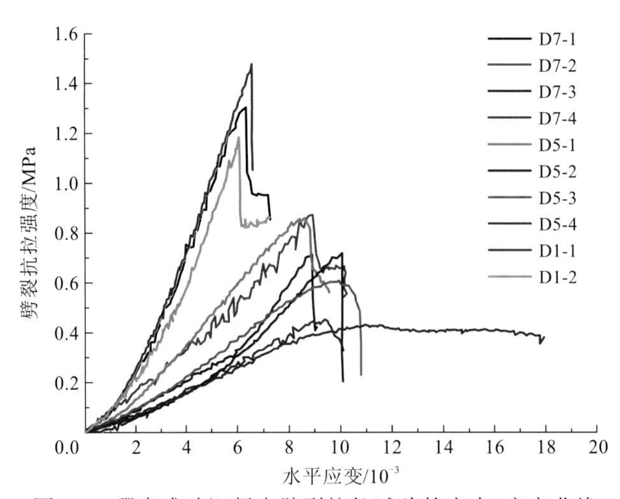

图 5.4　珊瑚礁砂混凝土劈裂抗拉试验的应力-应变曲线

图 5.5 为珊瑚礁砂混凝土劈裂抗拉试验的破坏情况，由图 5.5 可见，破坏裂纹并未贯穿珊瑚礁砂，而是绕过骨料发展，这与单轴抗压试验的破坏情况一样，表明长期盐雾侵蚀作用下珊瑚骨料与水泥砂浆组分之间的黏结强度降低明显，界面区代替珊瑚礁砂成为混凝土中最薄弱的环节。

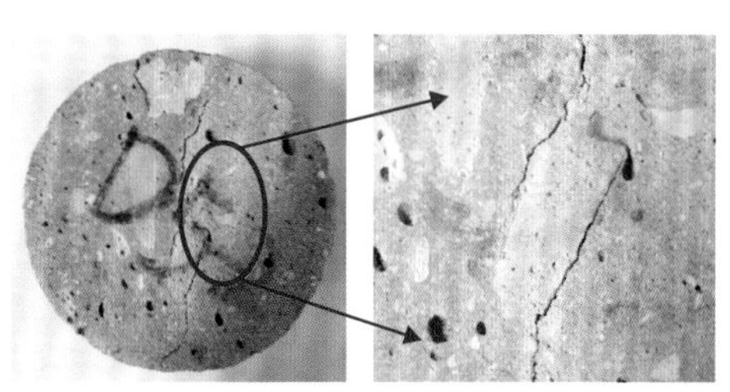

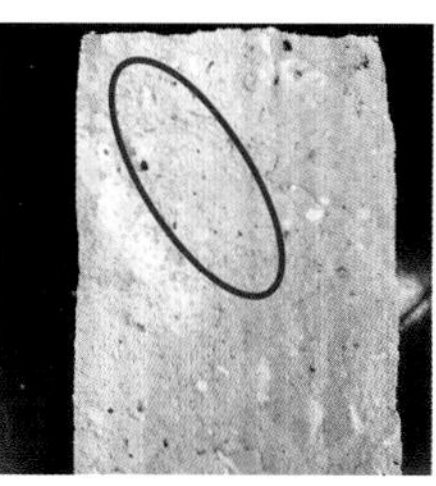

图 5.5　珊瑚礁砂混凝土劈裂抗拉试验的破坏情况

3. 孔隙结构特征

混凝土的孔隙率及孔径的大小分布对混凝土弹性模量、力学性能和耐久性都有较大的影响[188]，通常将孔径小于 20 nm 的孔隙理解为无害孔，孔径为 20～50 nm 的孔隙为微害孔，孔径为 50～200 nm 的孔隙为有害孔，孔径大于 200 nm 的孔隙为多害孔[108]。表 5.4 给出了港池防波堤胸墙内侧不同深度珊瑚礁砂混凝土的孔隙率和孔隙体积分布结果，图 5.6 为不同深度珊瑚礁砂混凝土总孔隙率的变化曲线。结果表明，随着深度的减小，孔隙率呈增大的趋势，深度为 30 cm 处混凝土的孔隙率约为 20%，表面混凝土的孔隙率增大至 40%，内外孔隙率之差可达 20%，推断受盐雾侵蚀后珊瑚礁砂混凝土的孔隙率增大了至少一倍。这直接导致了混凝土密度的降低。

表 5.4　不同深度珊瑚礁砂混凝土的孔隙率和孔隙体积分布

距结构物表面深度/mm	孔隙体积分布/%							孔隙率/%
	＜20 nm	20～50 nm	50～100 nm	100～200 nm	＞200 nm	＞50 nm	＞100 nm	
20	3.17	9.48	18.56	23.11	45.68	87.35	68.79	39.11
50	3.81	7.95	12.48	17.44	58.32	88.24	75.76	40.80
75	2.75	9.33	14.75	24.57	48.60	87.92	73.17	31.22
95	4.95	11.99	19.78	30.5	32.78	83.06	63.28	29.10
110	7.21	9.10	4.54	9.24	69.91	83.69	79.15	28.18
130	4.90	9.40	16.25	31.37	38.08	85.70	69.45	25.54
175	5.87	9.55	8.48	16.32	59.78	84.58	76.1	26.22
200	7.89	16.76	24.55	21.22	29.58	75.35	50.8	25.49
225	5.83	13.12	23.38	34.35	23.32	81.05	57.67	20.56
250	12.95	15.95	16.37	13.54	41.19	71.10	54.73	25.81
275	8.66	17.83	29.12	24.22	20.17	73.51	44.39	20.96
300	8.06	18.87	29.58	38.71	4.78	73.07	43.49	19.07

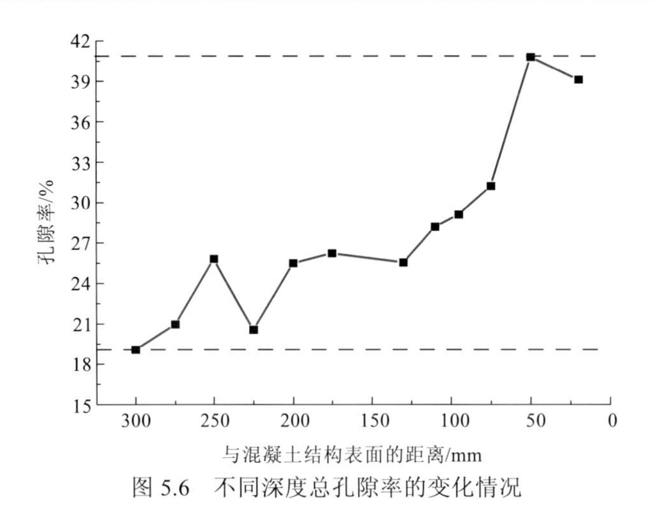

图 5.6　不同深度总孔隙率的变化情况

图 5.7 表示的是珊瑚礁砂混凝土孔隙体积分布随深度的变化情况。在不同深度处，受盐雾侵蚀作用的珊瑚礁砂混凝土中不同孔隙的体积分布虽然波动较大，但随深度变化的趋势较为明显，无害孔和微害孔（<50 nm）的比例远远小于有害孔和多害孔（>50 nm）的比例，且大于 50 nm 的孔隙（有害孔和多害孔）随深度的减小呈增加的趋势，其中多害孔（>200 nm）的比例增加最为明显，而无害孔（<20 nm）和微害孔（20～50 nm）随深度的减小有减小的趋势，说明孔径变化基本是原无害孔逐渐发展成微害孔，原微害孔发展成有害孔，而大部分有害孔被侵蚀成多害孔，逐级发展，向表层递增。

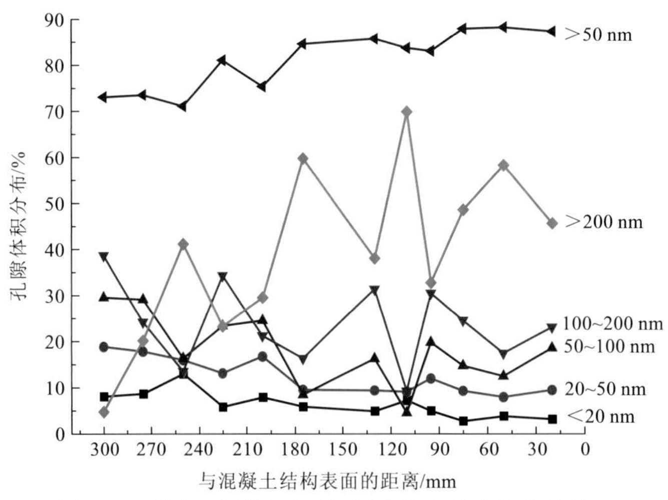

图 5.7　不同深度珊瑚礁砂混凝土的孔隙体积分布情况

4. 微观形貌特征

利用扫描电子显微镜对盐雾侵蚀的珊瑚礁砂混凝土的微观形貌进行观察，如图 5.8 所示。从图 5.8 中可以看出，盐雾作用后珊瑚礁砂混凝土出现了严重的溶蚀现象。由图 5.8（a）（低倍镜）可以看到，混凝土结构疏松多孔，水化产物被侵蚀成小的颗粒状，孔隙连通，密实性很差；从图 5.8（b）中看到，珊瑚礁砂与砂浆界面的裂缝增多、增大，甚至出现分离，因此珊瑚礁砂混凝土礁砂和砂浆之间的黏结力减弱，单轴压缩试验中破坏沿珊瑚礁砂和砂浆界面发展。从图 5.8（c）～（e）（高倍镜）可以看到，混凝土内部的水化产物被溶解，钙矾石、氢氧化钙等晶体几乎不可见，溶解后的 C-S-H 凝胶松散多孔，水泥石结构破坏严重。研究学者指出，水泥结构中 $Ca(OH)_2$ 和 C-S-H 凝胶等水化产物中 Ca^{2+} 的流失会导致其各种孔径的增加[192]，$Ca(OH)_2$ 的溶出是水泥结构中大于 100 mm 的大孔径增加的原因[193]，小孔径的增加与 C-S-H 凝胶含量减少有关；Mainguy[194]的研究还指出，孔隙率增大的主要原因是 $Ca(OH)_2$ 的溶出，而 C-S-H 的脱钙对孔隙率的影响可以忽略。这为长期暴露于高湿、高盐环境中的珊瑚礁砂混凝土有害孔和多害孔比例的增加、孔隙率的显著增大做了解释。

（a）疏松多孔的混凝土结构　（b）骨料与浆体界面过渡区　（c）残留的石膏等成分

（d）疏松的C-S-H凝胶　（e）残留的$Ca(OH)_2$　（f）纤维状产物

图 5.8　珊瑚礁砂混凝土受侵蚀后的微观形貌结构

图 5.8（c）中视野明亮，是因为有石膏成分残存在松散的 C-S-H 上；同时，在水泥石结构中发现了纤维状的矿物，如图 5.8（f）所示，对该类型的矿物进行了能谱仪（energy dispersive spectrometer，EDS）能谱分析，各元素百分比如表 5.5 所示，Mg 元素含量偏高，Ca 含量偏低，推断是因为 C-S-H 中的 Ca^{2+}被 Mg^{2+}生成富镁凝胶（M-S-H）[187]。

表 5.5　珊瑚礁砂混凝土能谱分析结果　（单位：%）

位置	C	O	Na	Mg	Al	Si	S	Cl	Ca
1	12.72	54.67	1.17	6.04	4.47	2.09	3.72	5.05	10.07
2	13.93	54.37	1.11	6.16	4.74	1.72	2.96	4.68	10.32

5. 物相变化

1）化学成分变化

利用 X 射线荧光光谱仪对盐雾侵蚀后的珊瑚礁砂混凝土的化学成分进行了分析，表 5.6 为港池防护堤内侧不同深度范围内 X 射线荧光光谱成分分析结果。从表 5.6 中可以看出，0～60 mm 深度内珊瑚礁砂混凝土的水化产物中 Ca^{2+}含量较低，由 CO_2 含量看出，绝大部分 Ca^{2+}来自珊瑚礁砂中的 $CaCO_3$，大于 100 mm 深度内 Ca^{2+}的含量升高，而 CO_2 的含量降低，防护堤表层由内而外 Ca^{2+}含量变化较大，表明防护堤内侧珊瑚礁砂混凝土在高湿、高盐环境发生不同程度的钙流失，表层 0～60 mm 深度内珊瑚礁砂混凝土 Ca^{2+}溶出严重，95～200 mm 深度内 Ca^{2+}溶出程度较 0～60 mm 深度稍弱，200～300 mm 深度内 Ca^{2+}溶出现象进一步减弱。

表 5.6　不同深度珊瑚礁砂混凝土的化学成分　（单位：%）

深度/mm	Na_2O	MgO	Al_2O_3	SiO_2	CaO	Fe_2O_3	SO_3	Cl^-	CO_2
0～6	2.17	4.48	3.91	11.89	35.95	1.95	0.73	1.16	36.80
7～13	2.40	4.74	3.96	11.74	35.53	1.89	0.47	1.17	37.24
14～19	2.41	5.33	3.77	11.41	34.35	1.78	0.56	1.25	38.22
20～24	2.36	4.82	3.99	11.70	34.57	1.92	0.44	1.10	38.16
25～29	2.46	4.78	4.20	12.23	34.79	1.95	0.54	1.12	37.01
30～35	2.48	6.05	3.96	11.61	34.05	1.82	0.46	1.33	37.43
36～40	3.11	7.87	4.84	14.11	29.93	2.37	0.51	1.69	35.63
41～47	2.76	8.01	4.65	13.23	30.69	2.16	0.55	1.66	36.37
48～52	2.56	7.01	3.67	12.43	34.19	2.05	0.45	1.65	35.47
53～60	2.13	6.07	4.05	12.73	34.69	2.12	0.50	1.45	36.67
95～100	1.94	2.14	4.07	13.22	37.41	2.03	1.63	1.38	35.42
100～200	1.51	1.69	4.44	14.17	38.89	2.30	1.32	0.85	34.01
200～300	0.65	1.80	2.91	10.78	47.45	1.69	1.49	0.87	31.54

表 5.6 中 0～60 mm 深度 Mg^{2+}的含量偏高，深度大于 95 mm 时 Mg^{2+}的含量明显降低，这是因为在盐雾的作用下，珊瑚礁砂混凝土中的水泥砂浆组分受到 Mg^{2+}的侵蚀，水化产物 $Ca(OH)_2$、C-S-H 等被分解，生成富镁且无胶结作用的 $Mg(OH)_2$、M-S-H 等物质，致使混凝土中 Mg^{2+}的含量增多，混凝土的性能下降。此外，0～30 mm 深度内的 Mg^{2+}的含量明显小于 30～60 mm 深度的混凝土中 Mg^{2+}的含量，且 0～60 mm 深度范围内，0～6 mm 深度的 Mg^{2+}的含量最少，可能是由防护堤表面混凝土水化产物的成分与内部不同，或是珊瑚礁砂分离引起的；当深度达到 100 mm 左右时，混凝土中 Mg^{2+}的含量明显减小，

且 100～200 mm、200～300 mm 深度内的 Mg^{2+}的含量小于 95～100 mm 深度的 Mg^{2+}的含量，表明盐雾中的 Mg^{2+}对大于 100 mm 深度的珊瑚礁砂混凝土的侵蚀破坏作用有所减弱。另外，从表 5.6 中可以发现 S 的含量较低，明显低于 Mg 的含量，然而当深度到达 100 mm 左右时，S 的含量明显增大，与 Mg 含量的变化趋势相反，假设表 5.6 中所有的 S 全部来自 SO_4^{2-}，初步判断混凝土表层深度小于 100 mm 时，珊瑚礁砂混凝土受盐雾中 Mg^{2+}的侵蚀作用强于 SO_4^{2-}，深度增加时，SO_4^{2-} 的侵蚀强于 Mg^{2+}。

表 5.6 中 Cl^-含量的变化趋势与 Mg^{2+}相同，呈现出先增加后减小的趋势，混凝土水泥组分的溶出使得浅表层区域（＜30 mm）内 Cl^-的含量较低，深度大于 30 mm 时，Cl^-的含量增加，36～52 mm 深度内 Cl^-的含量基本维持在相同的水平，且含量较高，这是由于表层混凝土孔隙率较大，Cl^-容易扩散[188]；深度大于 52 mm 时，Cl^-的含量降低，100～200 mm、200～300 mm 深度内 Cl^-的含量小于 0～30 mm 深度的 Cl^-含量，这与混凝土孔隙结构中大于 50 mm 的毛细孔比例降低有关。

2）矿物组分变化

利用 DTG-60 热重差热分析仪对盐雾侵蚀后珊瑚礁砂混凝土试样的矿物组分进行分析，图 5.9 为珊瑚礁砂混凝土的热重-差热分析结果，图 5.9（a）为差热曲线，图 5.9（b）为热重曲线，分别对距防护堤内侧表面 0～6 mm、7～13 mm、14～19 mm、20～24 mm、25～29 mm、30～35 mm、36～40 mm、41～47 mm 的珊瑚礁砂混凝土的砂浆组分进行了热分析。

从图 5.9（a）的曲线上看到，各深度的珊瑚礁砂混凝土吸热峰出现的温度范围大致相同，第一次吸热峰出现在 40～100 ℃，这是由水泥砂浆蒸发失水引起的[195]，由浅处到深处，差热曲线的吸热峰也更加明显，从图 5.9（b）中看到，0～40 mm 深度内的热重曲线平缓，几近重叠，说明 0～40 mm 的范围内水泥水化产物的成分及它们所占的比例相近，但仍存在微小的差别，其中，40～100 ℃下水泥砂浆蒸发失水量的大小变化为 41～47 mm ＞36～40 mm＞14～35 mm＞7～13 mm＞0～6 mm。C-S-H、钙矾石和石膏的分解发生在 110～170℃[195]，然而热差曲线上在该温度范围内没有吸热峰，该温度范围内的热重曲线平缓，温度影响下重量变化极小，但 41～47 mm 深度内珊瑚礁砂混凝土水化产物的热重损失明显大于 40 mm 以下的深度，表明 0～40 mm 的深度内珊瑚礁砂混凝土中的 C-S-H、钙矾石、石膏等水化产物几乎完全丧失，大于 41 mm 的深度范围内仍残有部分水化产物。

图 5.9（a）显示第二次吸热峰主要出现在 300～550 ℃，该吸热峰较弱，曲线较平缓，峰值并不明显，图 5.9（b）中此温度范围内的热重损失较为明显。$Mg(OH)_2$ 的分解发生在 330～420 ℃[196-197]，这也为 0～47 mm 深度内的珊瑚礁砂混凝土从 300 ℃就开始分解做了解释，说明盐雾中的有害离子 Mg^{2+}与珊瑚礁砂混凝土组分发生了化学反应，生成无胶结的 $Mg(OH)_2$，这与上述化学成分分析结果吻合；$Ca(OH)_2$ 的分解一般发生在 450～550 ℃[198-199]，可以看到因 $Mg(OH)_2$ 含量的增多，$Ca(OH)_2$ 含量减少，图 5.9（b）中结果显示 0～40 mm 各深度内的珊瑚礁砂混凝土的重量损失之间的差别较小，41～47 mm 深度内的重量损失明显较大，表明 41～47 mm 的珊瑚礁砂混凝土中 $Mg(OH)_2$ 和 $Ca(OH)_2$ 的含量要大于 0～40 mm 内的各深度，证明防护堤内侧 0～40 mm 深度内的珊瑚礁砂混凝土受盐雾侵蚀的程度要比

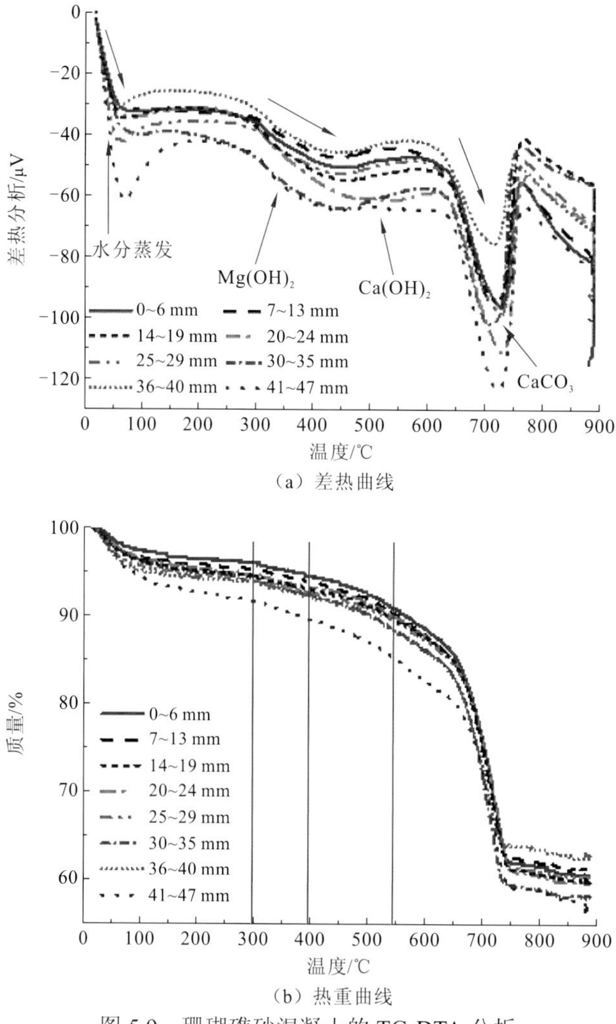

（a）差热曲线

（b）热重曲线

图 5.9 珊瑚礁砂混凝土的 TG-DTA 分析

41～47 mm 深度内的珊瑚礁砂混凝土大。550～640 ℃范围内虽没观察到吸热峰，但存在明显的重量损失，如图 5.9（b）所示，可能是由镁盐的腐蚀产物 M-S-H 引起的[200]。

图 5.9（a）中第三次吸热峰的温度范围为 640～760 ℃，这一温度区间的重量损失最为明显，是由 $CaCO_3$ 的分解引起的[195,198]，由于混凝土骨料为珊瑚礁砂，主要成分为 $CaCO_3$，该温度范围内吸热峰显著，重量损失最大，珊瑚礁砂混凝土的主要重量损失发生在此温度范围内。

6. 珊瑚礁砂混凝土盐雾侵蚀的损伤机制

综合 SEM 图像的微观形貌观察及其侵蚀成分分析，归纳出珊瑚礁砂混凝土在岛礁盐雾侵蚀下的损伤机理以盐类化学侵蚀为主，浅表层主要是盐雾中的镁盐离子与混凝土水化产物发生化学反应生成有害产物，使混凝土内部水化产物发生脱钙，辅以雨水作用下的溶出性侵蚀。

$$Mg^{2+}+Ca(OH)_2 \longrightarrow Ca^{2+}+Mg(OH)_2 \quad (5.1)$$

$$Mg^{2+}+C\text{-}S\text{-}H \longrightarrow Ca^{2+}+M\text{-}S\text{-}H \quad (5.2)$$

$$Ca(OH)_2+MgSO_4+2H_2O \longrightarrow CaSO_4 \cdot 2H_2O+Mg(OH)_2 \quad (5.3)$$

5.2.2　高低温骤变对珊瑚礁砂混凝土胀裂性能的影响

混凝土固相主要是由水泥砂浆和骨料两部分组成的，温度变化是最常见的环境行为之一，它对水泥混凝土材料的结构和性能有重要影响，其中一个明显的标志就是材料体积随温度的变化而变化。水泥混凝土的温度变形主要取决于硬化水泥浆体和集料之间的相互作用，而硬化水泥浆体的温度变形取决于其湿度、初始水灰比和养护龄期等因素。当温度发生变化时，两个热性能不同的物相（硬化水泥浆体和集料）之间会有相对运动或错动的趋势，而这个趋势的大小主要取决于温度变化的幅度和两种材料热性能的差异程度[201-202]。

南海岛礁属热带海洋环境，常年高温，处于浪溅区的防波堤堤面受强烈的紫外线照射，表面温度较高，海浪飞溅时，遭受温度较低的海水的冲刷，这种频繁的冷热交替作用加之海水作用势必会对珊瑚礁砂混凝土建造的防波堤的性能造成损害。在对于南海岛礁环境中服役约 25 年的珊瑚礁砂混凝土结构物的健康状态进行调查时发现，浪溅区的不同区域有大面积由频繁的冷热交替引起的开裂、剥落及崩落等损伤现象，这对我国南海地区工程的长期服役性能构成了严重的威胁。

1. 质量变化

表 5.7 为港池防波堤胸墙外侧不同深度、胸墙顶面不同位置的珊瑚礁砂混凝土的干表观密度测试结果，对比表 2.4 珊瑚礁砂混凝土的干表观密度结果可以看出，港池防波堤胸墙外侧与顶面珊瑚礁砂混凝土的干表观密度均集中在 1 900～2 010 kg/m^3，与表 2.4 中结果相当，表明港池防波堤胸墙外侧和顶面的珊瑚礁砂混凝土虽出现开裂现象，但质量无明显的变化，可初步判断其开裂主要是由物理作用引起的开裂。

表 5.7　珊瑚礁砂混凝土干表观密度测试结果

区域位置	试样编号	距表层深度范围/mm	干表观密度/（g/cm^3）	区域位置	试样编号	距表层深度范围/mm	干表观密度/（g/cm^3）
港池防波堤胸墙外侧	F3-1	0～100	1.99	港池防波堤胸墙顶面	CA-28	0～100	1.98
	F3-2	100～200	1.99		CA-33	0～100	1.99
	F3-3	200～300	2.01		CA-36	0～100	1.96
	G6-1	0～100	1.97		CA-37	0～100	2.01
	G6-2	100～200	1.96		CA-38	0～100	1.96
	G6-3	200～300	1.97		CA-41	0～100	1.90

2. 强度变化

1）单轴抗压强度

表 5.8 为港池防波堤胸墙外侧与顶面珊瑚礁砂混凝土的单轴抗压试验结果。总地来说，两区域混凝土的抗压强度的平均值分别为 40.04 MPa、34.29 MPa，与表 2.4 中珊瑚礁砂混凝土的抗压强度（22.0～34.0 MPa）相比并未降低反有增长，说明长期服役过程中珊瑚礁砂混凝土的抗压强度仍有保证，其他学者在对其他沿海混凝土结构物进行调查研究时也发现此规律[203-204]；但两区域各孔混凝土的抗压强度试验结果差异较大，呈现明显的不均匀性，但与深度无明显的关系，表明不同取芯位置处珊瑚礁砂混凝土的质量存在较大的差异，这是由于港池防波堤胸墙外侧与顶面在日照和海浪飞溅形成的频繁的高低温交变的作用下混凝土内部产生损伤，对混凝土的性能产生影响。此外，两区域珊瑚礁砂混凝土的弹性模量、峰值应变也有较大的差异，大致呈现出随着强度的降低，弹性模量降低，而峰值应变增大的趋势。

表 5.8　珊瑚礁砂混凝土单轴抗压试验结果

区域位置	试样编号	峰值应力/MPa	峰值应变/10^{-3}	弹性模量/GPa
港池防波堤胸墙外侧	G6-1	49.61	4.45	14.95
	G6-2	46.44	5.05	13.34
	G6-3	24.07	4.15	8.57
港池防波堤胸墙顶面	CA-28	43.41	3.68	14.729
	CA-36	40.17	4.78	14.212
	CA-33	31.21	6.74	6.108
	CA-37	35.76	6.20	7.362
	CA-38	26.26	6.40	5.812
	CA-41	28.96	5.49	6.609

图 5.10 为单轴压缩试验过程中的应力-应变曲线，其形状和特征呈现出两种形式，从图中看出，峰值应力前上升段没有明显的区别，近似线性发展，峰值应力后下降段的区别较为明显，部分试样破坏突然，曲线回落迅速，脆性破坏明显，而部分曲线回落缓慢，脆性破坏不明显。

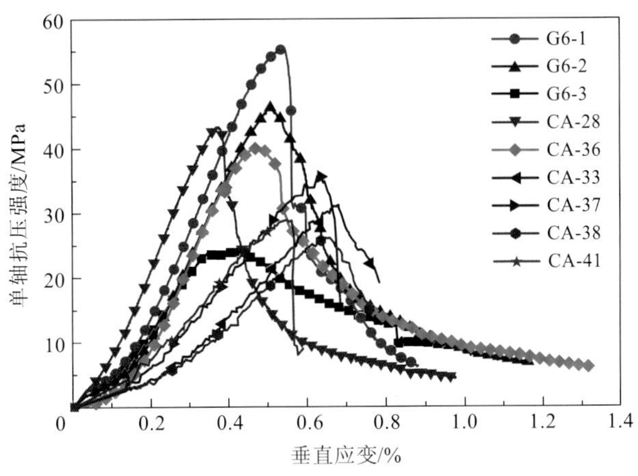

图 5.10　珊瑚礁砂混凝土单轴压缩试验过程中的应力-应变曲线

图 5.11 为珊瑚礁砂混凝土单轴压缩试验的破坏特征图。破坏也呈现出张拉破坏和剪切破坏两种形式，从图 5.11 中可以看到，两区域珊瑚礁砂混凝土试样的破坏裂缝的发展特征与其他类型轻骨料混凝土试样类似，破坏裂纹均直接穿过骨料而未绕骨料发展，说明开裂崩落的珊瑚礁砂混凝土并未出现水泥组分流失的现象，低强度的珊瑚礁砂骨料仍是混凝土中最薄弱的环节。

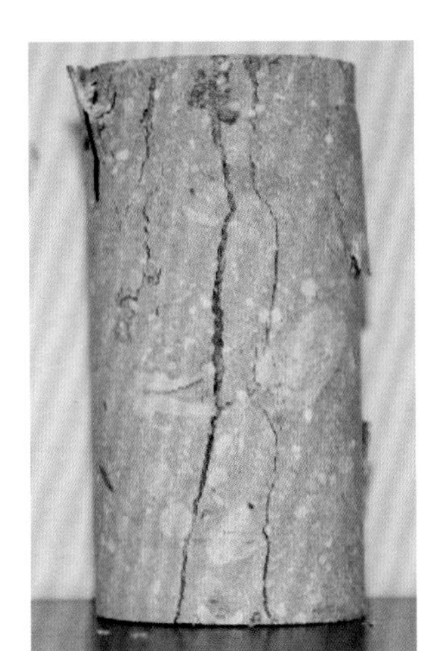

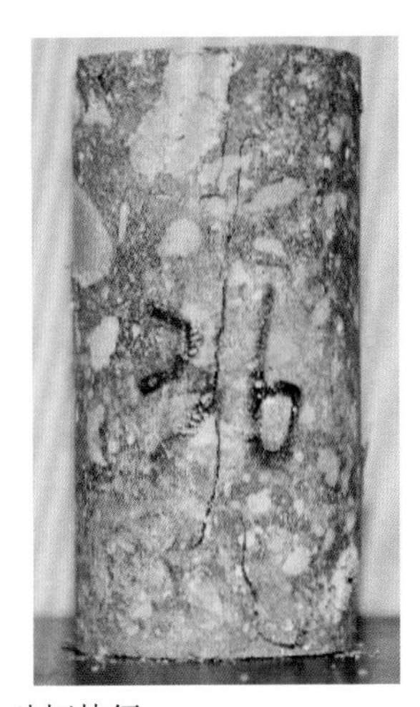

图 5.11　珊瑚礁砂混凝土单轴压缩试验的破坏特征

2）劈裂抗拉强度

表 5.9 为港池防波堤胸墙外侧与顶面珊瑚礁砂混凝土的劈裂抗拉试验结果。图 5.12 为劈裂抗拉试验过程中的应力-应变关系曲线。从结果可以看出，两区域珊瑚礁砂混凝土的劈裂抗拉强度的损伤规律与抗压强度类似，长期服役下的劈裂抗拉强度仍有保证，但也表现出明显的强度不均匀性，这与试样所处深度无明显关系，峰值应变较大；两区域混凝土试样的劈裂抗拉试验的应力-应变曲线的形状和特征没有明显区别。

表 5.9　珊瑚礁砂混凝土劈裂抗拉试验结果

区域位置	试样编号	与堤面距离/mm	最大拉伸应力/MPa	峰值应变/10^{-3}
港池防波堤胸墙外侧	F2-1	0～100	4.37	6.79
	F2-2	100～200	4.65	6.53
	F2-3	200～300	1.49	4.53
	G3-1	0～100	2.44	5.48
	G3-2	100～200	2.36	5.68
	G3-3	200～300	2.98	6.28
	G3-4	0～100	1.29	5.65
港池防波堤胸墙顶面	CB-2	0～100	3.14	17.03
	CB-3	0～100	2.55	9.27
	CB-4	0～100	4.18	10.36
	CB-5	0～100	3.55	9.72
	CB-6	0～100	4.09	7.96
	CB-7	0～100	2.91	8.71
	CB-8	0～100	3.08	7.13
	CB-13	0～100	4.21	7.52
	CB-14	0～100	3.876	6.87
	CB-16	0～100	2.768	9.45
	CB-18	0～100	2.573	6.68
	CB-19	0～100	1.677	5.00
	CB-20	0～100	4.488	9.14

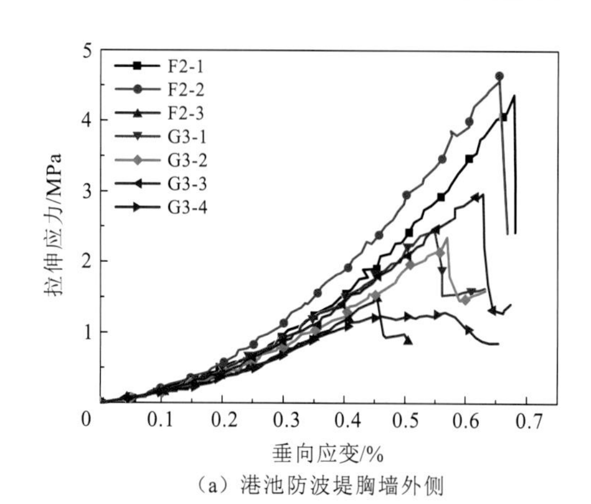

(a) 港池防波堤胸墙外侧

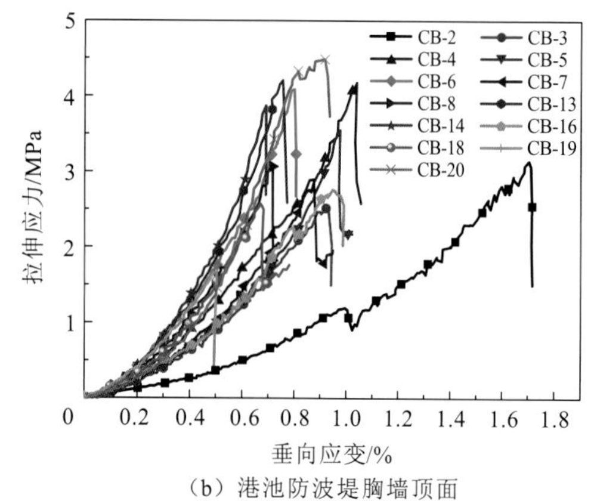

(b) 港池防波堤胸墙顶面

图 5.12　珊瑚礁砂混凝土的应力-应变曲线

图 5.13 为珊瑚礁砂混凝土劈裂抗拉试验的破坏特征图像，由图可见，破坏一般发生在试样的中心位置，裂纹穿过珊瑚礁砂骨料发展，与单轴压缩试验破坏情况一样。

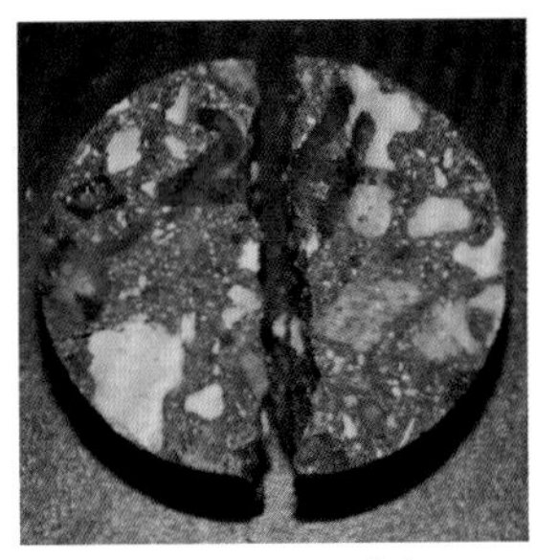

图 5.13　珊瑚礁砂混凝土劈裂抗拉试验的破坏特征

3. 孔隙结构特征

表 5.10 给出了港池防波堤胸墙外侧与顶面珊瑚礁砂混凝土的孔隙率和孔隙体积分布情况，从以下结果可以看出，港池防波堤胸墙外侧与顶面珊瑚礁砂混凝土的孔隙率、孔隙体积变化与深度没有明显的关系，孔隙率大小分布不均，与强度变化特征一样，两区域珊瑚礁砂混凝土的孔隙率大小分别为 12.69%～22.19%、10.41%～18.58%，并且发现胸墙外侧珊瑚礁砂混凝土的孔隙率一般较胸墙顶面小，其有害孔与多害孔的体积比例也一般较胸墙顶面小，这为胸墙外侧珊瑚礁砂混凝土的抗压强度较胸墙顶面大做出了解释，表明港池防波堤胸墙顶面珊瑚礁砂混凝土的损伤程度较胸墙外侧大。

表 5.10　港池防波堤胸墙外侧与顶面珊瑚礁砂混凝土的孔隙率和孔隙体积分布

区域位置	孔隙体积分布/%							孔隙率/%
	<20 nm	20～50 nm	50～100 nm	100～200 nm	>200 nm	>50 nm	>100 nm	
港池防波堤胸墙顶面	8.57	17.66	24.65	28.58	20.54	73.77	49.12	22.18
	7.97	16.04	22.43	28.20	25.37	76.00	53.57	14.84
	12.73	9.97	17.63	24.41	35.26	77.30	59.67	22.19
	8.17	19.48	21.39	16.57	34.37	72.33	50.94	17.68
	12.38	19.71	17.54	15.27	35.09	67.90	50.36	20.96
	8.66	17.80	29.19	24.20	20.15	73.54	44.35	13.91
	12.92	15.95	16.43	13.56	41.15	71.14	54.71	12.69
港池防波堤胸墙外侧	15.06	40.76	19.83	7.83	16.52	44.18	24.35	17.05
	17.66	37.81	15.62	5.40	23.50	44.52	28.90	13.85
	13.37	33.33	21.96	10.18	21.16	53.30	31.34	10.41
	9.08	18.50	24.18	17.93	30.31	72.42	48.24	18.58
	14.70	25.50	19.71	11.80	28.29	59.80	40.09	18.21
	11.22	21.96	15.80	13.11	37.91	66.82	51.02	13.60

4. 微观形貌

利用扫描电子显微镜对开裂崩落损伤的珊瑚礁砂混凝土的微观形貌进行观察，如图 5.14 所示。从图 5.14 中可以看到，虽然珊瑚礁砂混凝土的砂浆基体较为密实，C-S-H 凝胶结构完整，但在图 5.14（b）、（c）、（e）中仍能观察到细微的裂纹，裂纹并未出现在骨料与浆体的界面处而是分布在砂浆基体中；在图 5.14（c）显示的孔洞中发现有簇状的腐蚀产物，图 5.14（b）中发现有许多纤细的纤维状产物呈单体状态存在，在图 5.14（d）～（f）（高倍镜）中可看到有许多纤细针状和粗大棱状钙矾石存在，粗大棱状钙矾石在混凝土内部产生膨胀应力，起了重要作用[205]，图 5.14（e）中还发现了叠状石膏和纤维乱麻状产物，以上均表明处在港池防波堤胸墙外侧和顶面的珊瑚礁砂混凝土除受高低温交变作用外，还在海水侵蚀作用下生成了较多的膨胀性腐蚀产物。

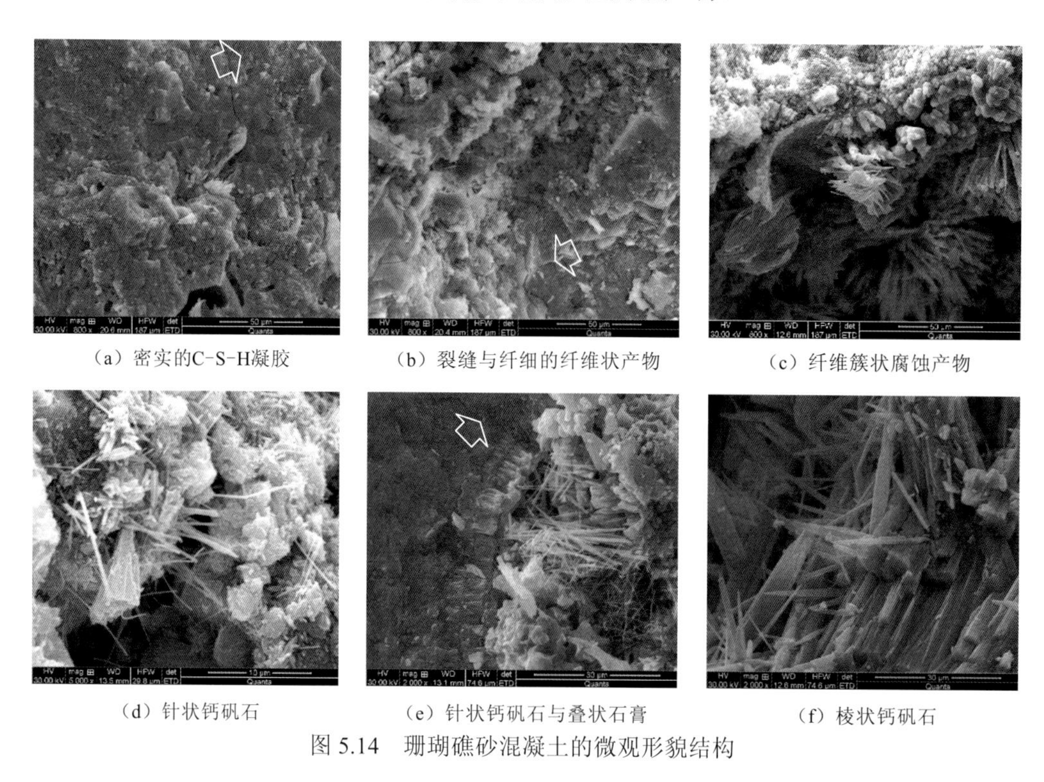

（a）密实的C-S-H凝胶　（b）裂缝与纤细的纤维状产物　（c）纤维簇状腐蚀产物

（d）针状钙矾石　（e）针状钙矾石与叠状石膏　（f）棱状钙矾石

图 5.14　珊瑚礁砂混凝土的微观形貌结构

5. 珊瑚礁块的热变形性能

准备 3 个尺寸约为 90 mm×90 mm×90 mm 的立方体珊瑚礁块，采用应变片法[206-207]测试其热膨胀系数。具体方法为，在其相邻三个面按照图 5.15 粘贴应变片，应变片的长度为 20 mm，相邻三个面的中心各钻一个孔并嵌入热点偶，测量试块中心的温度，试块放在电热恒温干燥箱中，以 10 ℃或 20 ℃为增量由室温（20 ℃）增温至 80 ℃，每个温度阶段恒温至少 6 h 以确保整个珊瑚礁块均匀受热。数据采集系统、测温仪和测试珊瑚礁块分别如图 5.16、图 5.17 和图 5.18 所示，使用应变采集仪记录每个温度阶段的应变值之后，使用以下方程计算热膨胀系数：

$$\mathrm{CTE}=\frac{\Delta\varepsilon}{\Delta T} \tag{5.4}$$

式中：$\Delta\varepsilon$ 为应变增量；ΔT 为温度增量。

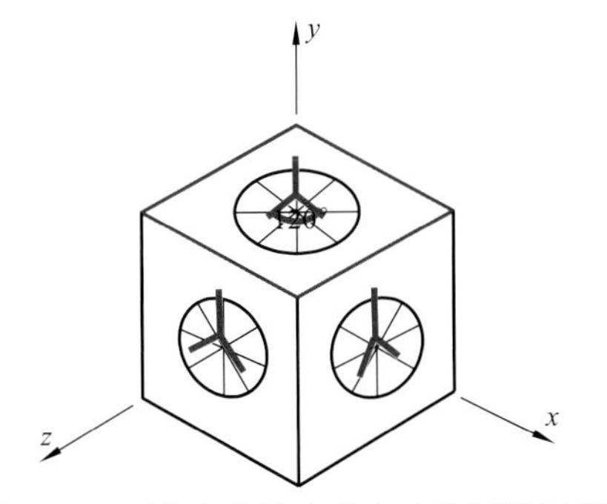

图 5.15　正交参考轴上的立方体试样示意图

图 5.16　数据采集系统

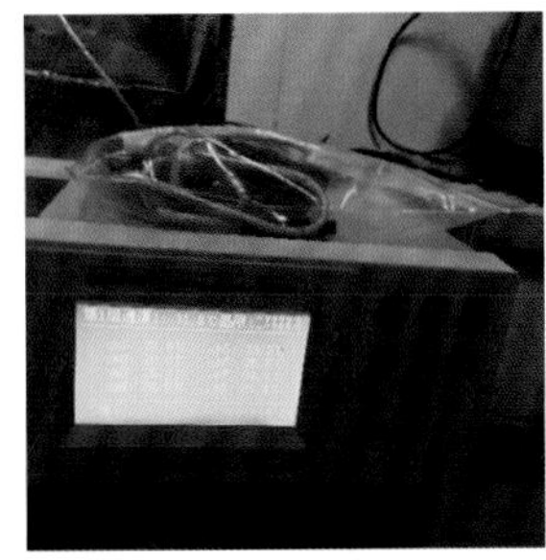

图 5.17　测温仪

图 5.18　测试珊瑚礁块

图 5.19 表示的是珊瑚礁块相邻测试面各方向的应变随温度的变化。从图 5.19 中可以看出，珊瑚礁块的热变形性能存在明显的热各向异性，珊瑚礁块相邻测试面的热各向异性程度如表 5.11 所示，表中还列出了 Al-Tayyib 等[206]研究的石灰岩块的热各向异性情况，比较结果可以看到，虽然珊瑚礁块的氧化钙含量较 Abu-Hadriyah 石灰岩、Hofuf 石灰岩低，但测得的珊瑚礁块的热各向异性程度却均较其他三种石灰岩大得多。

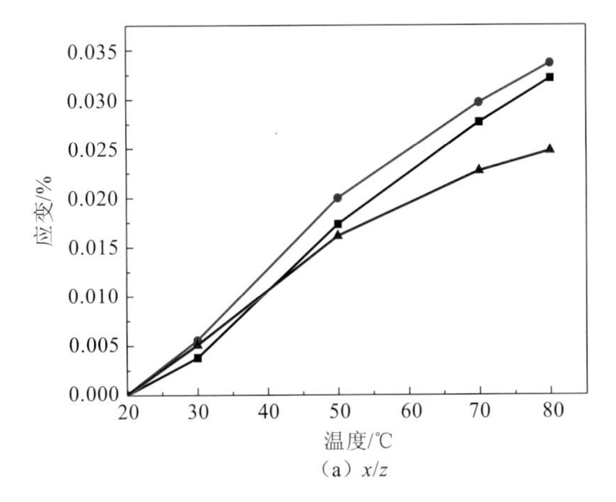

（a）x/z

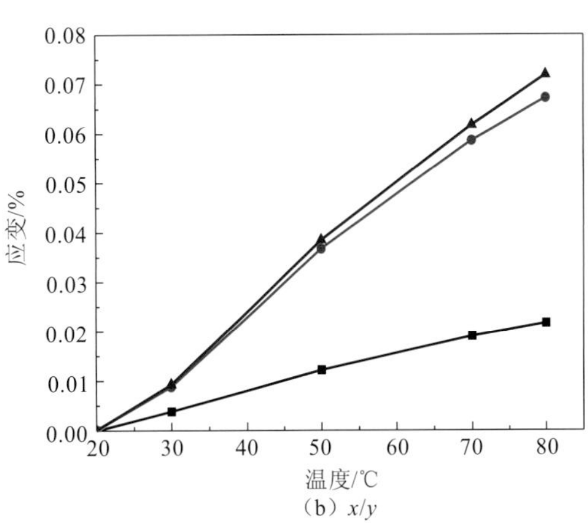

（b）x/y

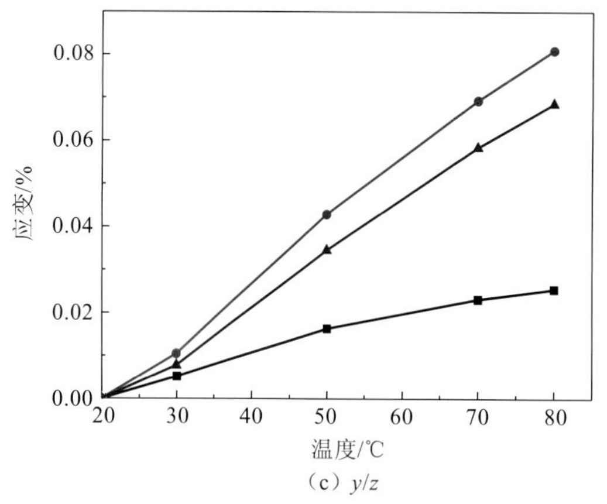

（c）y/z

图 5.19　珊瑚礁块热变形特征

表 5.11　珊瑚礁块的热各向异性程度

试样类型	CaO/%	各向异性/%		
		x/z	x/y	y/z
珊瑚礁块	50.85	73.53	30.20	31.46
Dhahran 石灰岩[206]	35.40	14.30	28.30	46.60
Abu-Hadriyah 石灰岩[206]	52.50	24.70	21.70	51.80
Hofuf 石灰岩[206]	52.66	47.40	26.80	16.30

图 5.20 显示了水灰比为 0.3 的硬化水泥浆体与珊瑚礁砂的热变形性能，从图中可以看到，珊瑚礁砂与硬化水泥浆体的热变形随温度的升高而平稳地增大，显示出明显的热膨胀特性，硬化水泥浆体的热变形随着温度的升高呈现出明显的非线性增长，而珊瑚礁砂和其他三种石灰岩呈现出近似线性的增长趋势，这导致随着温度的升高，硬化水泥浆体与珊瑚礁砂的热变形的差异相应增大，至温度为 80 ℃时，硬化水泥浆体的热膨胀变形率是珊瑚礁砂的两倍还多；珊瑚礁砂在不同温度下的热变形率也较一般石灰岩大。

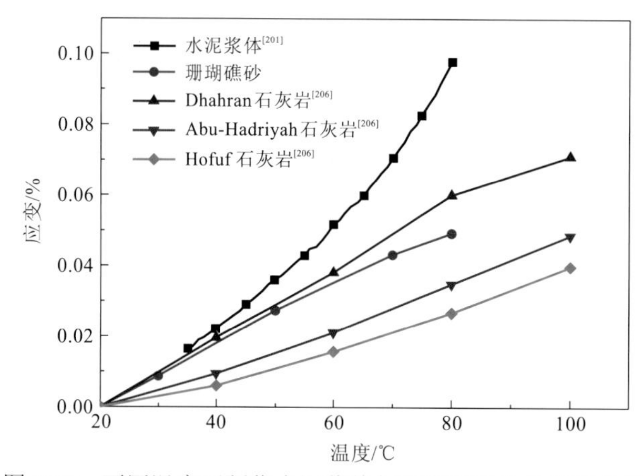

图 5.20　不同温度下硬化水泥浆体与珊瑚礁砂的热变形性能

表 5.12 给出了硬化水泥浆体和珊瑚礁砂的热膨胀系数，室温（约 20 ℃）～65 ℃温度差异下珊瑚礁砂的热膨胀系数为 8.17×10^{-6} ℃$^{-1}$，比一般石灰岩的热膨胀系数大，而水灰比为 0.3 的硬化水泥浆体的热膨胀系数约为 24.40×10^{-6} ℃$^{-1}$，约是珊瑚礁砂的 3 倍，可见，在温度差异范围内，两者的热膨胀系数存在较大的差异，珊瑚礁砂混凝土存在明显的热不相容性，这将使珊瑚礁砂混凝土材料的热协调性能变差，最终影响混凝土结构整体的力学性能和耐久性能。

表 5.12　硬化水泥浆体和珊瑚礁砂的热膨胀系数（室温～65 ℃）　（单位：10^{-6} ℃$^{-1}$）

参数	硬化水泥浆体（水灰比为 0.3）[201]	珊瑚礁砂	Dhahran 石灰岩[206]	Abu-Hadriyah 石灰岩[206]	Hofuf 石灰岩[206]
热膨胀系数	24.40	8.17	9.99	6.20	5.07

对于骨料而言，其热变形主要源于其固体本身的变形，而硬化水泥浆体除水化固体相的热变形外，孔隙中水的热压作用更大程度地影响了硬化水泥浆体的热变形性能，通常硬化水泥浆体水化固体相的热膨胀系数约为 10×10^{-6} ℃$^{-1}$，而孔隙水的热膨胀系数却高达 210×10^{-6} ℃$^{-1}$[201, 208]。

6. 珊瑚礁砂混凝土的热变形性能

为探讨珊瑚礁砂混凝土的热变形性能，本试验所用混凝土原材料同 4.1.1 小节，配合比设计如表 5.13 所示，试样为ϕ100 mm×200 mm 的圆柱体，混凝土试样的制作和养护同 4.1.2 小节，在标准养护 28 d 后，将混凝土试样置于室内环境下超过 56 d 后进行测试。

表 5.13　热变形性能试验下珊瑚礁砂混凝土配合比　（单位：kg/m^3）

试样类型	OPC	硅灰	粉煤灰	聚丙烯纤维	珊瑚砂	河砂	珊瑚礁碎块	普通碎石	水	减水剂
OA-50	580	0	0	0	—	688	—	952	180	6
CA-30	450	—	—	0	735.2	—	649.4	—	225	5.3
CA-50	750	0	0	0	688	—	570	—	225	9
CA-F15S5	600	37.5	112.5	0	688	—	570	—	225	12
CA-F15S5PF	600	37.5	187.5	1.8	688	—	570	—	225	12

热变形性能测试方法同样采用应变片法，在混凝土表面粘贴应变片时只在试样高度方向一侧粘贴。

图 5.21 显示的是各类型珊瑚礁砂混凝土不同温度条件下的热膨胀变形性能，表 5.14 给出了室温～65 ℃环境温度变化下不同类型混凝土的热膨胀系数。结果表明，同为 C50 强度等级的珊瑚礁砂混凝土与普通碎石混凝土相比，相同温度下珊瑚礁砂混凝土的热膨

胀变形要比普通碎石混凝土大得多，CA-50 的热膨胀系数为 19.71×10^{-6}℃$^{-1}$，而 OA-50 的热膨胀系数仅为 11.30×10^{-6}℃$^{-1}$，这说明同强度等级的珊瑚礁砂混凝土的抗热变形的能力较普通碎石混凝土差，主要是由于单位体积的珊瑚礁砂的胶凝材料需量要比普通石灰岩大，且珊瑚礁砂骨料弹性模量低；相同温度下，CA-50 的热变形比 CA-30 大，CA-50 的热膨胀系数为 19.71×10^{-6}℃$^{-1}$，强度等级越高，珊瑚礁砂混凝土的热变形协调性能越差；掺入粉煤灰和硅灰的珊瑚礁砂混凝土 CA-F15S5 的热膨胀变形性能有所改善，65℃环境温度下，CA-50 的热膨胀变形率为 0.07%，而 CA-F15S5 的热膨胀变形率为 0.063%，热膨胀系数由 19.71×10^{-6}℃$^{-1}$ 降低为 18.07×10^{-6}℃$^{-1}$，这主要是由于粉煤灰和硅灰的掺入能够有效地消耗水泥浆体中的 $Ca(OH)_2$，从而有效地降低水泥基材料的热膨胀性能[209-210]；CA-F15S5PF 是在掺入粉煤灰与硅灰后掺入了 0.2%的聚丙烯纤维，聚丙烯纤维具有较低甚至为负的热膨胀系数，在温度变化时能够限制水泥基体的变形[201,209]，且聚丙烯纤维的掺入能在水泥基体内部形成良好的网状结构[201,209,211-212]，从而有效地改善珊瑚礁砂混凝土抵抗热变形的能力，CA-F15S5PF 的热膨胀系数为 16.11×10^{-6}℃$^{-1}$，较 CA-F15S5 的热膨胀系数降低了约 10%，聚丙烯纤维的掺入能有效改善珊瑚礁砂混凝土的热膨胀性能。

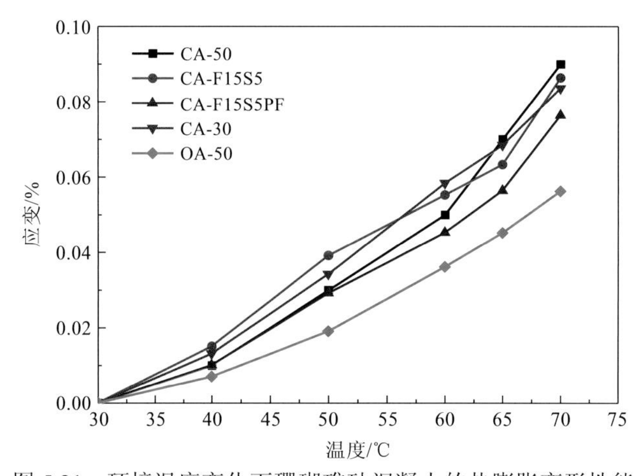

图 5.21　环境温度变化下珊瑚礁砂混凝土的热膨胀变形性能

表 5.14　不同类型混凝土的热膨胀系数（室温～65℃）　（单位：10^{-6}℃$^{-1}$）

参数	OA-50	CA-30	CA-50	CA-F15S5	CA-F15S5PF
热膨胀系数	11.30	17.01	19.71	18.07	16.11

5.2.3　冲刷磨蚀对珊瑚礁砂混凝土的影响

1. 表观损伤

图 5.22 是珊瑚岛礁某潮差区防波堤护坦部位，从图 5.22（b）中可以看出，珊瑚礁

砂混凝土表面的砂浆被磨蚀后，珊瑚骨料裸露，护坦表面呈现凹凸不平的麻面状，骨料被磨圆并发生破碎。此外，防波堤堤脚处、斜坡护坦下部受海浪冲刷、磨蚀甚至掏蚀，护坦下防波堤砂层地基遭到海水抽吸，这表明防波堤受到严重的冲刷磨蚀。此外，护坦表面呈褐红色，并且浆体呈现出大小不一的孔隙。在潮汐海浪的作用下，海水中的离子通过水泥浆体及多孔的珊瑚骨料向珊瑚礁砂混凝土的内部传输，与水泥浆体中的化学成分发生反应，从而降低了珊瑚礁砂混凝土的力学性能和密实性。这表明防波堤的底部护坦受到海浪及其裹挟的珊瑚礁砂的冲刷、磨蚀，同时受到海水的侵蚀，在岛礁现场，海水侵蚀与冲刷磨蚀是相互作用的，当含砂水流冲刷、磨蚀防波堤的表面时，粗糙多孔的珊瑚骨料及含孔隙的水泥浆体逐渐裸露，这为海水侵蚀珊瑚礁砂混凝土提供了快速的通道。反过来，海水侵入珊瑚礁砂混凝土的内部时与水泥浆体发生化学反应，从而降低水泥浆体的性能，故潮汐海浪冲刷、磨蚀水泥浆体时，水泥浆体因力学性能降低更易发生磨损，从而加大了珊瑚骨料与水泥浆体之间的凹凸度，这将加速珊瑚礁砂混凝土的冲刷磨蚀破坏。

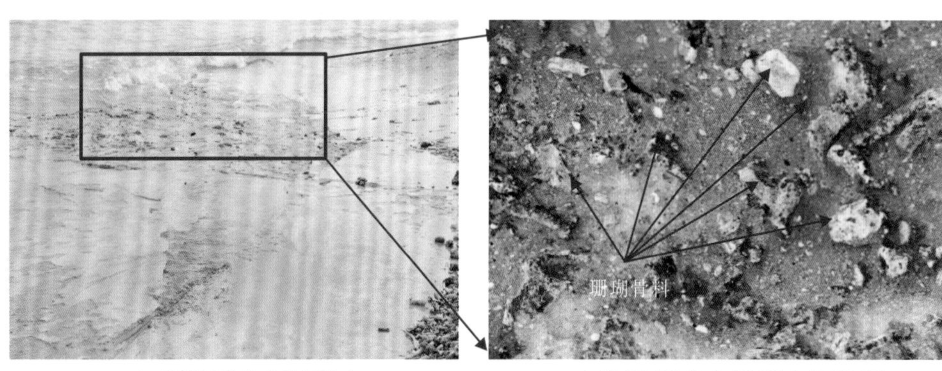

（a）潮差区珊瑚礁砂混凝土　　（b）潮差区珊瑚礁砂混凝土骨料裸露

图 5.22　潮差区珊瑚礁砂混凝土的破坏特征

2. 物相变化

利用日本生产的 JXA-8230 电子探针显微分析仪对在潮汐海浪冲刷、磨蚀作用下的珊瑚礁砂混凝土不同深度的水泥浆体的化学成分进行量化分析。图 5.23 是珊瑚礁砂混凝土不同深度处的水泥浆体化学组分的测试结果，数据均以氧化物的形式表示。从图 5.23 中可以看出，由表及里成分变化最为明显的是 CaO 和 MgO，0～2 mm 范围内的变化最为突出，0～1 mm 内，CaO 的含量偏低，MgO 的含量偏高，深度为 1～2 mm 时，CaO 含量增多，MgO 含量急剧减少，说明表层珊瑚礁砂混凝土在海水冲刷的作用下发生了不同程度的钙流失，而较高的 MgO 含量表明 0～2 mm 深度范围内珊瑚礁砂混凝土中的水泥砂浆组分受到 Mg^{2+}的侵蚀，水化产物 $Ca(OH)_2$、C-S-H 等被分解，生成富镁物质 $Mg(OH)_2$、M-S-H 等，致使混凝土中 Mg^{2+}的含量增多。

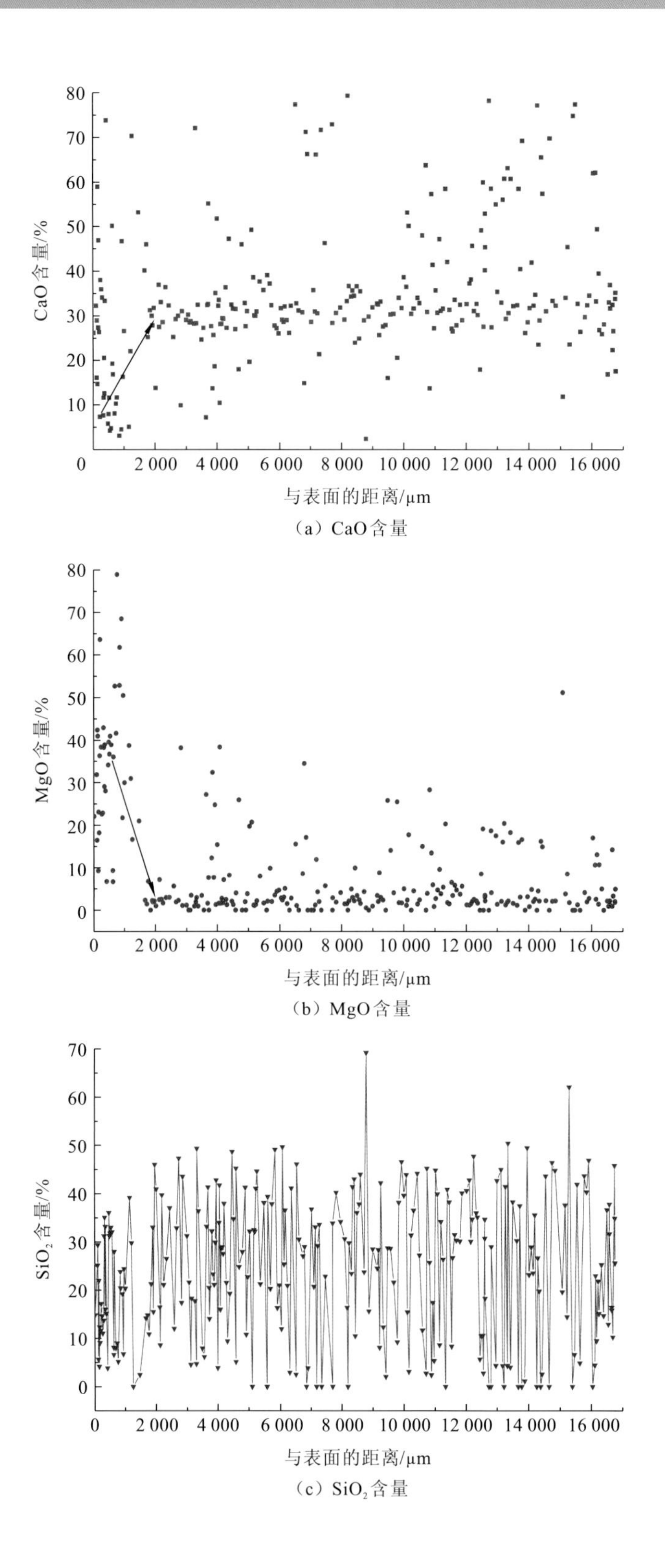

（a）CaO含量

（b）MgO含量

（c）SiO_2含量

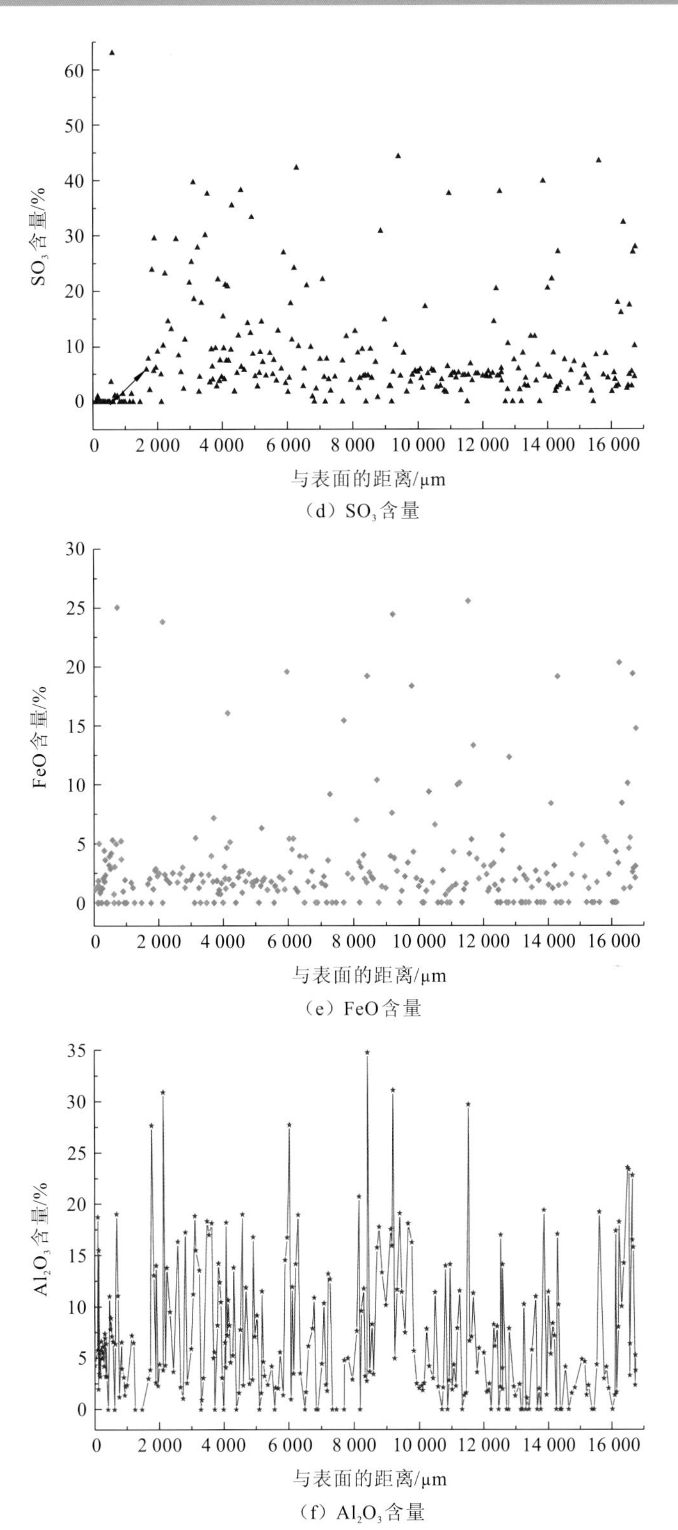

（d）SO_3含量

（e）FeO含量

（f）Al_2O_3含量

图 5.23　不同深度处珊瑚礁砂混凝土中水泥浆体的化学组分

5.3 本章小结

本章在南海岛礁珊瑚礁砂混凝土构筑物有典型盐雾侵蚀损伤的港池防波堤胸墙内侧钻取混凝土芯样，通过室内宏观、微观分析，获得了珊瑚礁砂混凝土盐雾侵蚀损伤规律，并探究了其盐雾侵蚀损伤机理；获得了珊瑚礁砂混凝土开裂崩落损伤规律，并探究了珊瑚礁砂开裂崩落损伤机理；探究了珊瑚礁砂混凝土冲刷磨蚀与海水侵蚀的相互作用机制。本章主要结论如下。

（1）受侵蚀的珊瑚礁砂混凝土质量损失严重，力学性能（强度和弹性模量）下降，表现出明显的塑性特征，且珊瑚礁砂与水泥浆体之间的黏结力下降明显。此外，其内部疏松多孔，珊瑚礁砂骨料与水泥浆体出现分离现象；总孔隙率明显增大，增大约20%，在侵蚀过程中无害孔和微害孔向有害孔和多害孔转化明显。长期受盐雾侵蚀的珊瑚礁砂混凝土内部Ca^{2+}流失严重，在盐雾中侵蚀离子Mg^{2+}的作用下C-S-H凝胶、$Ca(OH)_2$等主要黏结成分减少甚至丧失，富镁矿物增多。

（2）港池防波堤胸墙外侧与顶面珊瑚礁砂混凝土的干表观密度变化范围为1 900～2 010 kg/m^3，长期服役过程中两区域珊瑚礁砂混凝土的质量没有下降。胸墙外侧珊瑚礁砂混凝土的抗压强度高于胸墙顶面的珊瑚礁砂混凝土，两区域珊瑚礁砂混凝土总体呈现出抗压强度降低、弹性模量降低、峰值应变增大的变化趋势。两区域珊瑚礁砂混凝土的劈裂抗拉强度、孔隙结构特征也呈现出与抗压强度类似的损伤规律。港池防波堤胸墙外侧和顶面的珊瑚礁砂混凝土除遭受频繁的冷热交替作用外，还受到海水中有害离子的侵蚀，在珊瑚礁砂混凝土内部生成众多粗大棱状的钙矾石、石膏等膨胀性产物，加剧混凝土结构的损伤破坏。

（3）珊瑚礁砂骨料的热变形性能存在明显的各向异性特征，热各向异性程度较一般石灰岩大，珊瑚礁砂骨料在不同温度下的热变形率和热膨胀系数一般较其他石灰岩大，珊瑚礁砂混凝土的热膨胀系数较普通混凝土高，因此，珊瑚礁砂混凝土的热变形协调能力较差。

（4）在海水冲刷的作用下表层珊瑚礁砂混凝土水泥砂浆组分受到Mg^{2+}的侵蚀，水化产物$Ca(OH)_2$、C-S-H等被分解，生成富镁物质$Mg(OH)_2$、M-S-H等，混凝土中Mg^{2+}的含量增多，使珊瑚礁砂混凝土发生不同程度的钙流失，最终影响珊瑚礁砂混凝土的力学性能和耐久性能。

第 6 章 珊瑚礁砂混凝土的环境适应性及其调控对策

由第 5 章可知，珊瑚礁砂混凝土在恶劣海洋环境下主要发生盐雾侵蚀、开裂崩落和冲刷磨蚀破坏，并且在获得第一手现场珊瑚礁砂混凝土的性能结果后，为了更系统地对比现场珊瑚礁砂混凝土和室内珊瑚礁砂混凝土在以上三种损伤模式下的适应性，必须在室内模拟珊瑚礁砂混凝土在以上三种环境下耐久性的变化。因此，本章主要研究高强、高性能珊瑚礁砂混凝土在盐雾侵蚀、高低温交变和冲刷磨蚀环境中的适应性及其变化规律，以及不同胶凝材料的抗侵蚀性能，这为提高珊瑚礁砂混凝土在岛礁工程中的长期服役性能及其防治提供了重要的科学依据。

6.1 珊瑚礁砂混凝土盐雾侵蚀环境的适应性试验

6.1.1 室内盐雾侵蚀加速试验方案

1. 试验设备

利用盐雾腐蚀试验箱模拟岛礁上珊瑚礁砂混凝土受到的盐雾化学侵蚀，试验箱为某公司生产的卓越型盐雾腐蚀试验箱，如图 6.1 所示，主要技术参数如表 6.1 所示。

图 6.1 盐雾腐蚀试验箱

表 6.1 盐雾腐蚀试验箱主要技术参数

试验项	压缩空气压力/MPa	实验室相对湿度/%	实验室温度/℃	压力桶温度/℃	喷雾量/mL	喷雾方式
规格	0.098	85 以上	35～50	47～63	1.0～2.0	连续、周期

2. 盐雾侵蚀参数设置

考虑现场条件及试验设备的限制，盐雾腐蚀试验箱内温度设定为 35℃，加热水槽温度设定为 47℃；实验室相对湿度在 85%以上，与岛礁自然环境相当，不需特别设置；本试验依据岛礁海水中的各盐类含量进行配置，如表 6.2 所示，以 5 倍海水浓度的盐溶液为侵蚀溶液。结合岛礁现场实际环境条件，采用连续喷雾 12 h、间歇 12 h 的循环腐蚀方式。

表 6.2 南海某岛礁海水中各盐类含量

成分	$NaCl$	$MgCl_2$	$CaCl_2$	Na_2SO_4	$Ca(OH)_2$
初始盐含量/（g/kg）	18.720	2.760	0.312	2.270	0.180
试验盐含量/（g/kg）	93.60	13.80	1.56	11.35	0.90

注：岛礁海水各盐类含量由海水含量的一般规律推算得到，可能存在一些误差。

6.1.2　配合比与试件制作

本试验设计了三种强度等级的珊瑚礁砂混凝土，其配合比如表 6.3 所示，以强度等级为 C50 的珊瑚礁砂混凝土为主，并用强度等级为 C50 的普通碎石混凝土进行损伤对比，为更好地结合现场实际情况进行珊瑚礁砂混凝土盐雾侵蚀劣化时变性分析，依据 2.3.1 小节中岛礁工程建设中应用的珊瑚礁砂混凝土配合比设计配置了强度等级为 C20 的珊瑚礁砂混凝土。所用原材料与 4.1.1 小节相同，混凝土配合比设计方法、试块的制作与养护方法同 4.1.2 小节。

表 6.3　盐雾侵蚀试验下珊瑚礁砂混凝土配合比　　（单位：kg/m^3）

试样类型	OPC	硅灰	粉煤灰	聚丙烯纤维	珊瑚砂	河砂	珊瑚礁碎块	普通碎石	水	减水剂
OA-50	580	0	0	0	—	688	—	952	180	6
CA-20	580	0	0	0	790	—	269	—	311	0
CA-30	450			0	735.2	—	649.4	—	225	5.3
CA-50	750	0	0	0	688	—	570	—	225	9
CA-F15S5	600	37.5	187.5	0	688	—	570	—	225	12
CA-F15S5PF	600	37.5	187.5	1.8	688	—	570	—	225	12

混凝土试块自拆模后在标准养护箱中养护至 28 d 龄期，然后将混凝土试块制作成两种尺寸：一种是尺寸为ϕ50 mm×100 mm 的圆柱体，进行相对动弹性模量与单轴抗压强度测试；另一种尺寸为 100 mm×100 mm×65 mm，留有一个 100 mm×100 mm 的表面作为受侵蚀面，其他表面均用玻璃胶密封，用自然扩散法测定其受侵蚀后自由氯离子的含量。

6.1.3　测试与分析方法

本试验对遭受不同时间盐雾侵蚀的珊瑚礁砂混凝土试块进行物理力学性能测试，包括单轴抗压强度、相对动弹性模量、质量及自然扩散法测定的氯离子含量。

1. 单轴抗压强度

试验参照《水工混凝土试验规程》（SL/T 352—2020）[169]，在中国科学院武汉岩土力学研究所自主研制的 RMT 多功能岩石刚性试验机上测试不同盐雾侵蚀时间下珊瑚礁砂混凝土试块的单轴抗压强度。

2. 相对动弹性模量

相对动弹性模量采用间接法进行测定。利用某公司生产的 RSM-SY5（T）非金属声波检测仪测试尺寸为ϕ50 mm×100 mm 的圆柱体试样的声波波速，混凝土等材料的声波波速与动弹性模量之间的关系可以通过式（6.1）来表示：

$$E = \frac{\rho(1+\nu)(1-2\nu)}{1-\nu} V_s^2 \tag{6.1}$$

式中：E 为测试材料的动弹性模量，MPa；ρ 为测试材料的密度；ν 为测试材料的泊松比；V_s 为材料的声波波速。

由于混凝土材料的泊松比与密度变化不大[203]，混凝土材料的相对动弹性模量可以表示为

$$E_{rd} = \frac{E_n}{E_0} = \frac{V_n^2}{V_0^2} = \frac{t_0^2}{t_n^2} \times 100 \tag{6.2}$$

式中：E_{rd} 为腐蚀后试件的相对动弹性模量，%；E_n、V_n、t_n 分别为腐蚀后试件的动弹性模量、波速和波时；E_0、V_0、t_0 分别为试件的初始动弹性模量、波速和波时。

3. 质量

采用精度为 0.01 g 的电子天平测定不同盐雾侵蚀时间后混凝土试件的质量，质量变化 M 为

$$M=(M_t - M_0) / M_0 \times 100\% \tag{6.3}$$

式中：M_t、M_0 分别为混凝土试件侵蚀 t 时间后的质量及其初始质量。

4. 氯离子含量

对于经受盐雾侵蚀试验的混凝土试样，采用钻孔取样法，在受侵蚀面用小型手持电钻钻取干燥后混凝土试件的粉末样品，以 5 mm 为间隔分层，分别获取珊瑚礁砂混凝土 0～5 mm、5～10 mm、10～15 mm、15～20 mm、20～25 mm、25～30 mm、30～35 mm、35～40 mm、40～45 mm 与 45～50 mm 深度的粉末，过 0.075 mm 筛去除较粗颗粒，每层获取不少于 5g 的待测样品。

混凝土中自由氯离子含量的测定采用离子色谱法[209]，利用江汉大学化学与环境工程学院的 DX-2500 离子色谱仪测定不同盐雾侵蚀时间后混凝土试件的自由氯离子含量。图 6.2 为获得的氯离子浓度标准工作曲线，通过此工作曲线可以得到混凝土中的自由氯离子含量。

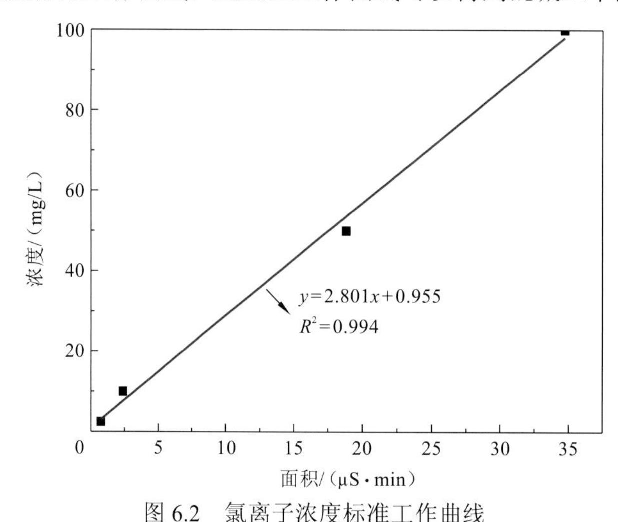

图 6.2　氯离子浓度标准工作曲线

6.1.4　室内试验结果与分析

1. 单轴抗压强度变化规律

图 6.3 与图 6.4 显示了不同盐雾侵蚀时间各组珊瑚礁砂混凝土单轴抗压强度的变化情况。整体来看，各组混凝土的单轴抗压强度随着盐雾侵蚀时间的延续呈现出先增大后减小的变化趋势，具体表现为：在侵蚀初期（7 d），单轴抗压强度均较未侵蚀前有小幅度增长，随着侵蚀的进行，单轴抗压强度继续增长，OA-50、CA-20、CA-30 和 CA-50 在盐雾侵蚀 90 d 时单轴抗压强度达到最大值，随后单轴抗压强度下降，CA-F15S5、CA-F15S5PF 在盐雾侵蚀 180 d 时单轴抗压强度达到最大值，随后单轴抗压强度下降，盐雾侵蚀至 270 d 时，CA-20、CA-30、CA-50、CA-F15S5 及 CA-F15S5PF 的单轴抗压强度损伤量分别为 2.6%、−2.3%、−3.2%、−3.9%和−7.3%，损伤量为负值，表示受盐雾侵蚀后的珊瑚礁砂混凝土的单轴抗压强度大于未受侵蚀的珊瑚礁砂混凝土，CA-20 损伤量为正，表明 CA-20 在盐雾侵蚀作用下单轴抗压强度较未受侵蚀时降低，以上结果表明降低水灰比、增加混凝土的强度等级可以有效增强珊瑚礁砂混凝土抵抗盐雾侵蚀的能力，主要是由于水灰比较大时，混凝土的孔隙率往往较大，更有利于盐雾中有害离子的侵入，更易在珊瑚礁砂混凝土内部形成损伤；掺加粉煤灰、硅灰能大大降低易受侵蚀的水泥产物中 $Ca(OH)_2$ 的含量[210]，改善混凝土的界面结构，从而减少盐雾侵蚀过程中钙流失造成的损伤，因而在盐雾侵蚀过程中 CA-F15S5 单轴抗压强度下降的时间滞后于 CA-50，单轴抗压强度的降低程度小于 CA-50，并且发现掺加聚丙烯纤维的珊瑚礁砂混凝土 CA-F15S5PF 的单轴抗压强度的降低程度最小，表现出更好的抗盐雾侵蚀性能。同强度等级比较时，OA-50 较 CA-50 单轴抗压强度增长程度小，经 270 d 盐雾侵蚀后，OA-50 单轴抗压强度的降低程度较 CA-50 小，这与普通混凝土比珊瑚礁砂混凝土密实程度好有关，珊瑚礁砂一般含有较多的孔隙，在一定程度上降低了珊瑚礁砂混凝土的密实度。

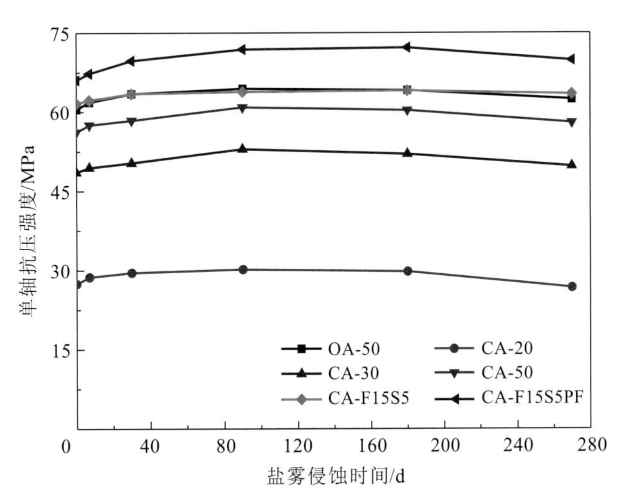

图 6.3　珊瑚礁砂混凝土的单轴抗压强度

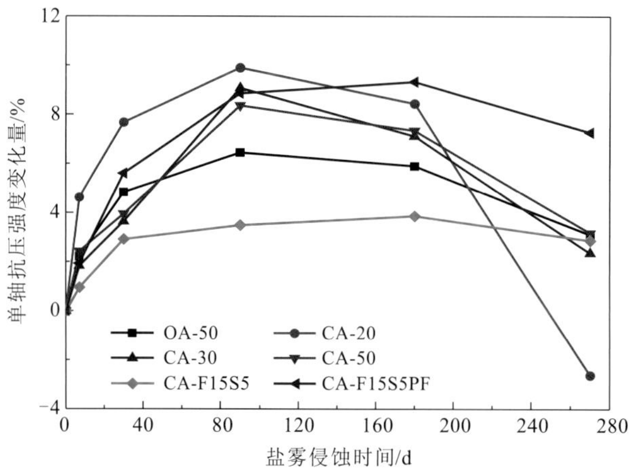

图 6.4　珊瑚礁砂混凝土的单轴抗压强度变化量

2. 相对动弹性模量变化规律

图 6.5 表示的是珊瑚礁砂混凝土的相对动弹性模量随盐雾侵蚀时间的变化。从图 6.5 中可以看到，在盐雾侵蚀作用下，除 CA-20 外，其他各类型珊瑚礁砂混凝土的 E_{rd} 随着侵蚀时间的变化呈现出三个阶段：上升阶段、平稳发展阶段、缓慢下降阶段。E_{rd} 增大主要与珊瑚礁砂混凝土内部的再水化作用及水化产物的膨胀填充作用有关。CA-20 只在侵蚀初期略有增长，而后呈现不断降低的趋势；OA-50、CA-30、CA-50、CA-F15S5 和 CA-F15S5PF 在经受盐雾侵蚀 150 d 后，相对动弹性模量持续下降，但各组混凝土的相对动弹性模量仍较未受侵蚀时大；盐雾侵蚀 270 d 后，OA-50、CA-20、CA-30、CA-50、CA-F15S5 和 CA-F15S5PF 的相对动弹性模量分别为 98.1%、90.5%、94.0%、97.5%、98.0% 和 99.6%，混凝土的相对动弹性模量较未受盐雾侵蚀时小，表明混凝土内部出现了明显的损伤，CA-F15S5PF 试件内仅有微小损伤，而 CA-20 试件内部损伤最大。

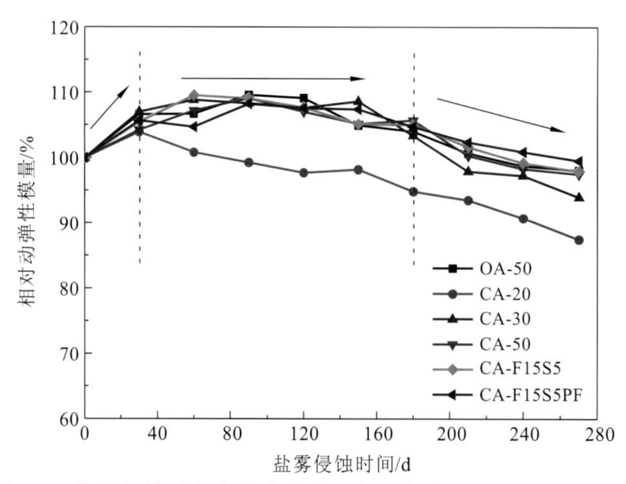

图 6.5　盐雾侵蚀过程中珊瑚礁砂混凝土的相对动弹性模量变化

3. 质量变化规律

珊瑚礁砂混凝土试件在盐雾侵蚀过程中的质量变化情况如图 6.6 所示。总体来说，除 CA-20 外，在经受盐雾侵蚀 270 d 的时间中，各类型混凝土的质量均呈增加的趋势，但增加幅度都比较微小，主要是由于混凝土未水化水泥的再水化和腐蚀产物在孔隙中的累积，具体表现为：CA-20、CA-30 因孔隙率较大，有害离子容易进入混凝土内部，腐蚀产物在其中累积的量大，因而随着侵蚀时间的延长，质量增加较 CA-50、CA-F15S5 和 CA-F15S5PF 大得多；CA-F15S5、CA-F15S5PF 因粉煤灰、硅灰及聚丙烯纤维的作用，珊瑚礁砂混凝土内部结构非常密实，有害离子较难进入，质量增加不大；CA-20 在盐雾侵蚀后期因表面有剥落现象发生（图 6.7），质量有所降低；CA-50 因珊瑚礁砂骨料多孔，在孔隙中累积的产物较多，后期质量增加较 OA-50 大。

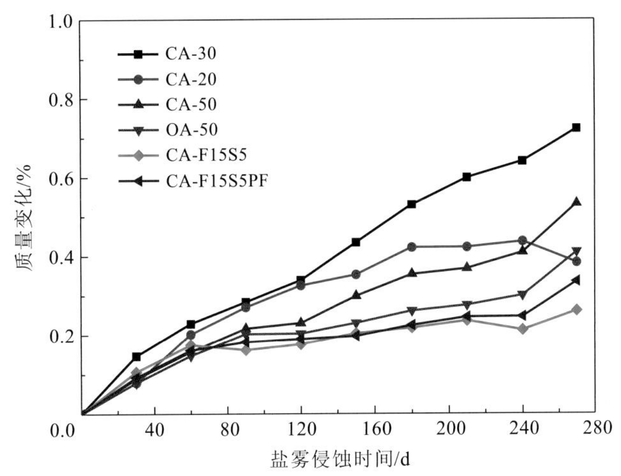

图 6.6　珊瑚礁砂混凝土在盐雾侵蚀过程中的质量变化

（a）240 d　　（b）270 d

图 6.7　CA-20 试件盐雾侵蚀后的表面特征

4. 氯离子的扩散行为

1）自由氯离子含量

图 6.8 表示的是盐雾侵蚀后各组珊瑚礁砂混凝土中自由氯离子含量随深度的变化情况。从图 6.8 中可以看出，各组珊瑚礁砂混凝土中自由氯离子含量随距试样表面深度的增大而减小，且随着盐雾侵蚀时间的增加，同一深度混凝土的自由氯离子含量逐渐增大。CA-20、CA-30 试件均表现为 0～20 mm 深度范围内自由氯离子含量减幅最大，深度大于 20 mm 时，自由氯离子含量基本不变；OA-50 试件表现为 0～12.5 mm 深度范围内自由氯离子含量减幅最大，深度大于 12.5 mm 时，自由氯离子含量基本不变；CA-50、CA-F15S5、CA-FA15S5PF 试件 0～7.5 mm 深度范围内自由氯离子含量略有变化，深度大于 7.5 mm 时，自由氯离子含量减幅增大，深度大于 17.5 mm 时，自由氯离子含量基本不变。

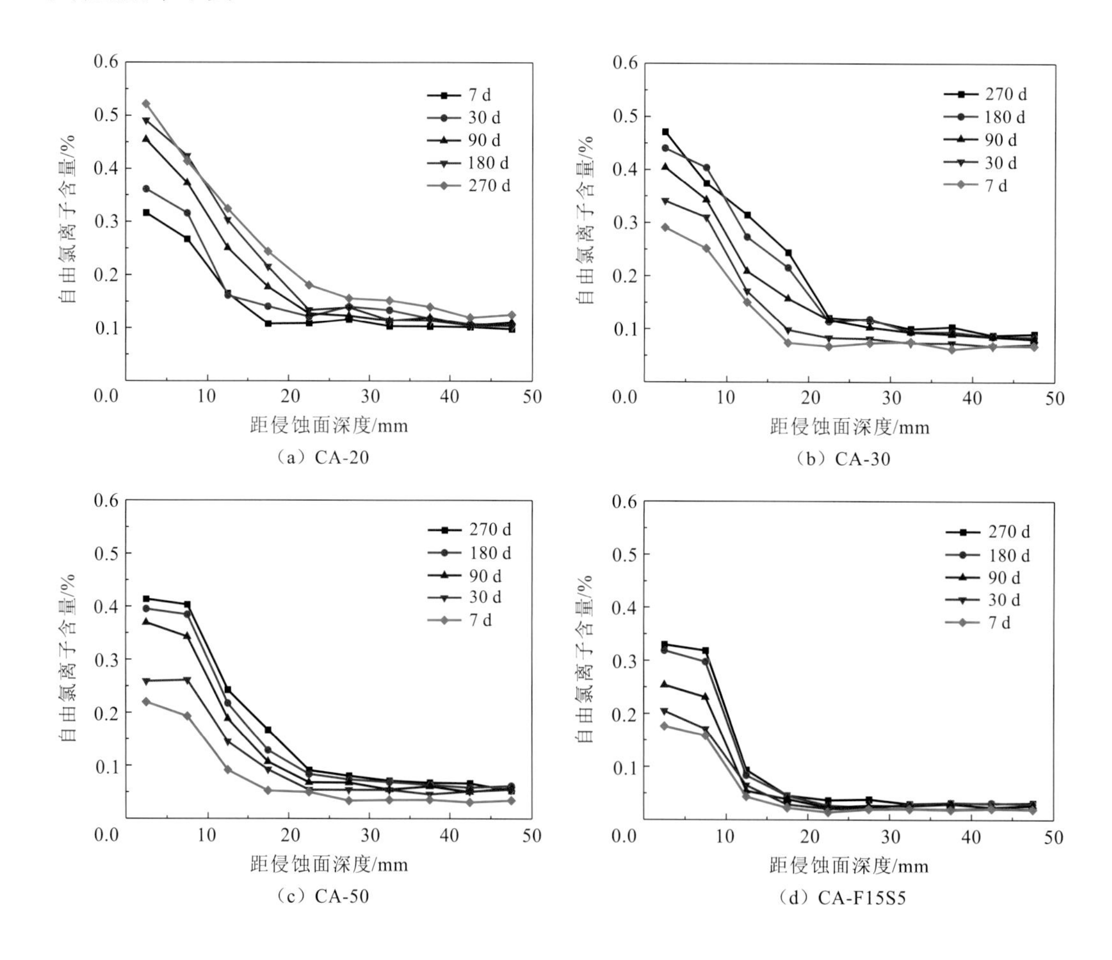

（a）CA-20

（b）CA-30

（c）CA-50

（d）CA-F15S5

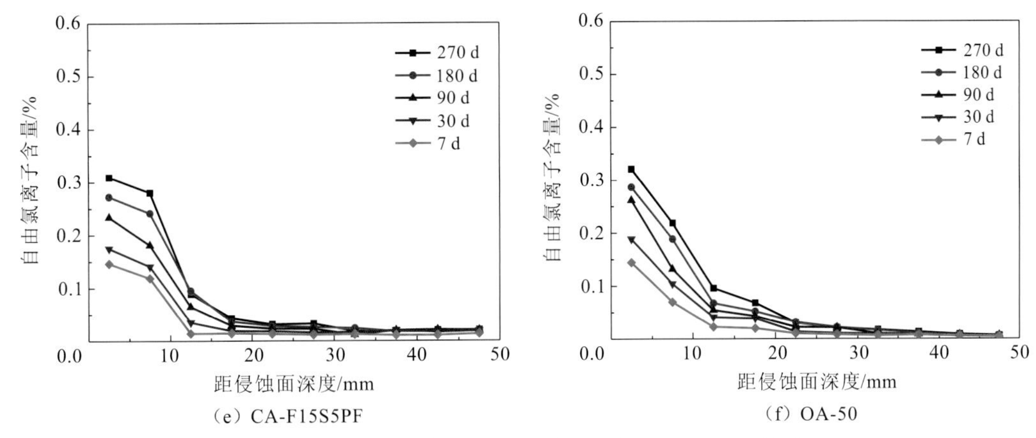

（e）CA-F15S5PF　　（f）OA-50

图 6.8　珊瑚礁砂混凝土自由氯离子含量随深度的变化情况

2）表面氯离子浓度

图 6.9 给出了不同盐雾侵蚀时间下珊瑚礁砂混凝土表面氯离子浓度的变化情况。结果表明，各组珊瑚礁砂混凝土的表面氯离子浓度随着侵蚀时间的延长而增加，随着侵蚀时间的延长，表面氯离子浓度的增长速率有所减小，有逐渐趋于稳定的趋势；随着强度等级的提高，珊瑚礁砂混凝土的表面氯离子浓度减小，盐雾侵蚀时间为 270 d 时，CA-20、CA-30、CA-50、CA-F15S5、CA-F15S5PF 试件的表面氯离子浓度分别为 0.52%、0.50%、0.48%、0.44%、0.38%，CA-50 的表面氯离子浓度比 CA-20、CA-30 分别降低了 7.70%、4.00%，CA-F15S5 与 CA-F15S5PF 的表面氯离子浓度分别较 CA-50 降低了 8.33%、20.8%，表明降低水灰比、掺加粉煤灰与硅灰等掺合料及聚丙烯纤维能有效抑制珊瑚礁砂混凝土表面氯离子浓度的增长，提高珊瑚礁砂混凝土的耐久性。

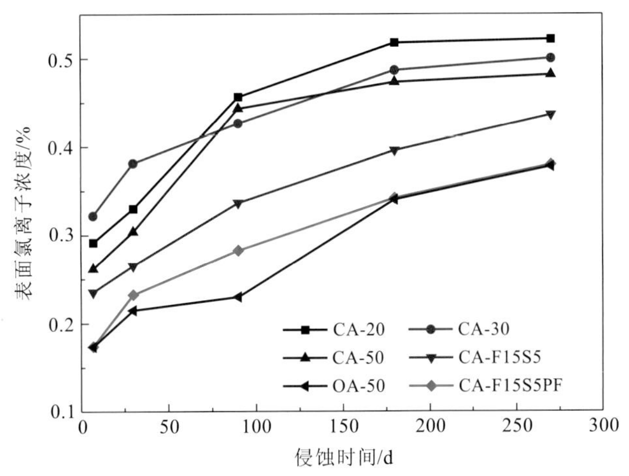

图 6.9　盐雾侵蚀时间对混凝土表面氯离子浓度的影响

图6.9中显示了同强度等级的珊瑚礁砂混凝土与普通混凝土的表面氯离子浓度结果，结果表明，在盐雾侵蚀 7 d、30 d、90 d、180 d、270 d 后，CA-50 的表面氯离子浓度分别为 0.26%、0.30%、0.44%、0.47%、0.48%，OA-50 的表面氯离子浓度分别为 0.17%、0.21%、0.23%、0.34%、0.38%，CA-50 的表面氯离子浓度分别比 OA-50 提高了 52.94%、42.86%、91.30%、38.24%、26.32%，这主要是因为制造珊瑚礁砂混凝土用的珊瑚礁砂本身多孔隙，孔隙率远大于普通砂石料，且吸水率高，在一定程度上为盐雾中有害离子的进入提供了通道。

3）表观氯离子扩散系数

图 6.10 给出了珊瑚礁砂混凝土的表观氯离子扩散系数随盐雾侵蚀时间的变化情况。从图 6.10 中可以看出，随着盐雾侵蚀时间的增长，珊瑚礁砂混凝土的表观氯离子扩散系数逐渐减小，表观氯离子扩散系数的减小主要发生在盐雾侵蚀的前 90 d，盐雾侵蚀大于 90 d 后，表观氯离子扩散系数的变化逐渐趋于稳定。

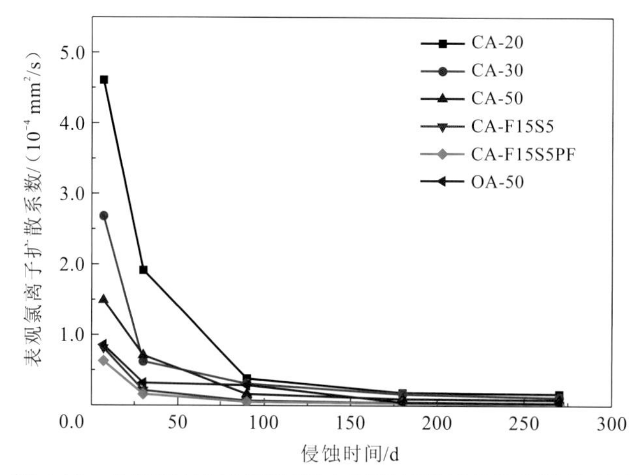

图 6.10　盐雾侵蚀时间对混凝土表观氯离子扩散系数的影响

盐雾侵蚀 7 d、270 d 时，CA-30 与 CA-50 的表观氯离子扩散系数分别较 CA-20 降低了 41.8%（30.0%）、67.6%（51.3%），珊瑚礁砂混凝土的表观氯离子扩散系数随着强度等级的增加而降低，降低水灰比、增加强度等级可以增强珊瑚礁砂混凝土抵抗氯离子渗透的能力；盐雾侵蚀 7 d、270 d 时，CA-F15S5 与 CA-F15S5PF 的表观氯离子扩散系数分别较 CA-50 降低了 45.5%（65.2%）、57.8%（78.6%），CA-F15S5PF 的表观氯离子扩散系数较 CA-F15S5 降低了 22.6%（38.5%），表明掺加粉煤灰、硅灰及聚丙烯纤维能有效降低珊瑚礁砂混凝土的表观氯离子扩散系数，增强抵抗氯离子渗透的能力。

同强度等级的珊瑚礁砂混凝土 CA-50 与普通混凝土 OA-50 相比，相同侵蚀时间下，OA-50 的表观氯离子扩散系数较 CA-50 低得多，盐雾侵蚀 7 d、30 d、90 d、180 d、270 d 时，OA-50 的表观氯离子扩散系数分别比 CA-50 降低 42.6%、55.2%、76.0%、49.8%和 55.4%，珊瑚礁砂混凝土由于其骨料性质，自身抗氯离子渗透的性能较普通混凝土差。

珊瑚礁砂混凝土的表观氯离子扩散系数与盐雾侵蚀时间的关系可以用幂函数来表示，拟合结果如表 6.4 所示，CA-50 的时间依赖性指数 m_t 为 0.686，OA-50 的时间依赖性指数 m 为 0.628，表明珊瑚礁砂混凝土的表观氯离子扩散系数随侵蚀时间的降低速率比普通混凝土快。

表 6.4　表观氯离子扩散系数与盐雾侵蚀时间的关系

试样类型	关系表达式	相关系数 R^2
CA-20	$D_a=20.70\times10^{-4}t^{-0.766}$	0.974
CA-30	$D_a=16.50\times10^{-4}t^{-0.936}$	0.997
CA-50	$D_a=5.764\times10^{-4}t^{-0.686}$	0.964
CA-F15S5	$D_a=4.938\times10^{-4}t^{-0.927}$	0.999
CA-F15S5PF	$D_a=3.924\times10^{-4}t^{-0.941}$	0.999
OA-50	$D_a=2.904\times10^{-4}t^{-0.628}$	0.937

6.2　胶凝材料组成对抗侵蚀性能的影响

现场调研结果表明，港池防波堤内侧的珊瑚礁砂混凝土表层 10 cm 范围内出现了不同程度的盐雾侵蚀破坏，因此有必要开展珊瑚礁砂混凝土抗盐雾侵蚀性能的研究。本节主要从胶凝材料组成出发，研究不同品种水泥和温度（结合岛礁实际温度变化）对水泥体系水化放热、氯离子渗透性的影响；研究不同品种水泥的抗氯离子侵蚀机理；在珊瑚礁砂混凝土中，掺加矿物掺合料（粉煤灰和硅灰）可以提高珊瑚礁砂混凝土的抗压强度、劈裂抗拉强度和抗氯离子的渗透能力，因此本节还研究矿物掺合料（粉煤灰和硅灰）、温度对水泥体系水化过程、氯离子渗透性、抗硫酸盐侵蚀性能的影响机制，并结合微结构理论探讨侵蚀机理，这为珊瑚礁砂混凝土的配合比设计提供了科学技术支撑。

6.2.1　原材料及配合比

1. 胶凝材料

本试验采用高铁低钙硅酸盐水泥（high iron and low calcium Portland cement，HIPC）、OPC 和中热水泥（moderate heat Portland cement，MHC），其化学成分、物理性质和矿物组成依次见表 6.5～表 6.7；采用 I 级粉煤灰和硅灰，其具体化学成分如表 6.5 所示。

表 6.5　胶凝材料的化学组成

物质	化学组成含量/%								
	CaO	SiO_2	Al_2O_3	Fe_2O_3	MgO	K_2O	TiO_2	SO_3	烧失量
HIPC	58.08	21.20	4.21	4.99	1.20	0.54	0.20	1.75	1.02
MHC	59.66	22.25	5.65	4.41	0.88	0.47	0.18	0.62	1.8
OPC	63.83	20.60	5.71	2.35	1.42	0.57	0.21	2.75	2.8
硅灰	0.60	92.86	0.52	0.02	0.21	0.56	0.21	0.32	0.01
粉煤灰	5.49	48.67	23.18	12.33	0.99	1.67	2.4	1.70	2.76

注：因 XRF 测试的元素范围为 Na～U，故所测化学组成含量的和不为 100%。

表 6.6　水泥物理性质

水泥品种	密度/（kg/m^3）	比表面积/（m^2/kg）	标准稠度/%	抗折强度/MPa			抗压强度/MPa		
				3 d	7 d	28 d	3 d	7 d	28 d
HIPC	3.227	423.50	26.1	5.4	6.2	11.4	30.2	39.0	53.7
MHC	2.934	362.55	26.6	5.0	6.0	9.0	23.0	31.0	56.9
OPC	2.876	396.19	25.6	5.3	6.4	10.8	29.2	37.9	53.2

表 6.7　水泥的矿物相组成

矿物相含量/%	C_3S	C_2S	C_3A	C_4AF
HIPC	37.06	32.86	4.32	15.17
MHC	29.56	41.53	7.49	13.41
OPC	53.62	18.62	11.15	7.14

2. 试验配合比

试验的配合比如表 6.8 所示，前三行为三种水泥，加入矿物掺合料体系中的水泥都为 HIPC，水胶比为 0.4，矿物掺合料单掺时，粉煤灰的掺量分别为 20%、40%、60%，硅灰的单掺量为 3%、5%、8%。复掺时，总取代量为胶凝材料总质量的 40%。

表 6.8　复合材料组成及水泥配合比

试样号	胶凝材料组成	掺合料质量分数/%	水胶比	水泥中材料用量/（kg/m^3）			
				水泥	掺合料	砂	水
MHC	中热水泥	0	0.4	450	0	1 350	180
OPC	普通硅酸盐水泥	0	0.4	450	0	1 350	180
HIPC	高铁低钙硅酸盐水泥	0	0.4	450	0	1 350	180

续表

试样号	胶凝材料组成	掺合料质量分数/%	水胶比	水泥中材料用量/（kg/m^3）			
				水泥	掺合料	砂	水
FA20	水泥+粉煤灰	20	0.4	360	90	1 350	180
FA40		40	0.4	270	180	1 350	180
FA60		60	0.4	180	270	1 350	180
SF3	水泥+硅灰	3	0.4	436.5	13.5	1 350	180
SF5		5	0.4	427.5	22.5	1 350	180
SF8		8	0.4	414	36	1 350	180
SF5FA35	水泥+硅灰+粉煤灰	40	0.4	270	硅灰（22.5）+粉煤灰（157.5）	1 350	180
SF10FA30		40	0.4	270	硅灰（45）+粉煤灰（135）	1 350	180

6.2.2　试验方法

1. 宏观试验

通过水化热试验研究不同温度和矿物掺合料对 HIPC 水化过程的影响；采用氯离子渗透试验测试不同胶凝材料体系的抗氯离子侵蚀性能；不同胶凝材料体系的抗压耐蚀系数和抗折耐蚀系数分别按式（6.4）和式（6.5）计算。采用 CCR-3 型 NCIM 测试水泥浆体的电阻抗。

$$K_C=C_{溶液}/C_{水} \tag{6.4}$$

$$K=F_{溶液}/F_{水} \tag{6.5}$$

式中：K_C为试件在一定侵蚀龄期的抗压耐蚀系数；$C_{溶液}$为试件在盐溶液中的抗压强度，MPa；$C_{水}$为试件在水中的抗压强度，MPa；K 为试件在一定侵蚀龄期的抗折耐蚀系数；$F_{溶液}$为试件在盐溶液中的抗折强度，MPa；$F_{水}$为试件在水中的抗折强度，MPa。

2. 微观试验

采用 XRD 测试不同环境下不同胶凝材料体系的水化产物的成分；利用 SEM 表征侵蚀后的水化产物的形貌；采用热分析获得不同胶凝材料体系的热分析结果。

6.2.3　不同水泥的性能比较

1. 不同水泥的水化放热过程

水泥的水化过程可以用累积放热量来表征[213]。从水化放热速率图可知，最先出现的第一放热峰是 C_3A 相溶解引起的，随后，第二放热峰是由 C_3S 水化及各种水化产物的形成造成的，这是硅酸盐水泥的主要放热峰。图 6.11、图 6.12 分别为 20 ℃和 40 ℃下三种水泥的水化放热速率和累积放热图。从图 6.11、图 6.12 可知，在 20℃环境下，低矿物相 C_3S 的 HIPC 水解后 Ca^{2+}浓度低，形成双电层，导致诱导期持续时间短，使得矿物相 C_3S 低的 HIPC 到达第二放热峰的时间提前，放热速率较 MHC 和 OPC 快。另外，含矿物相 C_3A+C_4AF 高，而含石膏低的 HIPC 中，C_3A 和 C_4AF 尚未反应完全时，石膏过早消耗完，使得 AFt 转化为单硫型硫铝酸钙（AFm），从而进一步放出热量，导致 HIPC 的第二放热峰峰肩高。在 3 d 的水化过程中，HIPC、OPC 和 MHC 的累积放热量依次减小，具体数据如表 6.9 所示。在 40℃环境下，图 6.12 中三种水泥的水化放热速率曲线比 20℃高，这表明高温可以加快浆体的水化速率，并且高温缩短了反应诱导期的持续时间，加快诱导期到加速期的过渡，从而使第二放热峰出现的时间提前且峰值变大。从图 6.11、图 6.12 可知，HIPC 进入加速期的时间最短，这表明温度变化对高含量 C_4AF 的 HIPC 的促进作用更加显著。此外，在 20℃环境下，C_4AF 活性较低，反应较慢，因此需要更长的时间才能进入加速期。在 40℃环境下，MHC、HIPC 和 OPC 到达第二放热峰所需的时间依次减小，原因是 MHC 中的 C_3S 矿物较少，水化快，且 HIPC 次之。在 40℃环境与 20℃环境下，3 d 水化过程产生的累积放热量规律一致。

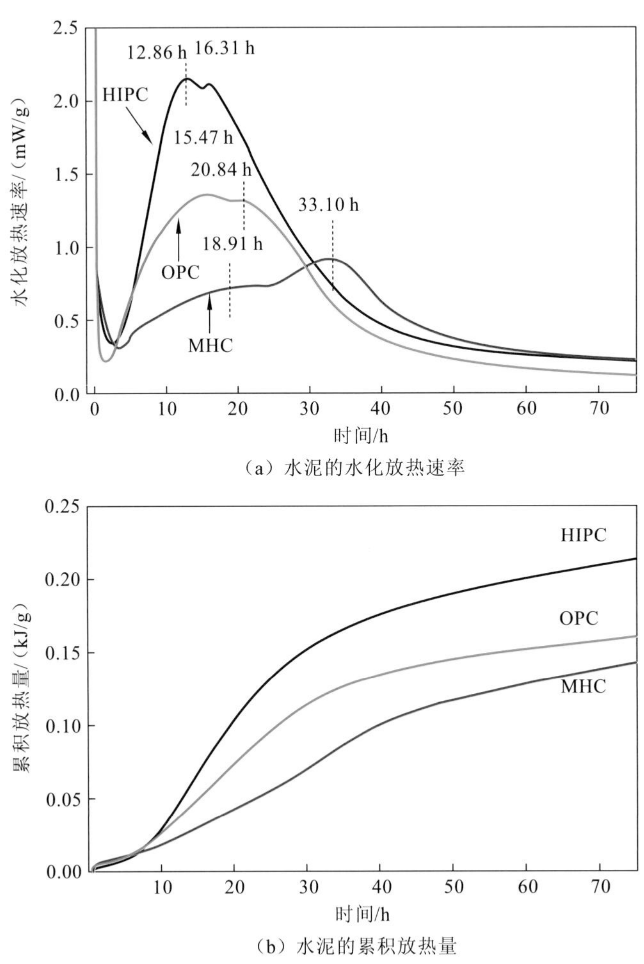

（a）水泥的水化放热速率

（b）水泥的累积放热量

图 6.11　20℃三种水泥的水化放热速率和累积放热

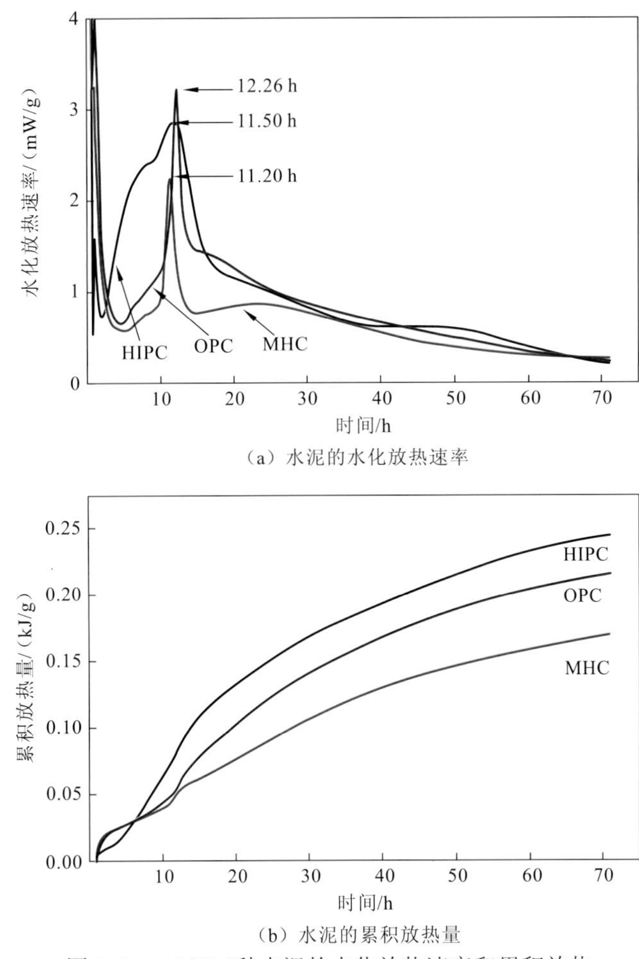

(a) 水泥的水化放热速率

(b) 水泥的累积放热量

图 6.12 40℃三种水泥的水化放热速率和累积放热

表 6.9 三种水泥的放热峰值及 3 d 累积放热量

水泥	第二放热峰时间/h		第二放热峰峰值/(mW/g)		3 d 累积放热量/(J/g)	
	20℃	40℃	20℃	40℃	20℃	40℃
HIPC	12.9	11.5	2.15	2.90	211	255
MHC	18.9	11.2	0.92	2.27	140	182
OPC	15.47	12.3	1.36	3.27	156	226

2. 氯离子渗透性

1)养护时间对氯离子渗透性的影响

在高温、高盐、高辐射和高湿的海洋环境下，珊瑚礁砂混凝土长期遭受海水的侵蚀，因此，提高珊瑚礁砂混凝土抗氯离子渗透性的研究是亟待进行的，而第4章表明矿物掺合料有利于提高珊瑚礁砂混凝土的抗氯离子渗透性。混凝土属于三相体，浆体的渗透性大小也会影响珊瑚礁砂混凝土的抗氯离子渗透性能，因此有必要开展浆体抗氯离子渗透性的研究。在实际工程中，用渗透性表示水泥基材料的耐久性[79]，因此本节开展养护龄期及温度对不同品种水泥抗氯离子渗透性能影响的研究。

在不同养护龄期下，三种水泥的电通量见图 6.13。从图 6.13 可知，三种水泥在 28 d 养护龄期下的电通量均较高，且高于 1 000 C，其中 HIPC 的电通量达到了 8 000 C，说明其抗氯离子渗透性能极差。随着养护的继续进行，三种水泥的电通量呈现降低趋势，但是养护龄期达到 120 d 时其电通量仍然在 3 000 C 以上。显然，无论是何种水泥，不掺矿物掺合料的纯水泥浆体均不能达到海工构筑物抗氯离子渗透性能的要求。

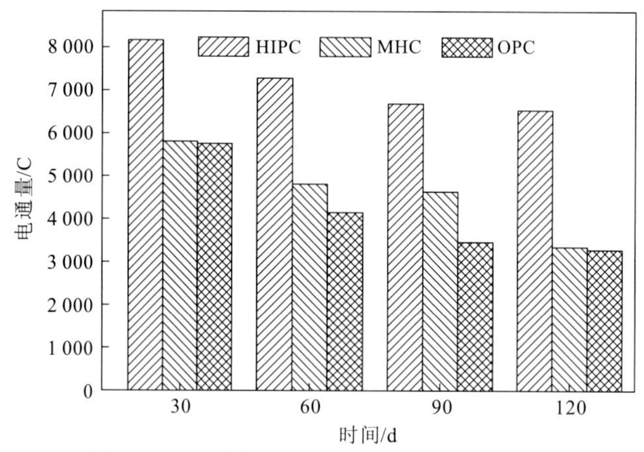

图 6.13　三种水泥不同养护龄期下的电通量

2）温度对氯离子渗透性的影响

三种水泥在 20 ℃和 40 ℃环境下 28 d 的电通量见图 6.14。当温度从 20 ℃提高到 40 ℃时，HIPC 在 28 d 龄期的电通量从 8 181 C 降到了 4 353 C，降低了 46.79%；MHC 在 28 d

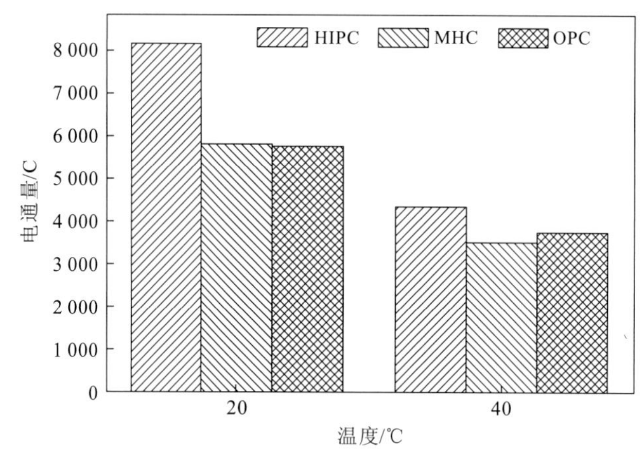

图 6.14　不同水泥在 20 ℃和 40 ℃环境下的 28 d 电通量

龄期的电通量由 5 828 C 降到了 3 548 C，降低了 39.12%；OPC 在 28 d 龄期的电通量由 5 771 C 降到了 3 765 C，降低了 34.76%。这表明适当地提高养护温度可以降低浆体的电通量，且 HIPC 的抗氯离子渗透性受温度的影响较大，这个结果与水化热试验结果一致。

3. 三种水泥在盐溶液中的侵蚀

不同水泥（HIPC、MHC、OPC）分别在水中、浓度为 5%的 NaCl、Na_2SO_4 和 $MgSO_4$ 溶液中不同龄期的抗折强度、抗压强度及抗侵蚀系数的变化见图 6.15～图 6.21。在水中，三种水泥不同龄期的抗折强度变化不大，但是抗压强度随着养护龄期的延长存在先增后减的趋势，这说明水对浆体的抗折强度和抗压强度影响不大。

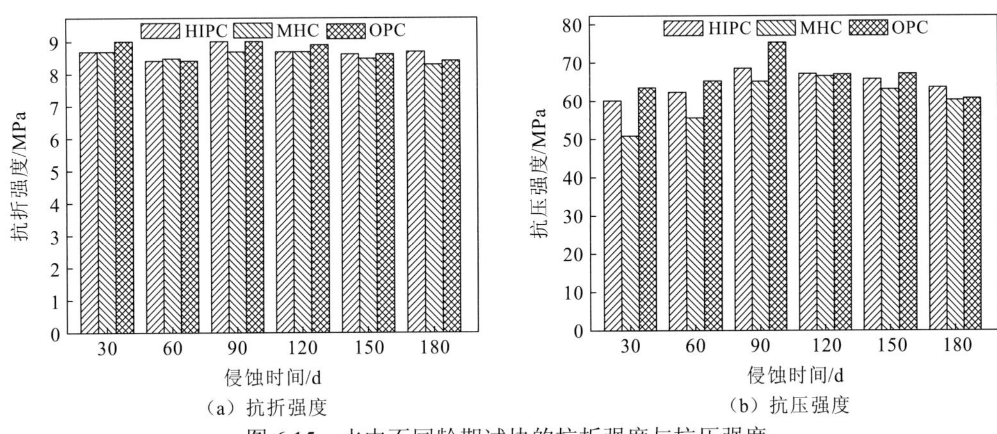

（a）抗折强度　　（b）抗压强度

图 6.15　水中不同龄期试块的抗折强度与抗压强度

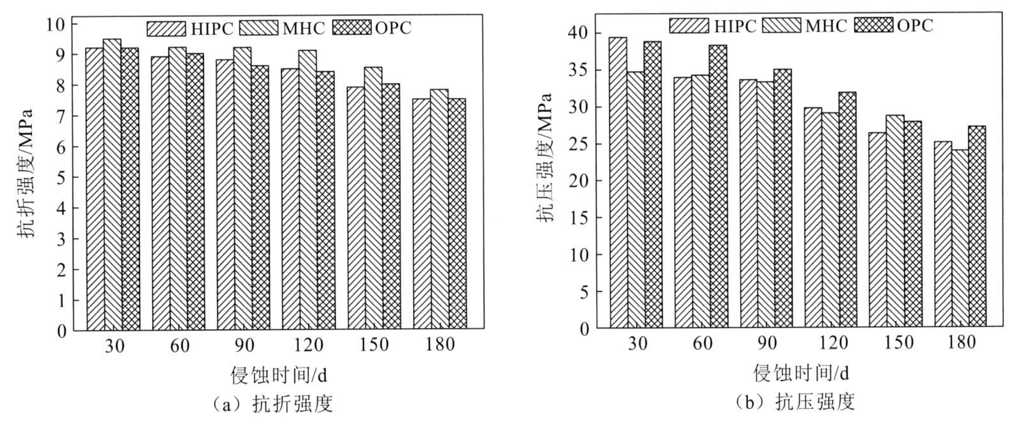

（a）抗折强度　　（b）抗压强度

图 6.16　浓度为 5%的 NaCl 溶液中体系的抗折强度与抗压强度变化

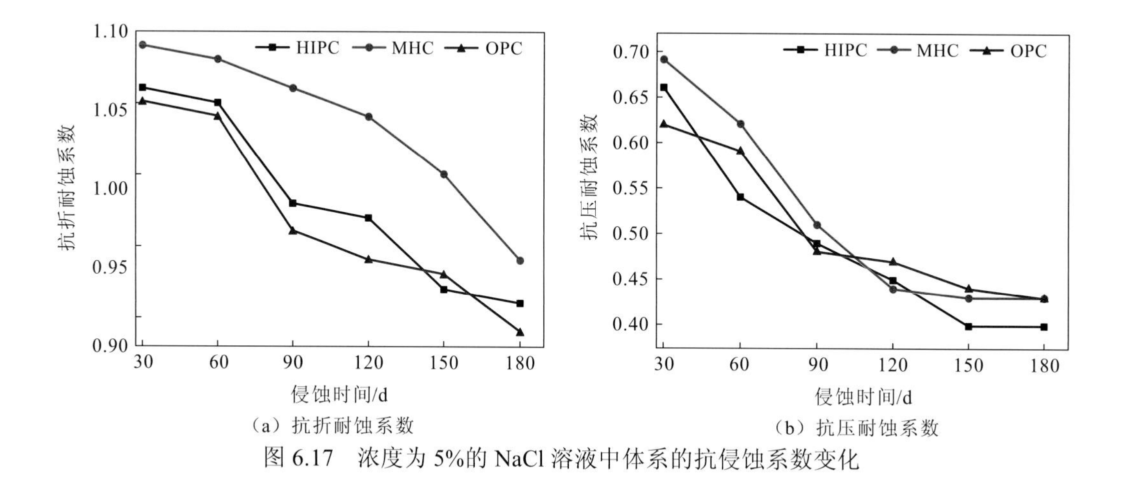

（a）抗折耐蚀系数　　（b）抗压耐蚀系数

图 6.17　浓度为 5%的 NaCl 溶液中体系的抗侵蚀系数变化

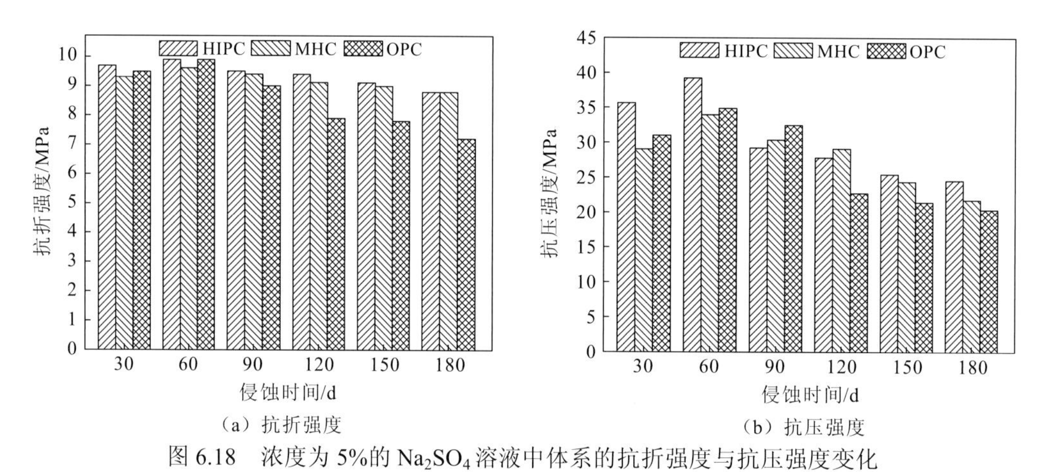

（a）抗折强度　　（b）抗压强度

图 6.18　浓度为 5%的 Na_2SO_4 溶液中体系的抗折强度与抗压强度变化

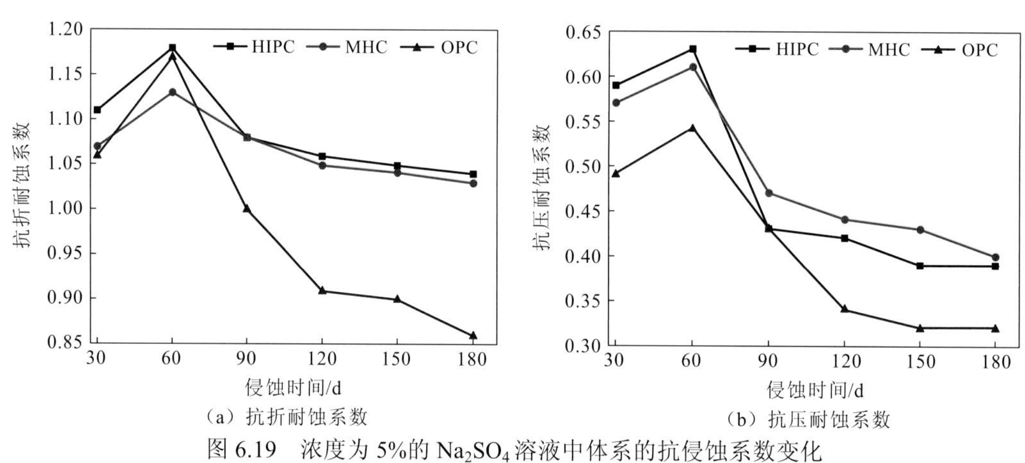

（a）抗折耐蚀系数　　（b）抗压耐蚀系数

图 6.19　浓度为 5%的 Na_2SO_4 溶液中体系的抗侵蚀系数变化

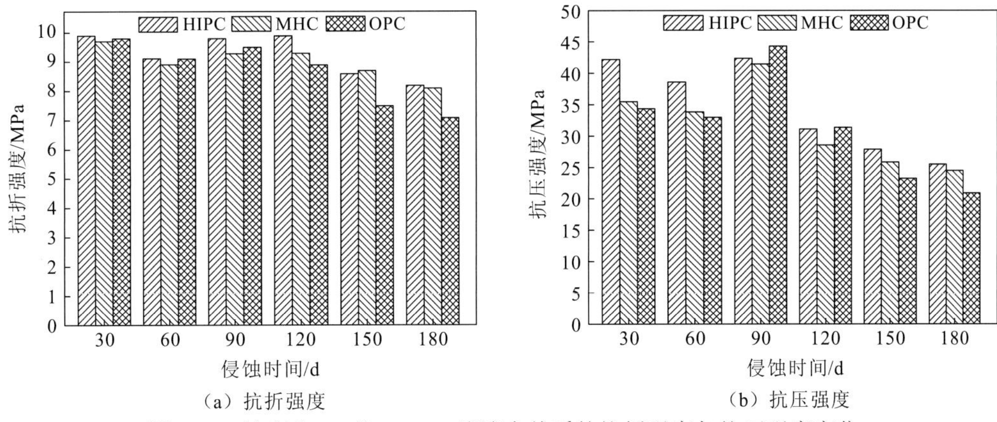

（a）抗折强度　　（b）抗压强度

图 6.20　浓度为 5%的 $MgSO_4$ 溶液中体系的抗折强度与抗压强度变化

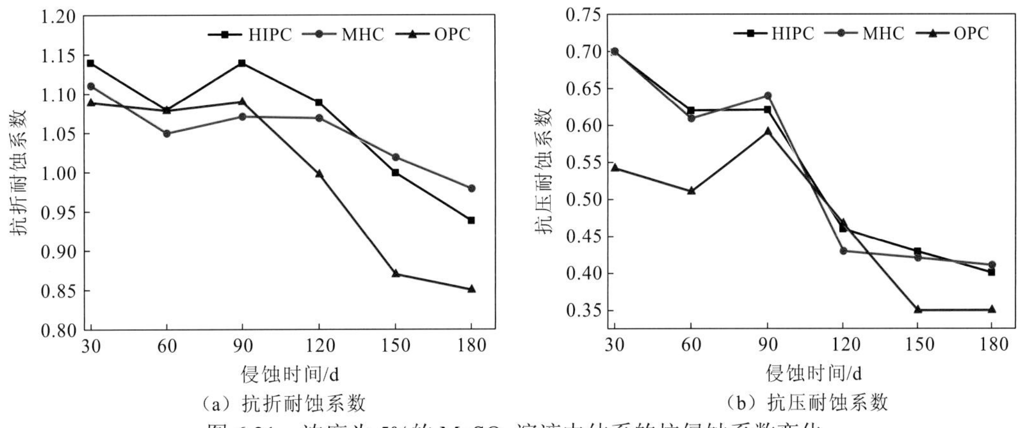

（a）抗折耐蚀系数　　（b）抗压耐蚀系数

图 6.21　浓度为 5%的 $MgSO_4$ 溶液中体系的抗侵蚀系数变化

在浓度为 5%的 NaCl 溶液中，三种水泥的抗折强度、抗压强度、抗折耐蚀系数 K 和抗压耐蚀系数 K_C 随着养护时间的延长逐渐下降；当浆体浸泡时间超过 90 d 时，HIPC 和 OPC 的抗折耐蚀系数 K 均小于 1，这表明试块的内部结构已发生破坏；HIPC 试块在 150 d 后的抗折耐蚀系数 K 基本上达到稳定，但是 MHC 和 OPC 试块的抗折耐蚀系数 K 仍存在明显的下降趋势。

在浓度为 5%的 NaCl 溶液中，HIPC 在前 150 d 的抗折耐蚀系数 K 位于 MHC 和 OPC 中间，但是其 150 d 后的抗折耐蚀系数最小，但有稳定的趋势，这表明 HIPC 早期的抗氯离子侵蚀性能一般，但在后期能尽快达到稳定，减缓了试块的破坏。

在浓度为 5%的 Na_2SO_4 溶液中，三种水泥前 60 d 的抗折强度与抗压强度随养护龄期的延长而增大，但 60 d 后的抗折强度与抗压强度随养护龄期的延长而减小，并且抗折耐蚀系数 K 与抗压耐蚀系数 K_C 随养护龄期的变化趋势与其一致；当浸泡时间超过 90 d 时，OPC 试块的抗折耐蚀系数 K 小于 1，且下降十分明显，但是 HIPC 和 MHC 试块的抗折耐蚀系数 K 均大于 1，且 HIPC 试块的抗折耐蚀系数较 MHC 试块高；在浸泡 90 d 后，HIPC 的抗折耐蚀系数 K 和抗压耐蚀系数 K_C 基本上趋于平缓。

在侵蚀前期，浆体反应产物中存在石膏或 AFt，浆体固相体积部分膨胀，使得浆体内部的孔结构细化，试件紧密性提高，因此浆体前 60 d 的抗折强度与抗压强度随养护龄期的延长而增大；当侵蚀发生到一定程度时，浆体中大量存在石膏或 AFt 等有害的膨胀物质，试件局部承受过大的膨胀压力，使得试块内部产生裂缝，这也为 SO_4^{2-} 进入试件内部提供了通道，导致侵蚀加速，降低了浆体的后期抗折强度与抗压强度。

HIPC、MHC 和 OPC 改善硫酸盐侵蚀的效果依次减小，其中 HIPC 改善的效果最好，原因是 HIPC 中含有的矿物相 C_3A 和 C_3S 与另外两种水泥相比较少，而 C_3A 是形成 AFt 的前提条件，故矿物相 C_3A 的含量直接影响浆体 AFt 的数量。此外，$Ca(OH)_2$ 主要由 C_3S 在反应过程中形成，而 $Ca(OH)_2$ 也是形成 AFt 和石膏的条件，这就是 HIPC 在硫酸盐溶液中抗侵蚀性能效果较好的原因。

在浓度为 5%的 $MgSO_4$ 溶液中，三种水泥的抗折耐蚀系数与抗压耐蚀系数可分为三个阶段：在浸泡 30～60 d 内，其抗侵蚀系数呈降低的趋势；在浸泡 60～90 d 内，其抗侵蚀系数呈增加的趋势；在浸泡 90～180 d 内，其抗侵蚀系数呈下降的趋势。究其原因是，在 $MgSO_4$ 溶液中，浆体水化会生成石膏、钙矾石、$Mg(OH)_2$ 无胶凝性能的水化硅酸镁（以下简称“M-S-H”），其中 M-S-H 会降低浆体的抗折强度与抗压强度，随着反应的持续，生成的 $Mg(OH)_2$ 和石膏会覆盖在试块表面，从而阻止 Mg^{2+} 和 SO_4^{2-} 进入试块内部与水化产物发生反应，因此 60～90 d 的抗侵蚀系数会有所增加。但是通过扩散作用进入浆体内部的 Mg^{2+} 和 SO_4^{2-} 与浆体反应生成石膏和 AFt，其膨胀压力使覆盖在浆体表面的 $Mg(OH)_2$ 和石膏层破裂，从而为 Mg^{2+} 和 SO_4^{2-} 进入试块内部提供了便利的通道，进而与水化产物发生化学反应生成更多的石膏和钙矾石，致使第三阶段的抗侵蚀系数呈现降低的趋势。

在硫酸镁溶液中，前 120 d，HIPC 抵抗硫酸镁侵蚀的性能最好，120 d 后，HIPC 抵抗硫酸镁侵蚀的效果介于其他两种水泥之间。这说明含铁相较高的 HIPC 在硫酸镁溶液中的抗侵蚀性能最好。

综上所述，HIPC 分别在浓度为 5%的 Na_2SO_4 和 $MgSO_4$ 溶液中表现出较好的抗侵蚀性能，这与 HIPC 中矿物相 C_3A 少，减少了有害膨胀性物质（钙矾石和石膏）的量有关。但是 HIPC 在浓度为 5%的 NaCl 溶液中的抗侵蚀能力较差，这与预想中的 HIPC 中的高 C_4AF 可以固化氯离子，生成 Friedle′s 盐，提高抗氯离子侵蚀有较大差距。

4. 侵蚀机理分析

本微观试验主要研究侵蚀试件内部凝胶结构的变化及生成的各种水化产物。本试验采用 XRD 分析浆体在不同侵蚀溶液中的水化产物，研究不同盐溶液对体系水化产物的影响；利用热分析试验进一步验证不同侵蚀溶液对水化产物的影响；并结合 SEM 观察水化产物的微观结构和形貌。

1）XRD 分析

不同净浆分别在浓度为 5%的 NaCl、Na_2SO_4 和 $MgSO_4$ 溶液中养护，利用 XRD 测试其水化产物，结果如图 6.22～图 6.24 所示。18°(2θ)是 $Ca(OH)_2$ 的衍射峰，石膏的衍射峰在 12°左右，AFt（钙矾石）的衍射峰在 9°和 16°左右，其中 9°为最强峰，11°左右为 F 盐。

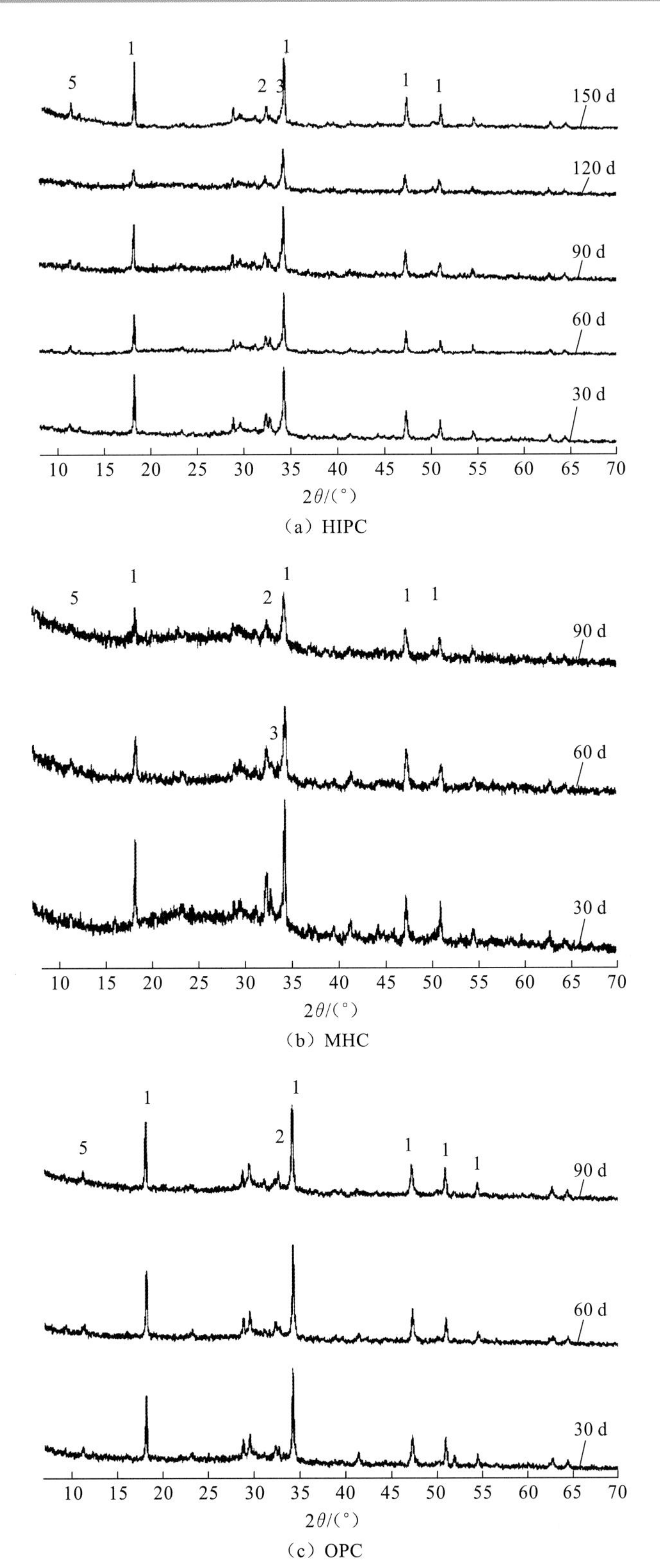

图 6.22　HIPC、MHC、OPC 在浓度为 5%的 NaCl 溶液中养护，不同龄期的 XRD 谱图

1-CH；2-C_3S；3-C_2S；5-F

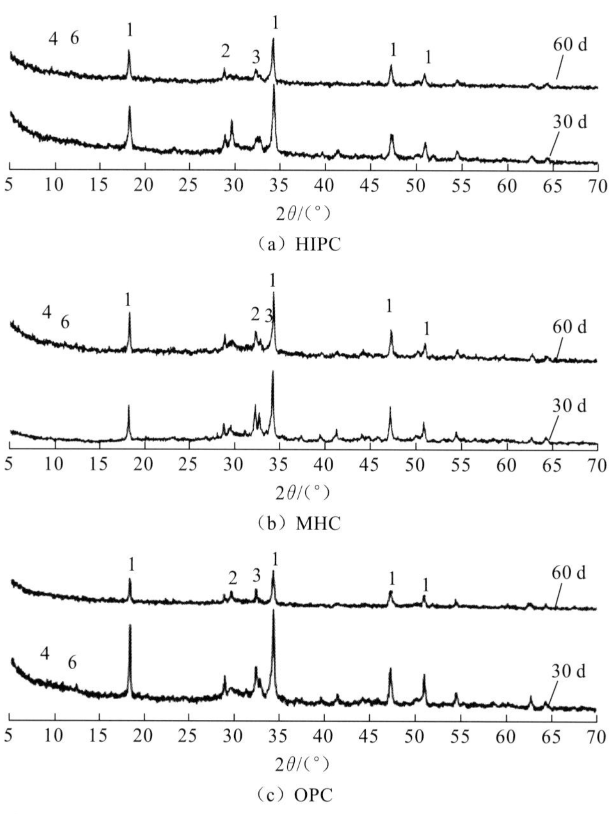

（a）HIPC

（b）MHC

（c）OPC

图 6.23　HIPC、MHC、OPC 在浓度为 5%的 Na_2SO_4 溶液中养护，不同龄期的 XRD 谱图

1-$Ca(OH)_2$；2-C_3S；3-C_2S；4-AFt；6-$CaSO_4 \cdot 2H_2O$

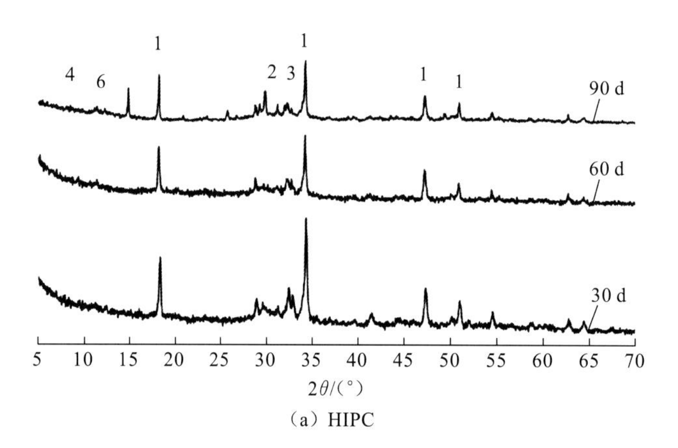

（a）HIPC

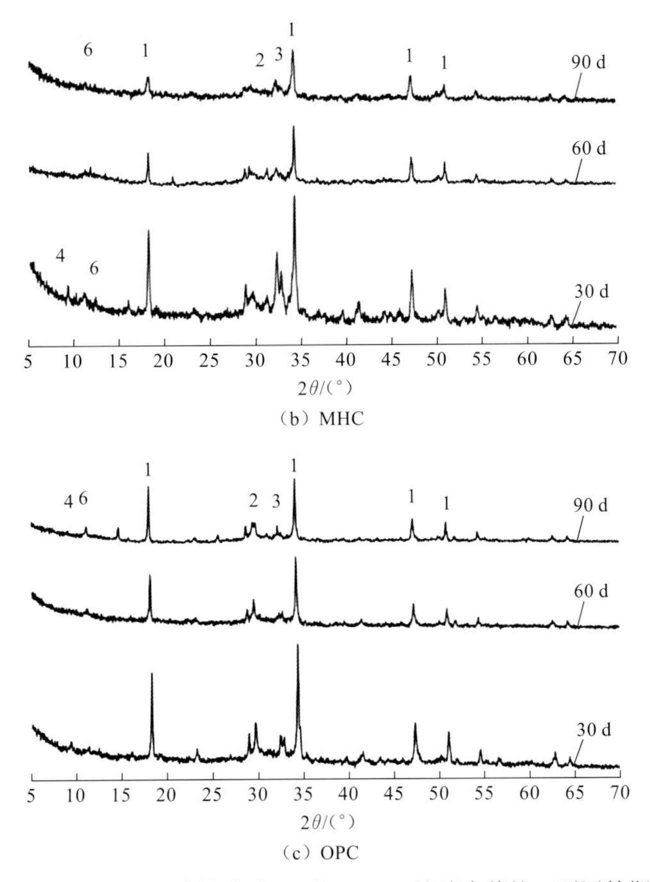

（b）MHC

（c）OPC

图 6.24　HIPC、MHC、OPC 在浓度为 5%的 $MgSO_4$ 溶液中养护，不同龄期的 XRD 谱图

1-$Ca(OH)_2$；2-C_3S；3-C_2S；4-AFt；6-Gypsum

HIPC、MHC、OPC 在浓度为 5%的 NaCl 溶液中养护，不同龄期的 XRD 谱图见图 6.22。在浓度为 5%的 NaCl 溶液中，随着时间的延长，三种水泥体系生成的水化产物主要为 $Ca(OH)_2$ 和 F 盐。但是 $Ca(OH)_2$ 的衍射峰强度减小，表明 $Ca(OH)_2$ 在水化过程中发生了化学反应而被消耗，并且有 F 盐的衍射峰存在。因此，可判断溶液中的 Cl^- 进入试块内部，与 $Ca(OH)_2$ 作用，可表示为

$$Cl^-+Ca(OH)_2 \longrightarrow CaCl_2+2OH^- \tag{6.6}$$

$$CaCl_2+3CaO\cdot Al_2O_3\cdot 6H_2O \longrightarrow 3CaO\cdot Al_2O_3\cdot CaCl_2\cdot 10H_2O \tag{6.7}$$

F 盐能增加试件的密度，也可固化一定的氯离子，从而减少氯离子与 $Ca(OH)_2$ 反应生成结构疏松的 $CaCl_2$，因此浸泡时间小于 90 d 时，抗折耐蚀系数 $K>1$。

MHC 在浓度为 5%的 NaCl 溶液中，水化产物 $Ca(OH)_2$ 的衍射峰强度的变化与 HIPC 一致，而 OPC 试块中 $Ca(OH)_2$ 的衍射峰强度几乎没有发生变化，即在侵蚀过程中生成的 F 盐较少，使其试块在 60 d 时出现抗折耐蚀系数 $K<1$ 的现象。

HIPC、MHC、OPC 在浓度为 5%的 Na_2SO_4 溶液中养护，不同龄期的 XRD 谱图见图 6.23。在浓度为 5%的 Na_2SO_4 溶液中，三种铁相水泥体系的水化产物均为 $Ca(OH)_2$、

AFt 和石膏，但是 AFt 和石膏的衍射峰较弱，$Ca(OH)_2$ 的衍射峰随侵蚀时间的延长而逐渐减弱，这说明在侵蚀过程中，$Ca(OH)_2$ 参与了反应。体系中孔隙的存在使 SO_4^{2-} 向水泥基材料内部移动，另外体系中水化产物 OH^- 和 Ca^{2+} 不断向外界溶出。因此，SO_4^{2-} 首先与 $Ca(OH)_2$ 相遇，形成硫酸钙后，再与水化铝酸钙或 AFm 反应，导致 AFt[214]的出现。

$$Ca(OH)_2+SO_4^{2-} \longrightarrow CaSO_4+2OH^- \tag{6.8}$$

$$4CaO \cdot Al_2O_3 \cdot 19H_2O+CaSO_4+SO_4^{2-}+H_2O \longrightarrow 3CaO \cdot Al_2O_3 \cdot 3CaSO_4 \cdot 32H_2O+OH^- \tag{6.9}$$

$$3CaO \cdot Al_2O_3 \cdot CaSO_4 \cdot 18H_2O+CaSO_4+H_2O \longrightarrow 3CaO \cdot Al_2O_3 \cdot 3CaSO_4 \cdot 32H_2O+OH^- \tag{6.10}$$

另外，SO_4^{2-} 浓度较高的环境会使体系中的 $Ca(OH)_2$ 可以直接与 SO_4^{2-} 作用，从而促进石膏的生成。

$$Ca(OH)_2+SO_4^{2-}+H_2O \longrightarrow CaSO_4 \cdot 2H_2O+OH^- \tag{6.11}$$

$$3CaO \cdot 2SiO_2 \cdot 3H_2O+SO_4^{2-}+H_2O \longrightarrow CaSO_4 \cdot 2H_2O+OH^-+SiO_2 \cdot H_2O \tag{6.12}$$

从图 6.23 可知，在侵蚀早期，石膏和 AFt 的衍射峰强度较弱，并不是十分明显。

HIPC、MHC、OPC 在浓度为 5%的 $MgSO_4$ 溶液中养护，不同龄期的 XRD 谱图见图 6.24。在浓度为 5%的 $MgSO_4$ 溶液中，$Ca(OH)_2$、石膏和 AFt 为其主要的水化产物，但是 AFt 和石膏的衍射峰较浓度为 5%的 Na_2SO_4 溶液明显，并且随侵蚀时间的延长，$Ca(OH)_2$ 的衍射峰减弱，这说明在侵蚀过程中 $Ca(OH)_2$ 发生了化学反应。另外，在浓度为 5%的 $MgSO_4$ 溶液中，试件表面无脱落特点，但 K 随着养护时间的延长有所降低，并因 K 过低，其抗侵蚀性能减弱。试件的破坏主要是因为 Mg^{2+} 与 $Ca(OH)_2$ 发生化学反应生成无胶结的 $Mg(OH)_2$，并造成 pH 的降低和 AFt 的分解，使得浆体的内部结构疏松，抗侵蚀性能降低。$MgSO_4$ 与水泥水化产物发生的反应可用下列公式表示：

$$Ca(OH)_2+Mg^{2+} \longrightarrow Mg(OH)_2+Ca^{2+} \tag{6.13}$$

$$3CaO \cdot Al_2O_3 \cdot 3CaSO_4 \cdot 32H_2O \longrightarrow Al(OH)_3(gel)+Ca(OH)_2+CaSO_4 \cdot 2H_2O+H_2O \tag{6.14}$$

$$C\text{-}S\text{-}H+MgSO_4+H_2O \longrightarrow Mg(OH)_2+CaSO_4 \cdot 2H_2O+SiO_2 \cdot H_2O \tag{6.15}$$

$$Mg(OH)_2+SiO_2 \cdot H_2O \longrightarrow M\text{-}S\text{-}H+H_2O \tag{6.16}$$

$MgSO_4$ 溶液与水泥水化产物作用时，一方面，表面形成的 $Mg(OH)_2$ 薄膜会阻碍 $MgSO_4$ 向试件内部渗透，在一定程度上降低了 $MgSO_4$ 溶液对试件的不利影响；另一方面，一系列反应生成的石膏、钙矾石会导致结构疏松，加快 $MgSO_4$ 向试件内部的渗透，从而使水泥基材料的侵蚀加剧。

2）热分析

热分析试验是通过物质升温后发生的质量变化来判断试样的物相组成[215-216]。在曲线上可以明显观察到 AFt、$Ca(OH)_2$、$CaCO_3$ 的吸热峰。

对浸泡在不同盐溶液的净浆进行热分析，其结果如图 6.25～图 6.27 所示。由现有文献及资料可知，吸附水在 50℃左右发生脱除；AFt 在 80～130℃会吸热脱水转化为 AFm，AFm 在 270℃左右脱水；石膏在 130～150℃发生脱水转化为 $CaSO_4 \cdot 0.5H_2O$，170℃进一步脱水形成 $CaSO_4$；$Ca(OH)_2$ 在 450℃左右发生脱水；$Ca(OH)_2$ 在 700℃左右发生部分碳化，从而导致 $CaCO_3$ 的失重；F 盐在 100～200 ℃也会发生吸热脱水。AFt 相失水是由其内部附着的水开始的，之后生成 AFm。

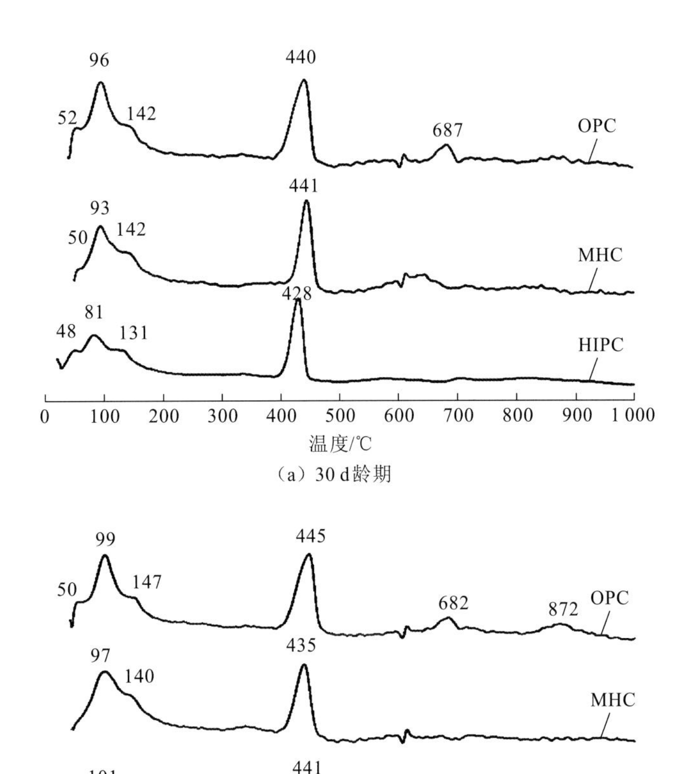

（a）30 d龄期

（b）60 d龄期

图 6.25　三种水泥在浓度为 5%的 NaCl 溶液中不同龄期的热分析图

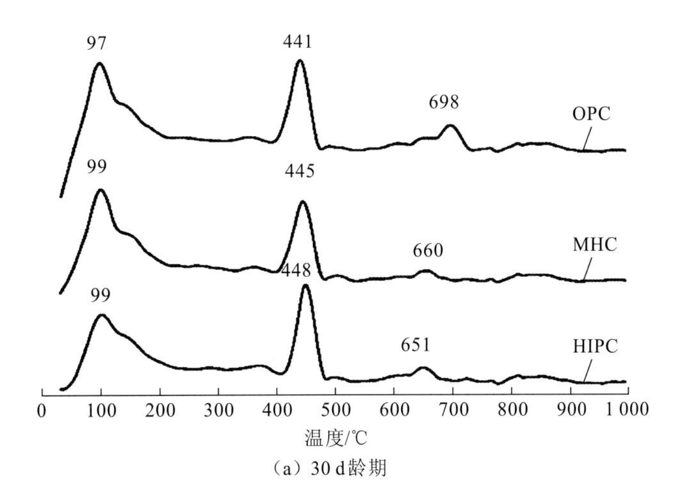

（a）30 d龄期

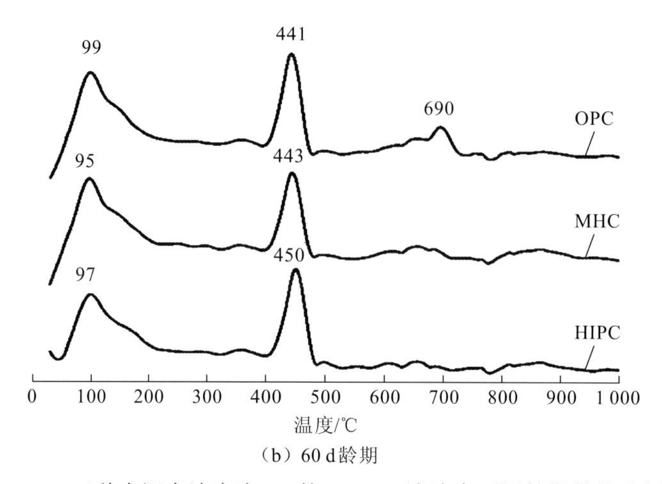

（b）60 d龄期

图 6.26　三种水泥在浓度为 5%的 Na_2SO_4 溶液中不同龄期的热分析图

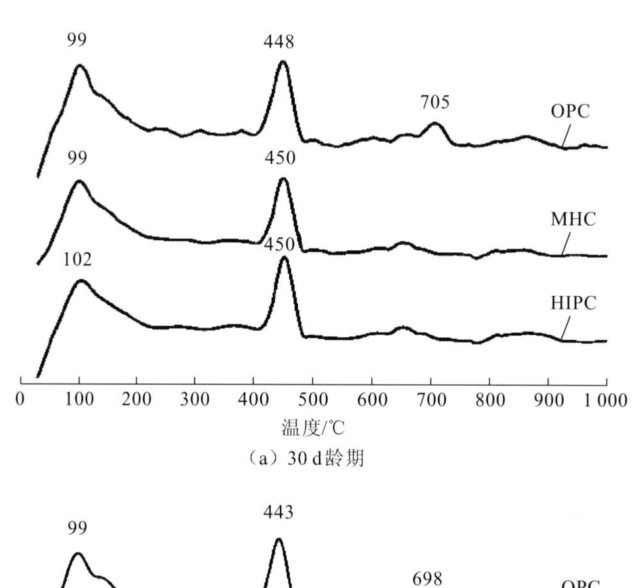

（a）30 d龄期

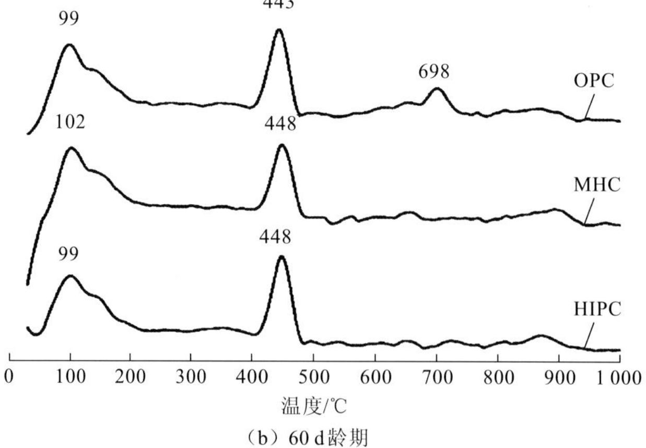

（b）60 d龄期

图 6.27　三种水泥在浓度为 5%的 $MgSO_4$ 溶液中不同龄期的热分析图

由图 6.25 可知，水泥净浆在浓度为 5%的 NaCl 溶液中时，AFt 在 90 ℃左右脱水而产生吸热峰；F 盐在 140 ℃左右发生分解而产生吸热峰，但峰较弱；$Ca(OH)_2$ 在 450 ℃发生脱水，各种物质的存在与 XRD 测试一致。

如图 6.26、图 6.27 所示，水泥净浆分别在浓度为 5%的 Na_2SO_4 和 $MgSO_4$ 溶液中时，90 ℃左右的吸热峰是 AFt 脱水时出现的；150 ℃左右的峰肩为二水石膏发生脱水转化为 $CaSO_4{\cdot}0.5H_2O$，170 ℃进一步脱水形成 $CaSO_4$；450 ℃对应的是 $Ca(OH)_2$ 脱水，各种物质的存在与 XRD 测试一致。

3）SEM 分析

HIPC、MHC、OPC 在浓度为 5%的 NaCl 溶液中不同龄期的 SEM 图分别见图 6.28～图 6.30。图 6.28 为 HIPC 试块在浓度为 5%的 NaCl 溶液中分别养护 30 d、90 d 的 SEM 图。浸泡 30 d 时，可以看到，有针棒状的 AFt、六角板状的 $Ca(OH)_2$ 及絮状的 C-S-H 生成。随着养护的继续进行，微裂纹慢慢出现，这些微裂纹的存在会使盐溶液中的侵蚀离子更快进入试块内部，从而加速试块的破坏，导致其抗折强度、抗压强度不断降低，抗氯盐侵蚀的性能降低。

（a）30 d龄期　　（b）90 d龄期

图 6.28　HIPC 在浓度为 5%的 NaCl 溶液中不同龄期的 SEM 图

（a）30 d龄期

（b）60 d龄期

图 6.29　MHC 在浓度为 5%的 NaCl 溶液中不同龄期的 SEM 图

（a）30 d龄期

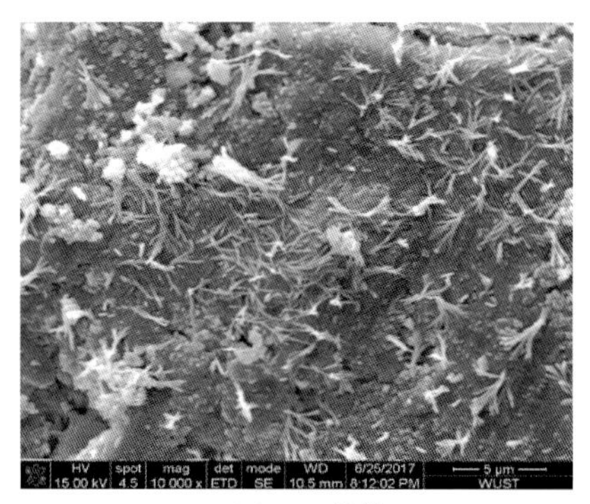

（b）60 d龄期

图 6.30　OPC 在浓度为 5%的 NaCl 溶液中不同龄期的 SEM 图

图 6.31～图 6.33 分别为 HIPC、MHC、OPC 在浓度为 5%的 Na_2SO_4 溶液中不同龄期的 SEM 图。由图 6.31 可知，浸泡 30 d 时的浆体有针棒状的 AFt、六角板状的 $Ca(OH)_2$、柱状的石膏及大量絮状的 C-S-H 凝胶生成，使水泥石结构更加紧密，从而提高浆体早期抗硫酸盐侵蚀的性能。随着侵蚀时间的增加，浆体表面变为疏松，并伴有微裂缝的产生，从 SEM 图中可以发现大量针棒状的 AFt 和柱状的石膏出现在孔隙中，大量有害膨胀性物质（石膏或 AFt）的生成，使试件局部膨胀压力过大，微裂缝慢慢出现，这为 SO_4^{2-} 进入试块内部提供了通道，从而加速了浆体的侵蚀，因此导致其后期抗折强度与抗压强度呈逐渐降低的趋势。

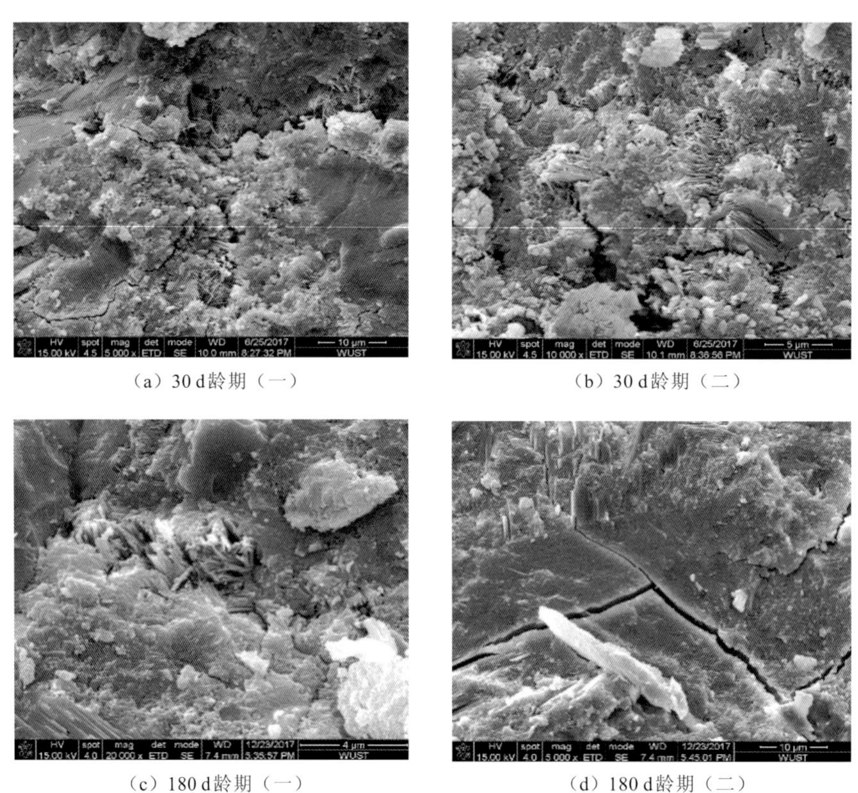

（a）30 d龄期（一）　（b）30 d龄期（二）

（c）180 d龄期（一）　（d）180 d龄期（二）

图 6.31　HIPC 在浓度为 5%的 Na_2SO_4 溶液中不同龄期的 SEM 图

（a）180 d龄期（一）

（b）180 d龄期（二）

图 6.32　MHC 在浓度为 5%的 Na_2SO_4 溶液中 180 d 龄期的 SEM 图

（a）180 d龄期（一）

（b）180 d龄期（二）

图 6.33　OPC 在浓度为 5%的 Na_2SO_4 溶液中 180 d 龄期的 SEM 图

图 6.34 为 HIPC、MHC、OPC 在浓度为 5%的 $MgSO_4$ 溶液中 180 d 龄期的 SEM 图。从 6.34 图可知，浆体有细针棒状的 AFt、少量柱状的石膏及 C-S-H 生成，六角板状的 $Ca(OH)_2$ 显著减少，结构疏散，还伴有大量裂缝的产生，加快了 Mg^{2+}、SO_4^{2-} 渗透到水泥石内部的速率，使其结构遭到破坏，强度大大减小，抗侵蚀能力大大减小。

（a）HIPC-180 d龄期（一）

（b）HIPC-180 d龄期（二）

（c）MHC-180 d龄期（一）　　（d）MHC-180 d龄期（二）

（e）OPC-180 d龄期（一）　　（f）OPC-180 d龄期（二）

图 6.34　HIPC、MHC、OPC 在浓度为 5%的 $MgSO_4$ 溶液中 180 d 龄期的 SEM 图

6.2.4　单掺硅灰/粉煤灰对水泥体系的侵蚀影响

1. 单掺硅灰/粉煤灰对复合胶凝材料水化的影响

在珊瑚礁砂混凝土中，粉煤灰和硅灰是最常采用的矿物掺合料。本节以水泥为基体，研究粉煤灰、硅灰对水泥体系的水化过程、抗氯离子渗透性及在不同盐溶液中的抗侵蚀性能的影响，为探明珊瑚礁砂混凝土的侵蚀劣化机制做铺垫。

1）20 ℃下单掺硅灰/粉煤灰对复合胶凝材料早期水化的影响

20 ℃时粉煤灰/硅灰-HIPC 体系的水化放热速率和累积放热量图见图 6.35、图 6.36。由图 6.35、图 6.36 可知，累积放热量随掺合料的增加而逐渐降低，从而降低了体系初期的水化热。另外，不同的矿物掺合料降低累积放热量的程度不同，因为硅灰中 SiO_2 的活性大于粉煤灰，在水化反应前期，硅灰的比表面积较大，加快了水泥的水化反应，使得累积放热量变大，同时可能导致细微裂缝的产生。对于硅灰-水泥体系，由于硅灰掺量的增加，缩短了浆体到达第二放热峰所用的时间；对于粉煤灰-水泥体系，由于粉煤灰掺量的增加，延长了第二放热峰所需的时间。整体而言，粉煤灰/硅灰-水泥体系在水化过程中到达第二放热峰的时间被延缓，其中粉煤灰-水泥体系所用时间最长，硅灰-水泥体系次之。

另外，当替代水泥量一定时，粉煤灰降低水泥体系水化热的程度较大，且粉煤灰-

水泥体系到达第二放热峰的时间大大延迟，原因是粉煤灰初期的活性较低，当浆体生成 $Ca(OH)_2$ 时才能增加其活性。

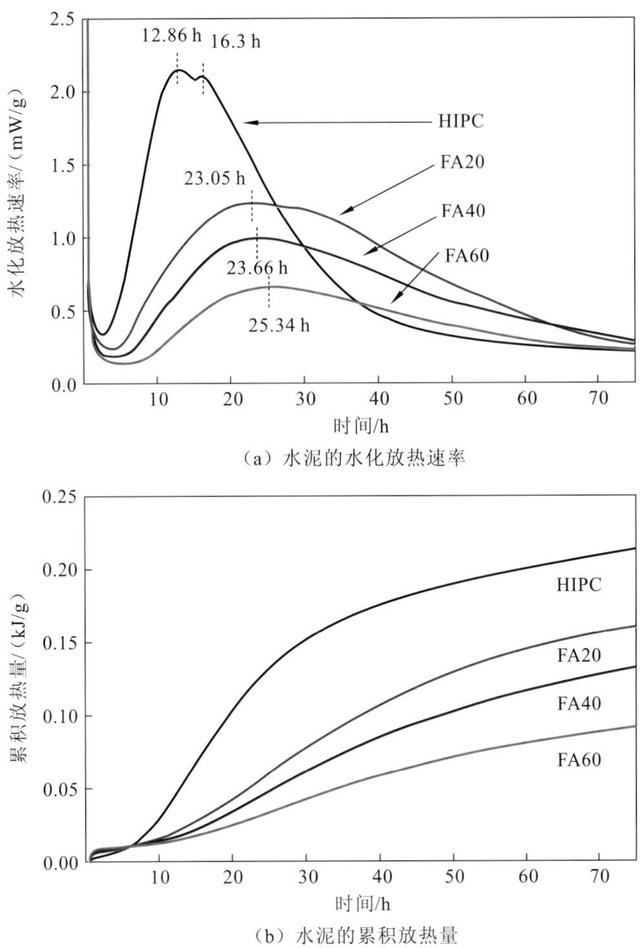

（a）水泥的水化放热速率

（b）水泥的累积放热量

图 6.35　20℃时粉煤灰-HIPC 体系的水化放热速率和累积放热量

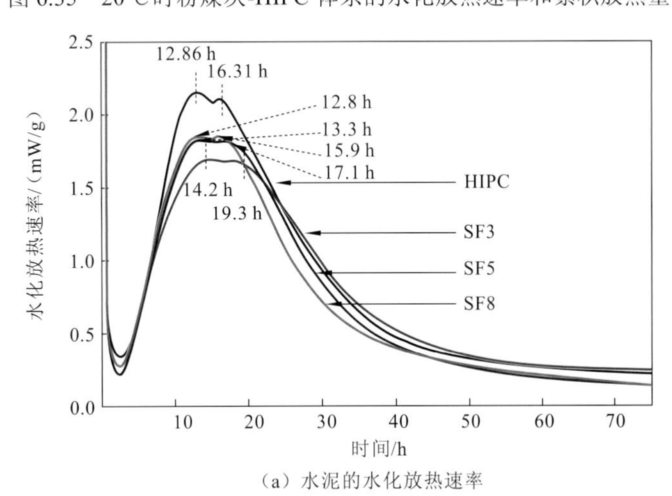

（a）水泥的水化放热速率

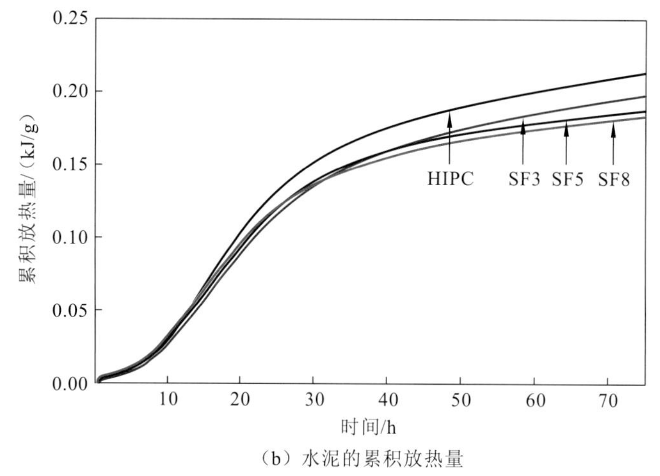

（b）水泥的累积放热量

图 6.36　20 ℃时硅灰-HIPC 体系的水化放热速率和累积放热量

2）40 ℃下单掺硅灰/粉煤灰对复合胶凝材料早期水化的影响

40 ℃时粉煤灰/硅灰-HIPC 体系的水化放热速率和累积放热量图见图 6.37、图 6.38。从图 6.37、图 6.38 中可知，对于粉煤灰-HIPC 体系，第二放热峰所用的时间随粉煤灰掺量的增加而延长；对于硅灰-水泥体系，到达第二放热峰所用的时间随随硅灰掺量的增加而缩短，这与粉煤灰-水泥体系相反。在整个水化过程中，粉煤灰-水泥体系在加速期的水化放热速率较硅灰-水泥体系小，但在加速期所用的时间较短，并且放热量较少。

整体而言，在 40 ℃时，粉煤灰/硅灰-水泥体系到达第二放热峰所用的时间较纯水泥短，即高温养护缩短了诱导期及加速期的持续时间；此外，高温养护提高了第二放热峰的峰值，增加了累积放热量，加速了体系内部的水化反应。由于水泥水化过程是一种化学反应，其反应快慢与温度相关，在一定范围内，温度越高，对其活化能的提高越显著，导致反应速率越快[217]。

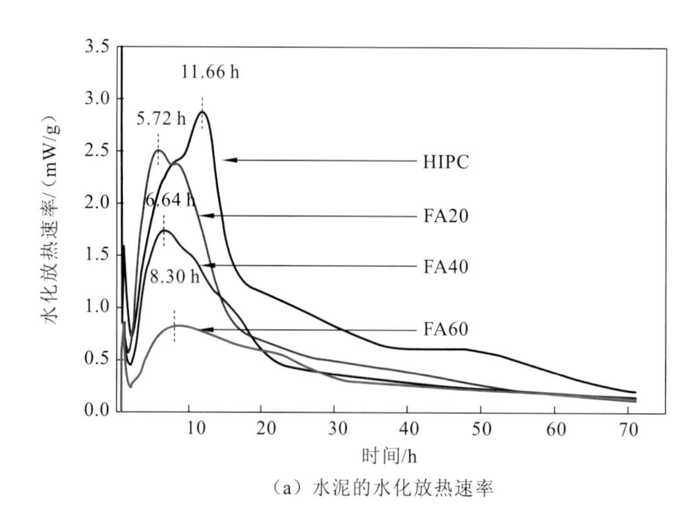

（a）水泥的水化放热速率

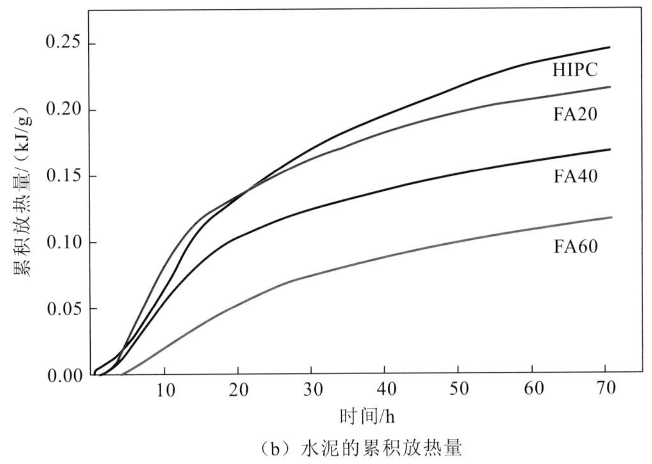

（b）水泥的累积放热量

图6.37　40℃时粉煤灰-HIPC体系的水化放热速率和累积放热量

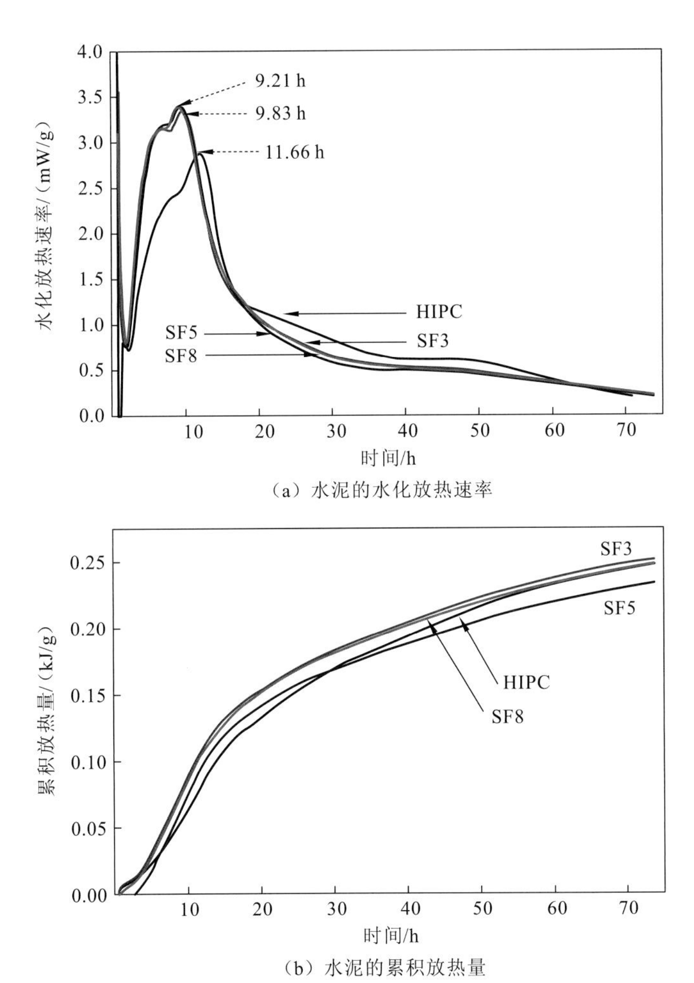

（a）水泥的水化放热速率

（b）水泥的累积放热量

图6.38　40℃时硅灰-HIPC体系的水化放热速率和累积放热量

2. 单掺硅灰/粉煤灰对复合胶凝材料抗氯离子渗透性的影响

1）养护龄期对单掺体系抗氯离子渗透性的影响

养护温度为20℃时，两种矿物掺合料对水泥体系在不同养护龄期抗氯离子渗透性的影响如图6.39（a）、（b）所示。在20℃养护环境下，浆体在不同龄期的电通量与粉煤灰替代量的关系如图6.39（a）所示，28 d龄期浆体的电通量较高，与高抗氯离子渗透性的水泥基材料在28 d的电通量低于1 000 C[218]相比，其抗氯离子渗透性极差。随着养护时间的延长，粉煤灰替代量为40%时的体系的电通量都最小，即粉煤灰的适宜替代量为40%；另外，不同掺量的粉煤灰-水泥体系的电通量仍高于3 000 C，表明20℃环境下养护的粉煤灰-HIPC体系的抗氯离子渗透性较差。砂浆置于20℃环境下养护，不同龄期的电通量与硅灰掺量的关系见图6.39（b），在20℃养护环境下，随着硅灰替代量的增加，体系的电通量减小，其中28 d的电通量最低，为2 000 C左右，相比粉煤灰，硅灰改善体系抗氯离子渗透性的优势更明显。随着养护时间的继续进行，120 d 部分体系的电通量低于 2 000 C，但仍达不到海洋工程建筑的要求[219]。因此，单掺粉煤灰和硅灰均能降低浆体的电通量，但仍超过1 000 C，故为提高海洋工程基础设施的耐久性还需进一步探索提高砂浆抗氯离子渗透性的措施。

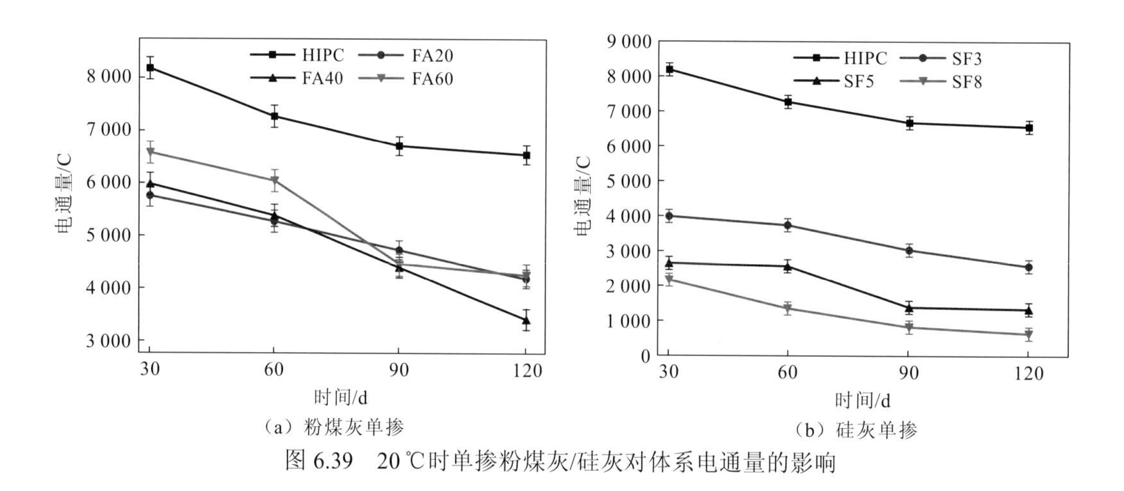

（a）粉煤灰单掺

（b）硅灰单掺

图6.39　20℃时单掺粉煤灰/硅灰对体系电通量的影响

2）温度对单掺体系抗氯离子渗透性的影响

养护温度对粉煤灰和硅灰单掺体系28 d抗氯离子渗透性的影响见图6.40。相对于20℃的养护温度，HIPC体系在养护温度为40℃下的电通量降低了46.8%，表明适当提高温度可以抑制HIPC的氯离子的渗透。对于粉煤灰/硅灰-HIPC体系，掺20%、40%、60%的粉煤灰时，其28 d电通量分别降为1 753 C、1 179 C、1 115 C，与养护温度为20℃时相比，分别降低了69.5%、80.3%、83.0%；掺3%、5%、8%的硅灰时，其28 d电通量分别为1 356 C、1 013 C、486 C，与20℃的养护温度相比，分别降低了65.8%、61.4%、

77.3%。由此可知，高温养护可降低体系的电通量，原因是体系的水化过程是化学反应，温度影响反应的快慢，在一定范围内，反应随温度的提高而大大加快，反应程度也随之增加。另外，高温养护不仅有助于水泥的水化，而且可以促进矿物掺合料自身的活性，从而加快二次反应，生成更多的水化产物，填充于孔隙[220-221]。此外，其与掺合料的填充作用会产生叠加效应，使水泥石结构更加密实[222-225]。因此，养护温度为 40 ℃时，两种单掺体系的 28 d 电通量大幅降低，其中掺 8%的硅灰使水泥体系在 28 d 龄期的电通量小于 1 000 C。综上所述，高温养护及掺入矿物掺合料较好地提高了复合胶凝材料的抗氯离子渗透效果，这为实际应用于海工结构物或是需要蒸养养护的预制构件提供了一定的基础。

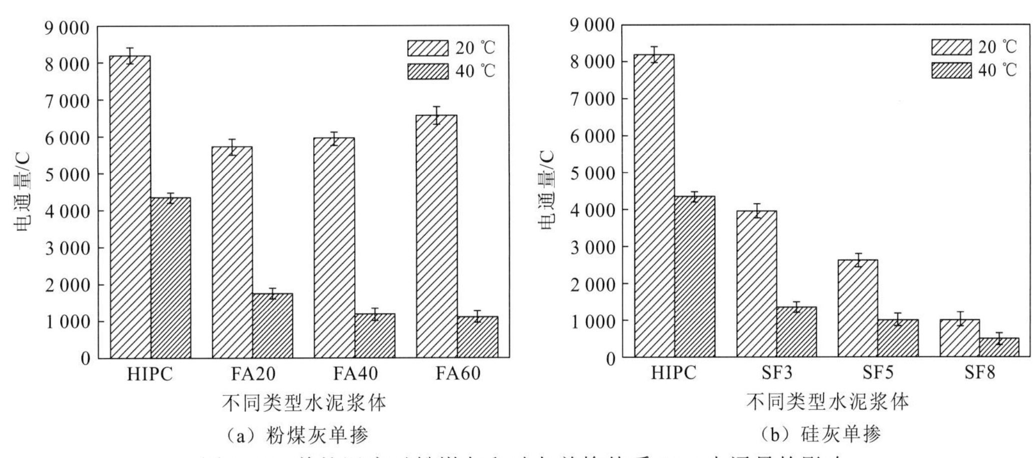

（a）粉煤灰单掺　　（b）硅灰单掺

图 6.40　养护温度对粉煤灰和硅灰单掺体系 28 d 电通量的影响

3. 矿物掺合料对复合胶凝材料抗离子侵蚀性能的影响

冯修吉等[226]、Beaudoin 等[227]、Scrivener 等[228]、Black 等[229]发现 C_4AF 是一种胶结性能良好的胶凝材料，不但具有早强的特点，而且可以提高其后期强度。同时，由 6.2.3 小节可知，HIPC 具有较好的抗 SO_4^{2-} 侵蚀性能。以下研究中均采用 HIPC。

1）单掺矿物掺合料复合胶凝材料的抗氯盐侵蚀性能

在浓度为 5%的 NaCl 溶液中养护的硅灰-HIPC 体系的抗折强度、抗压强度和抗折耐蚀系数 *K* 随着养护时间的变化见图 6.41、图 6.42。由图 6.41、图 6.42 可知，在浓度为 5%的 NaCl 溶液中，不同掺量的硅灰-水泥体系的抗折强度、抗压强度和抗折耐蚀系数随着养护时间的延长呈逐渐下降的趋势。试件的抗折强度与抗压强度随硅灰掺量的增加而增加，其中硅灰掺量为 5%和 8%的抗折强度变化不大。此外，养护 120 d 后，掺 5%硅灰的水泥体系的抗折耐蚀系数较掺 8%硅灰的水泥体系大，且硅灰-水泥体系在浸泡 180 d 时的抗氯盐侵蚀系数均大于 1。与纯 HIPC 体系相比，掺入硅灰的水泥体系的抗氯盐侵蚀系数由最初的 1.06 上升到 1.16 以上，表明硅灰增强了水泥的抗氯盐侵蚀性能。

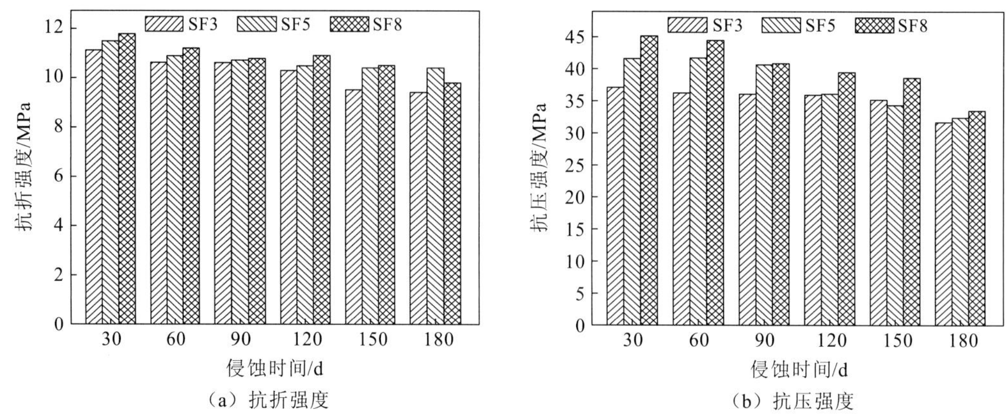

（a）抗折强度
（b）抗压强度

图 6.41　5%的 NaCl 溶液中硅灰-HIPC 体系的抗折强度与抗压强度

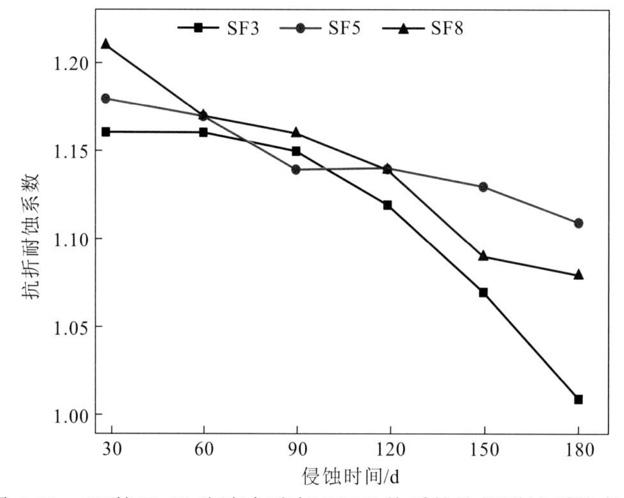

图 6.42　5%的 NaCl 溶液中硅灰-HIPC 体系的抗折耐蚀系数变化

浸泡在 5%的 NaCl 溶液中的粉煤灰-HIPC 体系的抗折强度、抗压强度及抗折耐蚀系数 K 随养护时间的变化分别如图 6.43、图 6.44 所示。在 5%的 NaCl 溶液中，在前 90 d 龄期，不同掺量粉煤灰-水泥体系的抗折强度、抗压强度和抗折耐蚀系数随养护龄期的延长而增大，但在 90 d 龄期后却相反；试件的抗折强度、抗压强度及抗折耐蚀系数随粉煤灰掺量的增加而降低；在 40%粉煤灰-HIPC 体系中，前 60 d 的抗折强度、抗压强度与抗折耐蚀系数均小于 20%粉煤灰-HIPC 体系，60 d 后有超过的趋势；浸泡时间为 180 d 时，粉煤灰-水泥体系的抗氯盐侵蚀系数均大于 1；与纯 HIPC 体系相比，粉煤灰对浆体早期抗氯盐侵蚀系数的影响较小而对后期的改变增加，表明粉煤灰有助于增强水泥后期的抗氯盐侵蚀性能。

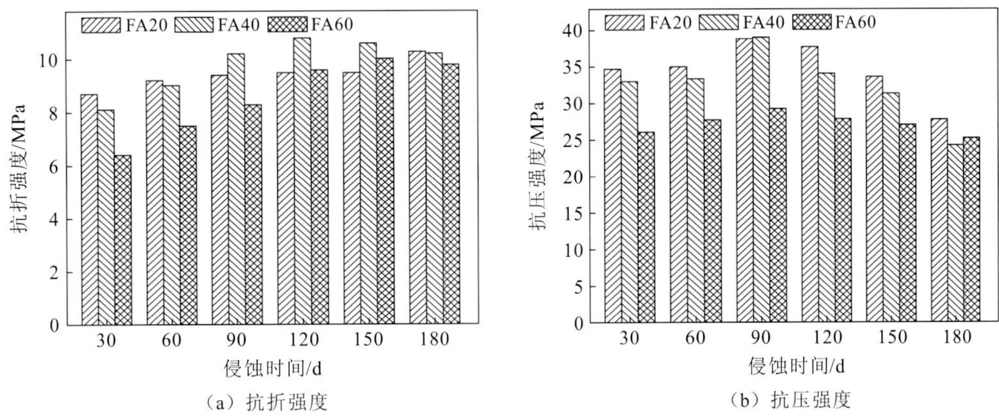

（a）抗折强度　　（b）抗压强度

图 6.43　5%的 NaCl 溶液中粉煤灰-HIPC 体系的抗折强度与抗压强度

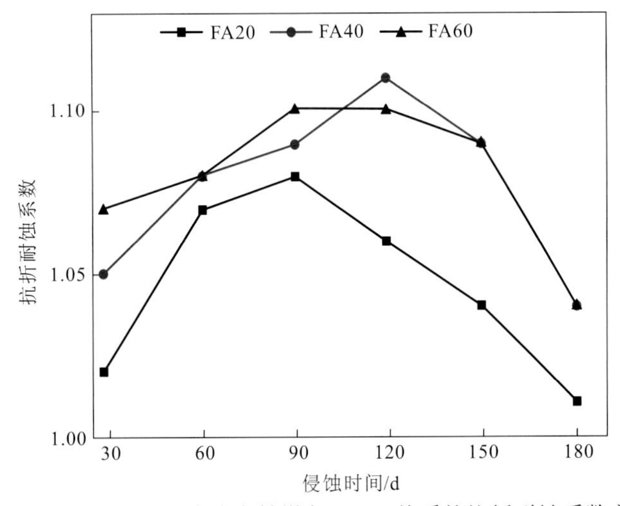

图 6.44　5%的 NaCl 溶液中粉煤灰-HIPC 体系的抗折耐蚀系数变化

2）单掺矿物掺合料复合胶凝材料的抗硫酸盐侵蚀性能

图 6.45、图 6.46 分别为在 5%的 Na_2SO_4 溶液中硅灰-HIPC 体系的抗折强度、抗压强度及抗折耐蚀系数 K 随养护时间的变化。在 5%的 Na_2SO_4 溶液中，不同掺量硅灰-HIPC 体系的抗折强度、抗压强度和抗折耐蚀系数在前 90 d 升高，而在 90 d 后降低；在前 90 d，试件的抗折强度、抗压强度及抗折耐蚀系数随硅灰掺量的增加变化不大；当养护时间大于 90 d 时，试件在对应龄期的抗折强度、抗压强度和抗折耐蚀系数会降低；掺 3%硅灰时，其 180 d 的抗折耐蚀系数为 1.15，较掺 5%和 8%硅灰的抗折耐蚀系数大，但掺 3%硅灰的早期抗折耐蚀系数低于其他两种；硅灰-HIPC 体系在浸泡 180 d 时的抗硫酸盐侵蚀系数均大于 1；与纯 HIPC 体系相比，硅灰降低了其 30 d 的抗硫酸盐侵蚀系数，但增加其后期的抗硫酸盐侵蚀系数，因此，硅灰提高了浆体的抗硫酸盐侵蚀性。

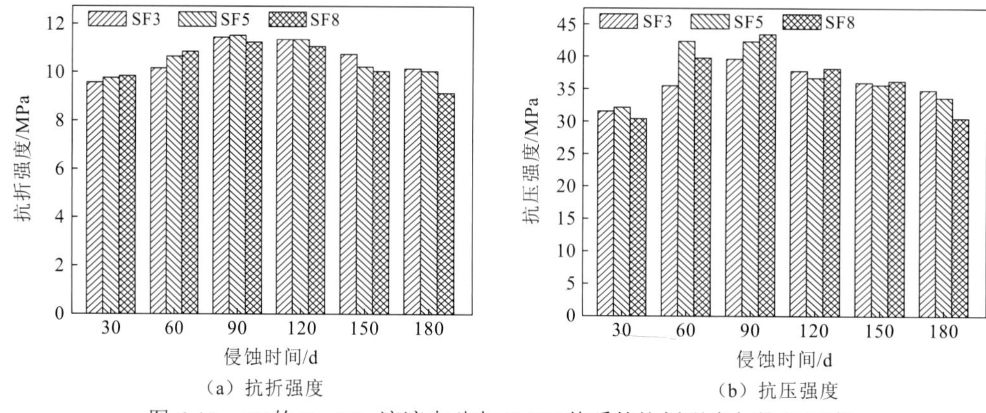

（a）抗折强度　　（b）抗压强度

图 6.45　5%的 Na_2SO_4 溶液中硅灰-HIPC 体系的抗折强度与抗压强度

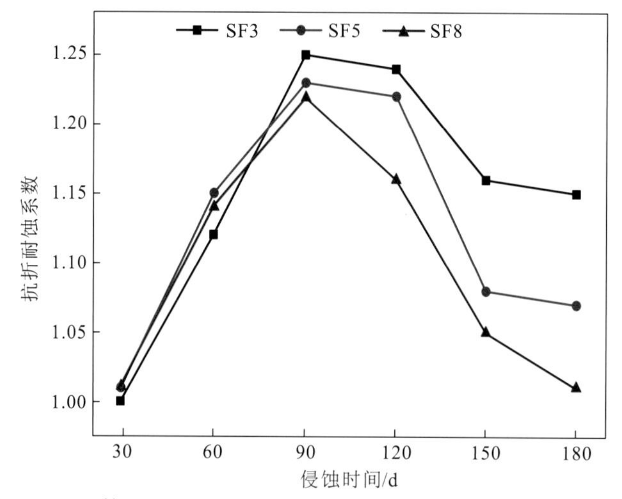

图 6.46　5%的 Na_2SO_4 溶液中硅灰-HIPC 体系的抗折耐蚀系数变化

图 6.47、图 6.48 分别为在 5%的 Na_2SO_4 溶液中粉煤灰-HIPC 体系的抗折强度、抗压强度及抗折耐蚀系数 K 随养护时间的变化。在 5%的 Na_2SO_4 溶液中，不同掺量粉煤灰-HIPC 体系的抗折强度、抗压强度和抗折耐蚀系数在前 90 d 升高，90 d 后降低；在前 60 d，40%粉煤灰-HIPC 体系的抗折耐蚀系数高；40%粉煤灰-HIPC 体系在 60 d 后的抗折强度和抗折耐蚀系数高，总体改善效果 20%粉煤灰-HIPC 体系>40%粉煤灰-HIPC 体系>60%粉煤灰-HIPC 体系；浸泡龄期为 180 d 时，粉煤灰-HIPC 体系的抗硫酸盐侵蚀系数均高于 1；与纯 HIPC 体系相比，粉煤灰在整个养护过程中增大了试件的抗硫酸盐侵蚀系数。

3）单掺矿物掺合料复合胶凝材料的抗镁盐侵蚀性能

在 5%的 $MgSO_4$ 溶液中硅灰-HIPC 体系的抗折强度、抗压强度及抗折耐蚀系数 K 随着养护时间的变化分别见图 6.49、图 6.50。在浓度为 5%的 $MgSO_4$ 溶液中，不同掺量的硅灰-水泥体系的抗折强度、抗压强度和抗折耐蚀系数在前 90 d 升高，90 d 后降低；硅灰的掺量小于 5%时，试块的抗折强度、抗压强度与抗折耐蚀系数随硅灰掺量的增加而增加；硅灰掺量大于 5%时，试块的抗折强度、抗压强度与抗折耐蚀系数随硅灰掺量的

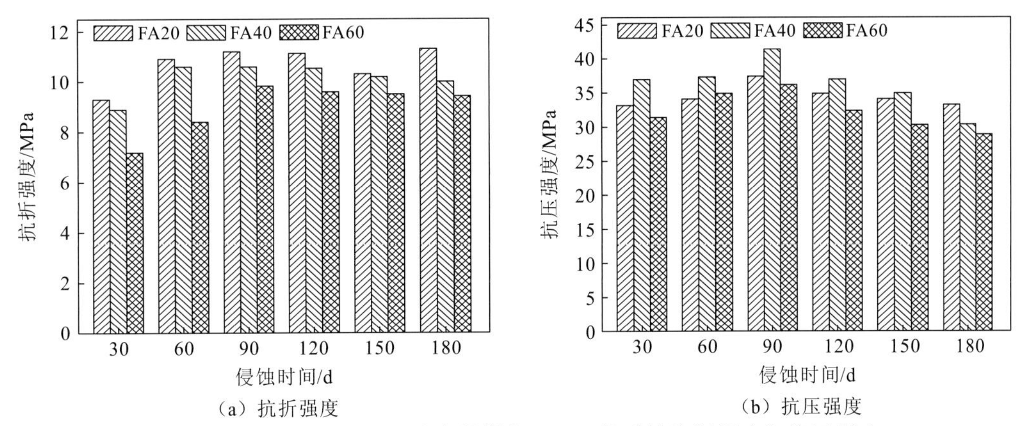

（a）抗折强度　　（b）抗压强度

图 6.47　5%的 Na_2SO_4 溶液中粉煤灰-HIPC 体系的抗折强度与抗压强度

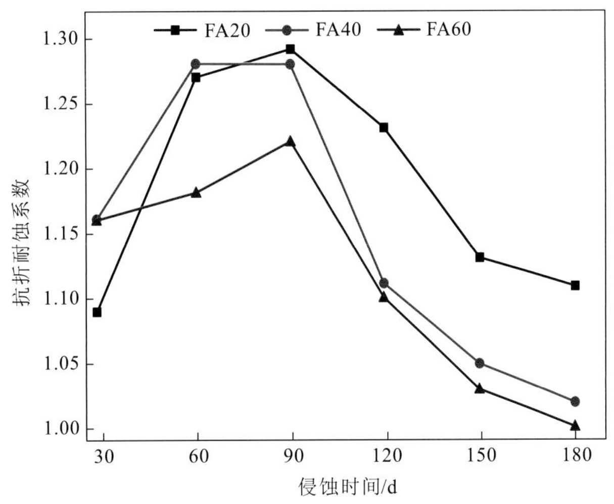

图 6.48　5%的 Na_2SO_4 溶液中粉煤灰-HIPC 体系的抗折耐蚀系数变化

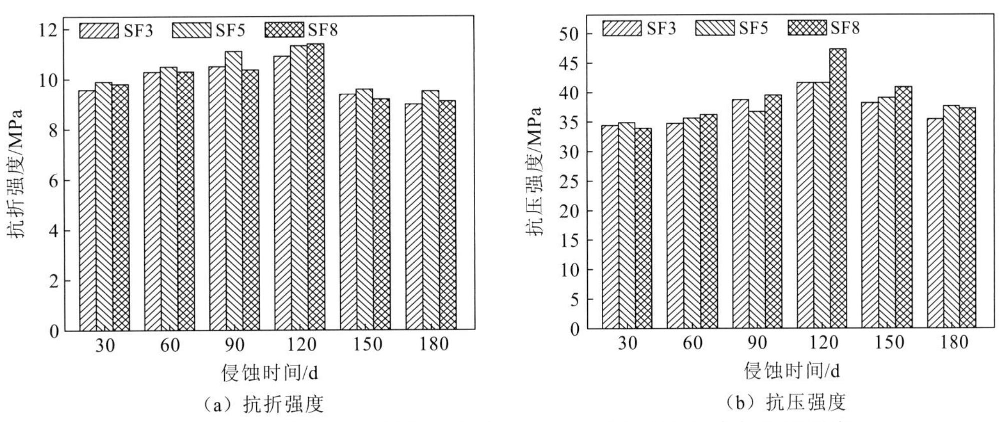

（a）抗折强度　　（b）抗压强度

图 6.49　5%的 $MgSO_4$ 溶液中硅灰-HIPC 体系的抗折强度与抗压强度

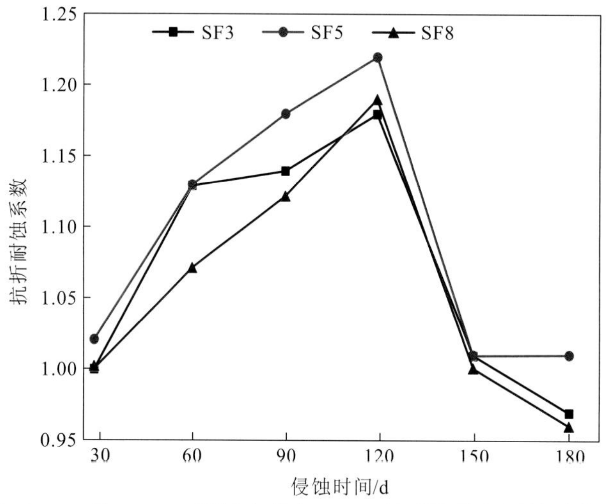

图 6.50　5%的 $MgSO_4$ 溶液中硅灰-HIPC 体系的抗折耐蚀系数变化

增加而降低，因此改善效果为 5%硅灰-HIPC 体系>3%硅灰-HIPC 体系>8%硅灰-HIPC 体系；浸泡龄期为 180 d 时，硅灰-HIPC 体系的抗镁盐侵蚀系数中仅有硅灰掺量为 5%的体系大于 1，其他均小于 1，即在浓度为 5%的 $MgSO_4$ 溶液中，试块的抗镁盐侵蚀性能较差；与纯 HIPC 体系相比，硅灰降低了 30 d 和 180 d 的抗镁盐侵蚀系数，但增大了其中期的抗镁盐侵蚀系数，故硅灰有助于增强体系中期的抗镁盐侵蚀性能。

浓度为 5%的 $MgSO_4$ 溶液中粉煤灰-HIPC 体系的抗折强度、抗压强度及抗折耐蚀系数 K 随着养护时间的变化见图 6.51、图 6.52。在 5%的 $MgSO_4$ 溶液中，不同掺量粉煤灰-水泥体系的抗折强度、抗压强度和抗折耐蚀系数随养护时间的增加而下降；40%粉煤灰-HIPC 体系在早期的抗折强度和抗折耐蚀系数较大，粉煤灰掺量为 40%和 60%的体系改善后期抗镁盐侵蚀性能的效果类似，因此粉煤灰改善 HIPC 抗镁盐侵蚀的效果 40%粉煤灰-HIPC 体系＞60%粉煤灰-HIPC 体系＞20%粉煤灰-HIPC 体系；浸泡龄期为 180 d 时，粉煤灰-HIPC 体系的抗镁盐侵蚀系数基本上小于 1；与纯 HIPC 体系相比，粉煤灰降低了浆体体系 180 d 的抗镁盐侵蚀系数，但增大了其早期的抗镁盐侵蚀系数，故粉煤灰增强了体系早期的抗镁盐侵蚀性能。

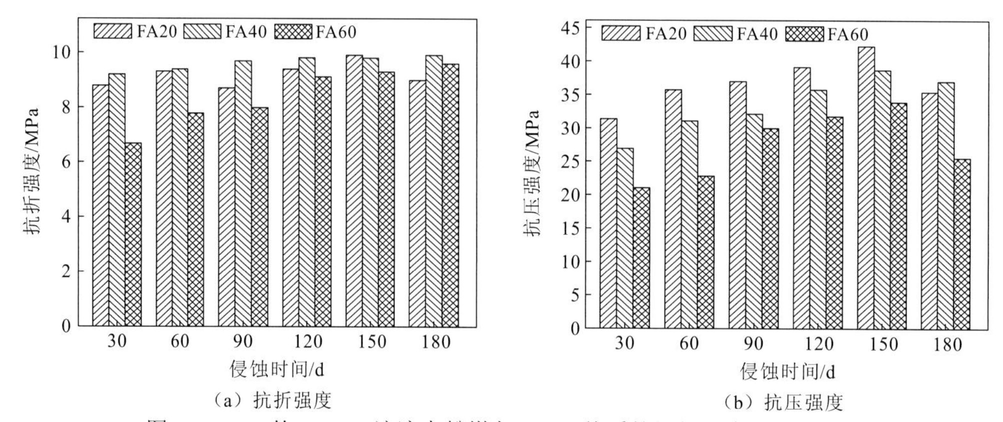

图 6.51　5%的 $MgSO_4$ 溶液中粉煤灰-HIPC 体系的抗折强度与抗压强度

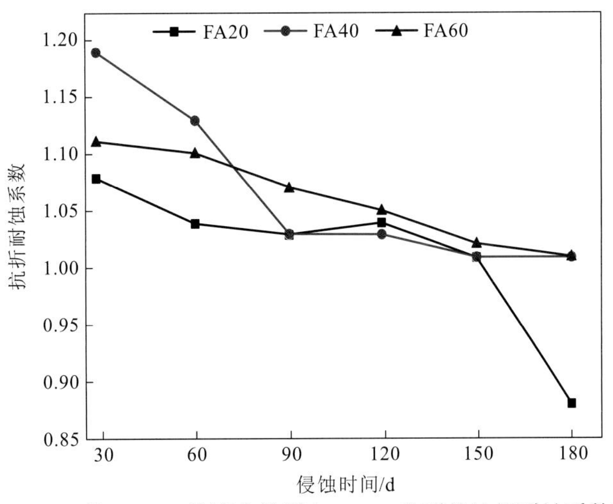

图 6.52　5%的 $MgSO_4$ 溶液中粉煤灰-HIPC 体系的抗折耐蚀系数变化

4. 侵蚀机理分析

1）XRD 分析

硅灰/粉煤灰-HIPC 体系在浓度为 5%的 NaCl 溶液中不同龄期的 XRD 谱图分别见图 6.53、图 6.54。不同矿物掺合料体系在 5%的 NaCl 溶液中的主要水化产物均为 $Ca(OH)_2$、AFt 及 F 盐。试块在浓度为 5%的 NaCl 溶液中，水化产物 AFt 的衍射峰逐渐减弱，由此可知，AFt 在水化过程中被消耗；$Ca(OH)_2$ 的衍射峰强度随浸泡时间的延长呈下降的趋势，表明 $Ca(OH)_2$ 在水化过程中参与反应并被消耗，并且存在 F 盐的衍射峰。因此，可以判断溶液中的 Cl^- 进入试块内部与 $Ca(OH)_2$ 发生反应，发生的反应可用以下表达式表示：

$$Cl^-+Ca(OH)_2 \longrightarrow CaCl_2+OH^- \tag{6.17}$$

$$CaCl_2+3CaO\cdot Al_2O_3\cdot 6H_2O \longrightarrow 3CaO\cdot Al_2O_3\cdot CaCl_2\cdot 10H_2O \tag{6.18}$$

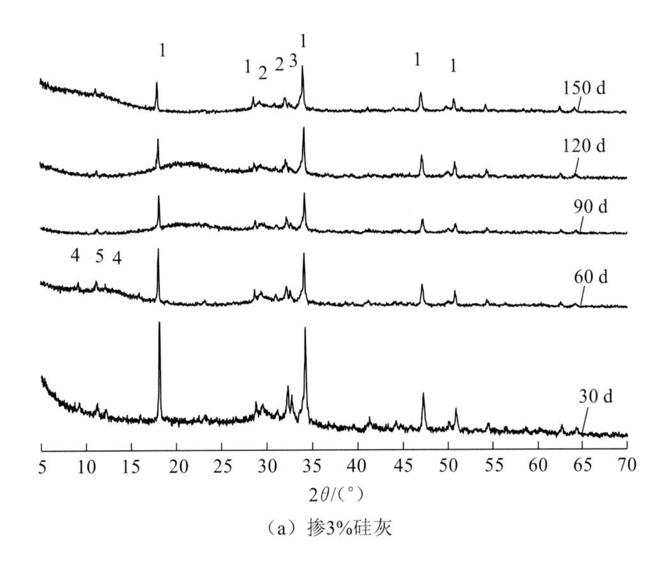

（a）掺3%硅灰

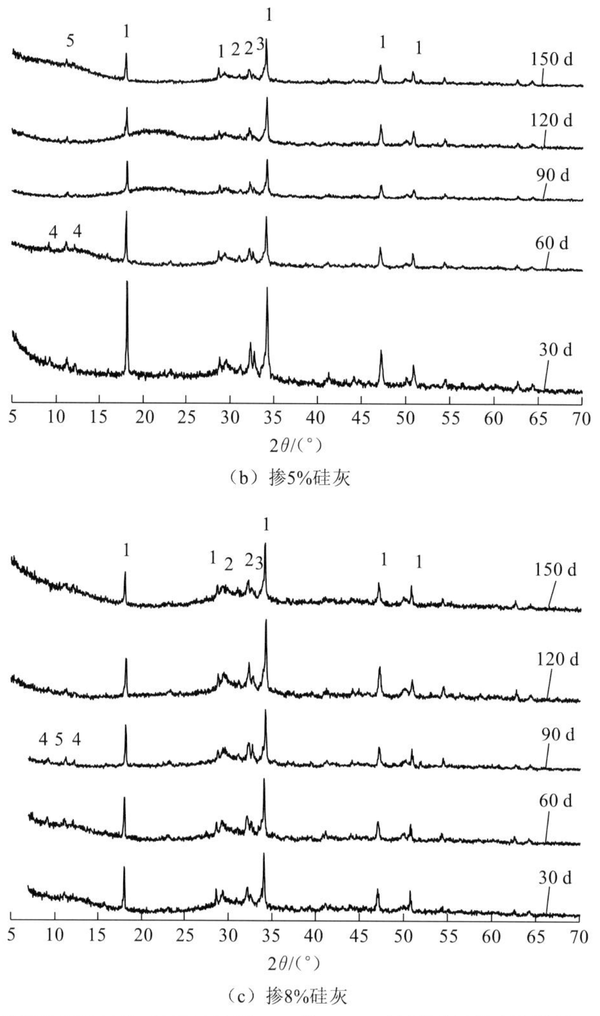

（b）掺5%硅灰

（c）掺8%硅灰

图 6.53　硅灰-HIPC 体系在浓度为 5%的 NaCl 溶液中不同龄期的 XRD 谱图

1-CH；2-C_3S；3-C_2S；4-AFt；5-F

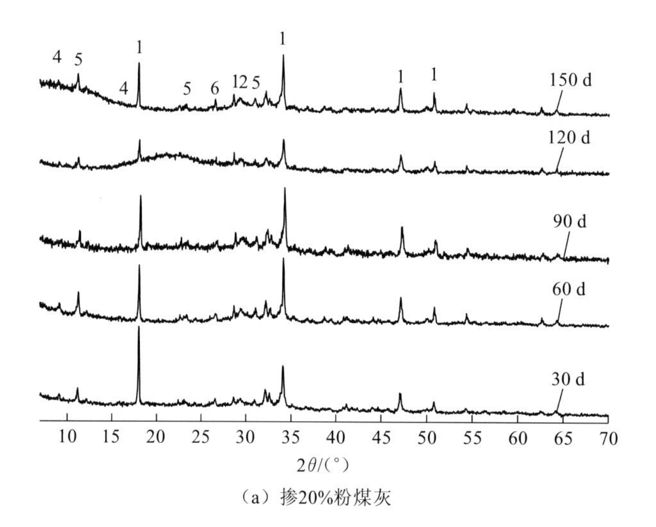

（a）掺20%粉煤灰

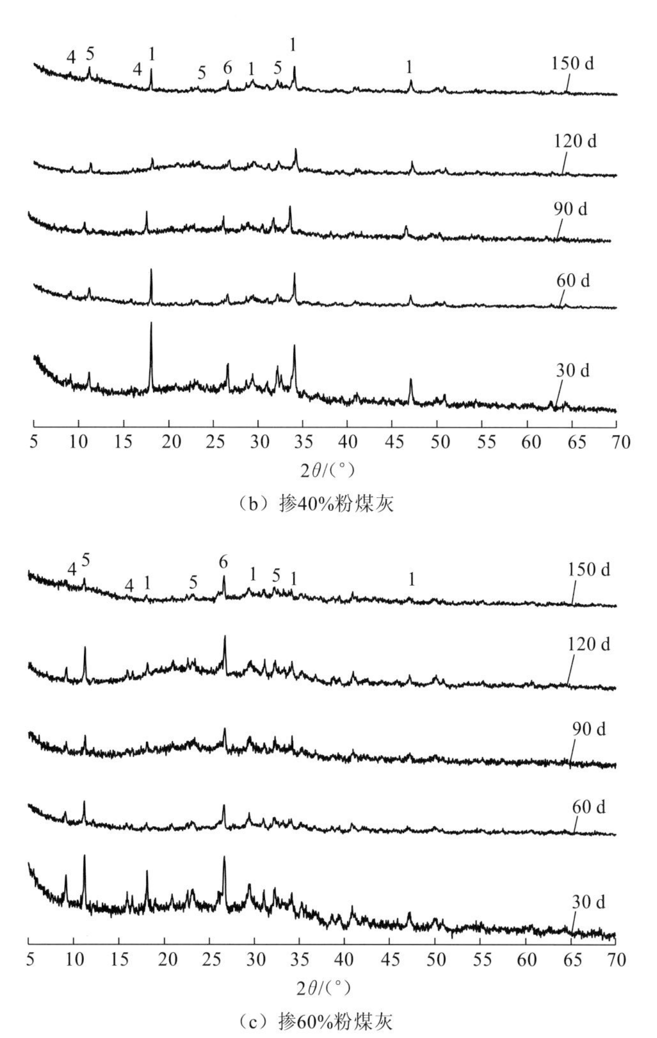

（b）掺40%粉煤灰

（c）掺60%粉煤灰

图 6.54　粉煤灰-HIPC 体系在浓度为 5%的 NaCl 溶液中不同龄期的 XRD 谱图

1-CH；2-C_3S；4-AFt；5-F；6-SiO_2

F 盐不仅提高了试件的密度，而且固化了一定的氯离子，从而减少了 Cl^-与 $Ca(OH)_2$ 发生化学反应产生的使试件疏松的 $CaCl_2$。硅灰-HIPC 体系首先是水泥自身的水化，然后是 $Ca(OH)_2$ 与硅灰发生二次水化反应，进一步生成 C-S-H 并减少产物中的 $Ca(OH)_2$。硅灰-HIPC 体系在水化早期，硅灰的细小颗粒在水泥水化产物中起成核的作用，从而促进水泥的水化；硅灰的火山灰反应所引起的作用称为化学作用，减少了富集在过渡区的大晶粒 $Ca(OH)_2$，并改进了过渡区的微结构。硅灰-HIPC 体系在浓度为 5%的 NaCl 溶液中时发现，掺 3%和 8%硅灰的水泥体系在 180 d 时水化产物中 F 盐的衍射峰微弱，而掺 5%硅灰的水泥体系在浸泡 180 d 时水化产物中 F 盐的衍射峰明显，这是因为硅灰与 $Ca(OH)_2$ 作用，降低了体系的 pH，从而使 F 盐分解，氯离子重新释放到水泥体系中，造成侵蚀。

粉煤灰-HIPC 体系首先水化的是水泥自身，随后是 $Ca(OH)_2$ 与粉煤灰发生二次水化反应生成 C-S-H 和 C-A-H，从而减少了 $Ca(OH)_2$ 的数量，还生成了凝胶，其填充孔隙，使得孔结构细化。粉煤灰的大部分颗粒为球形，在室温时的火山灰反应是一个缓慢的过程，其早期反应程度很低，因此粉煤灰在早期主要起填充作用。不同矿物掺量的水泥体系在浓度为5%的NaCl溶液中浸泡时，F盐衍射峰的强度随浸泡时间的延长而降低，表明有部分F盐发生分解，其中掺40%和60%粉煤灰的水泥体系的F盐衍射峰强度较明显，即掺40%和60%粉煤灰的水泥体系具有较好的抗氯盐侵蚀效果，这与抗氯盐侵蚀系数得出的结果一致。当浸泡180 d时，水泥浆体体系的F盐衍射峰强度依旧明显。

2）热分析

不同矿物掺合料水泥净浆粉末的热分析结果分别见图6.55、图6.56。50 ℃左右的小肩峰是由吸附水脱除产生的；AFt在80～130 ℃吸热脱水转化为AFm，而AFm在270 ℃左右发生脱水；$Ca(OH)_2$在450 ℃左右发生脱水；$Ca(OH)_2$在700 ℃左右发生部分碳化，从而导致$CaCO_3$的失重；F盐在100～200 ℃也会发生吸热脱水。AFt相失水是由其内部附着的水开始的，之后生成AFm。

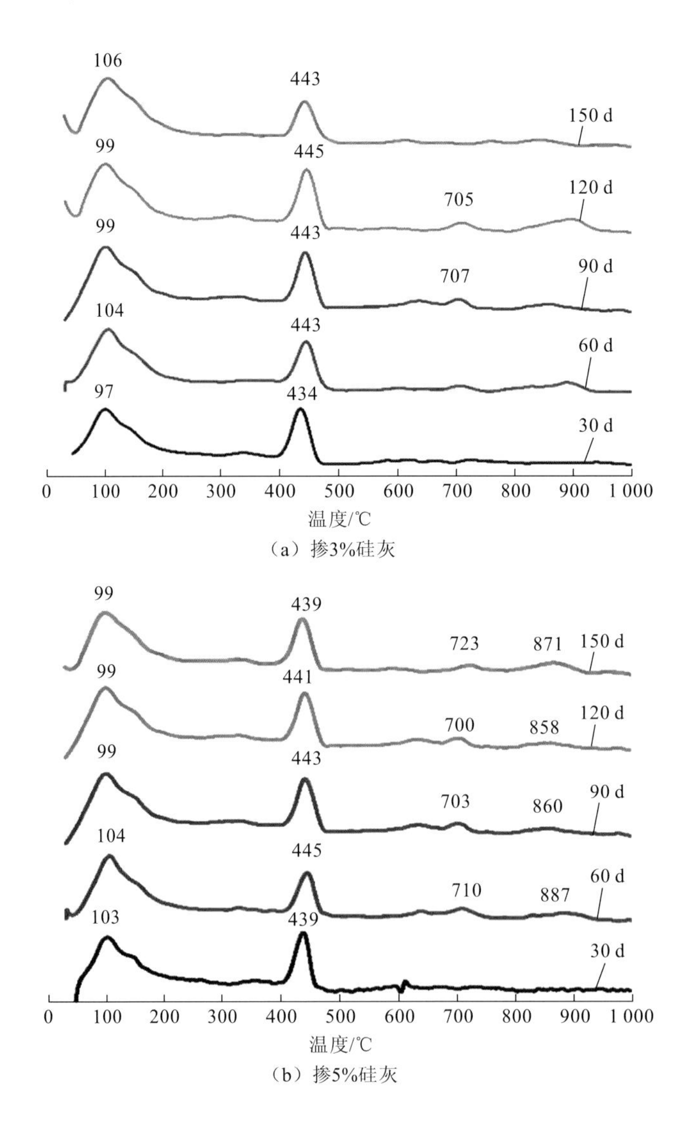

（a）掺3%硅灰

（b）掺5%硅灰

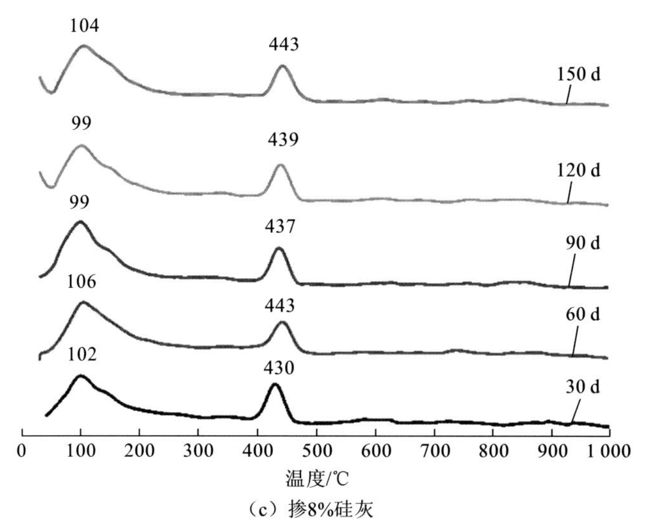

（c）掺8%硅灰

图 6.55　硅灰-HIPC 体系在浓度为 5%的 NaCl 溶液中养护，不同龄期的热分析图

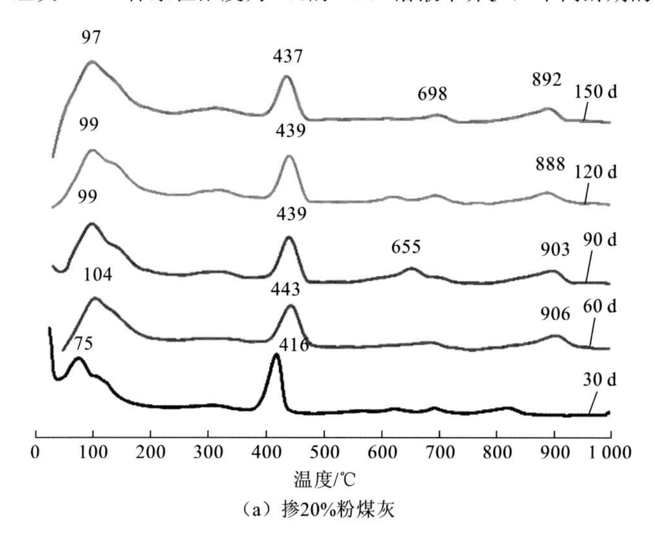

（a）掺20%粉煤灰

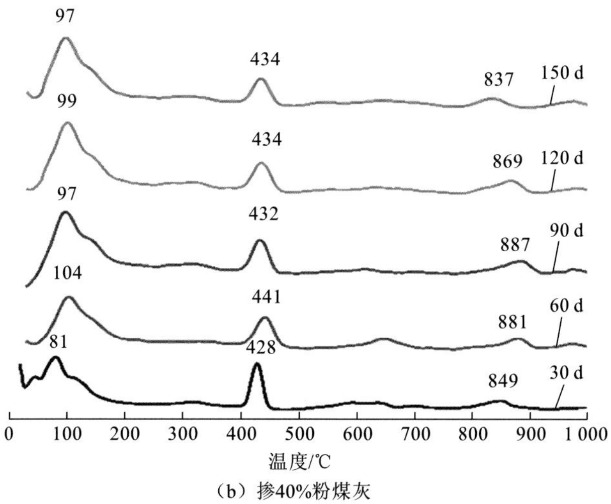

（b）掺40%粉煤灰

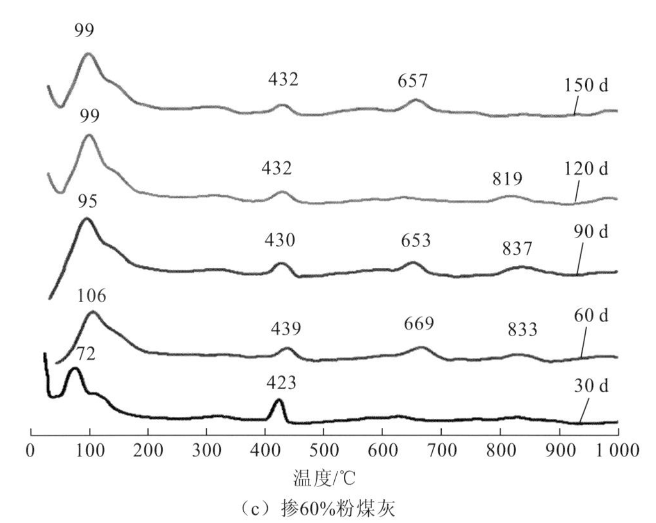

（c）掺60%粉煤灰

图 6.56　粉煤灰-HIPC 体系在浓度为 5%的 NaCl 溶液中养护不同龄期的热分析图

图 6.55 为硅灰-HIPC 体系在浓度为 5%的 NaCl 溶液中不同龄期的热分析图。水泥净浆在浓度为 5%的 NaCl 溶液中，大约 100 ℃的吸热峰是由 AFt 脱去一部分水造成的，F 盐在 100～200 ℃发生分解产生一个微弱峰肩，450 ℃对应的为 $Ca(OH)_2$ 脱水，各种物质的存在与 XRD 测试结果一致。$Ca(OH)_2$ 的放热峰随硅灰掺量的增加而变小，这与硅灰的掺量及其火山灰反应相关。

不同粉煤灰掺量的水泥体系在浓度为 5%的 NaCl 溶液中养护，不同龄期的热分析图见图 6.56。水泥净浆在浓度为 5%的 NaCl 溶液中，$Ca(OH)_2$ 脱水的放热峰随粉煤灰掺量的增加而发生明显的降低。随着侵蚀时间的增加，$Ca(OH)_2$ 的吸热峰由高温移动转变为低温移动，表明 $Ca(OH)_2$ 晶体由发育完整状态到参与反应，使晶体存在缺陷。

3）SEM 分析

掺 3%、5%、8%硅灰的水泥体系在浓度为 5%的 NaCl 溶液中不同龄期的 SEM 图分别如图 6.57～图 6.59 所示。在浓度为 5%的 NaCl 溶液中，掺 3%硅灰的水泥体系在养护 30 d 后，针棒状的 AFt 与 C-S-H 凝胶生长在一起，使整个浆体结构致密，C-S-H 多以扭曲的短而粗的薄片状和短而细的针棒状存在，并且相互交错呈团簇状；在浆体的水泥颗粒间杂乱地生长着众多 $Ca(OH)_2$；浆体界面还有大小、形状不规则的孔隙，这可能是硅灰与水泥颗粒之间没有生成足够的水化产物而留下的孔隙；球状的硅灰依旧存在。养护 60 d 后，浆体开始出现细小裂缝，短针棒状的 C-S-H 与针棒状的 AFt 向外生长并与 $Ca(OH)_2$ 层叠在一起，在浆体界面分散生长着，数量明显减少，说明在水化过程中消耗了 $Ca(OH)_2$ 晶体。养护 120 d 后，$Ca(OH)_2$ 的边缘因参与反应已被破坏，裂缝数量的增加使水泥体系的抗侵蚀能力降低。

养护 30 d 时，六角板状的 $Ca(OH)_2$ 晶体不仅仅生长于颗粒与颗粒的孔隙之间，$Ca(OH)_2$ 晶体小；针棒状的 AFt 与簇状的 C-S-H 交叉生长；C-S-H 凝胶数量逐渐增多，

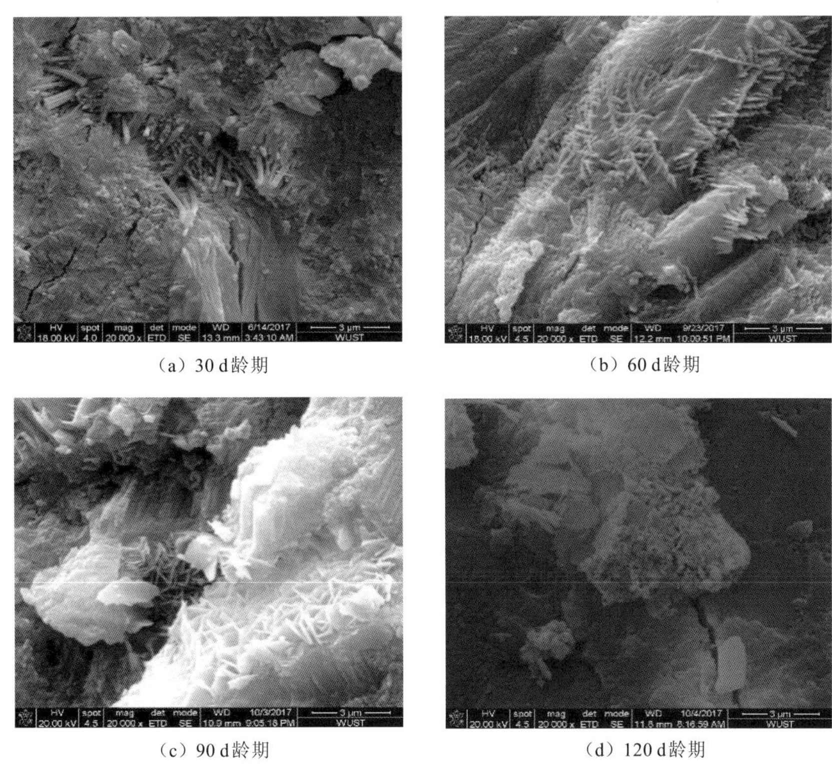

（a）30 d龄期　　（b）60 d龄期

（c）90 d龄期　　（d）120 d龄期

图 6.57　3%硅灰-HIPC 体系在浓度为 5%的 NaCl 溶液中不同龄期的 SEM 图

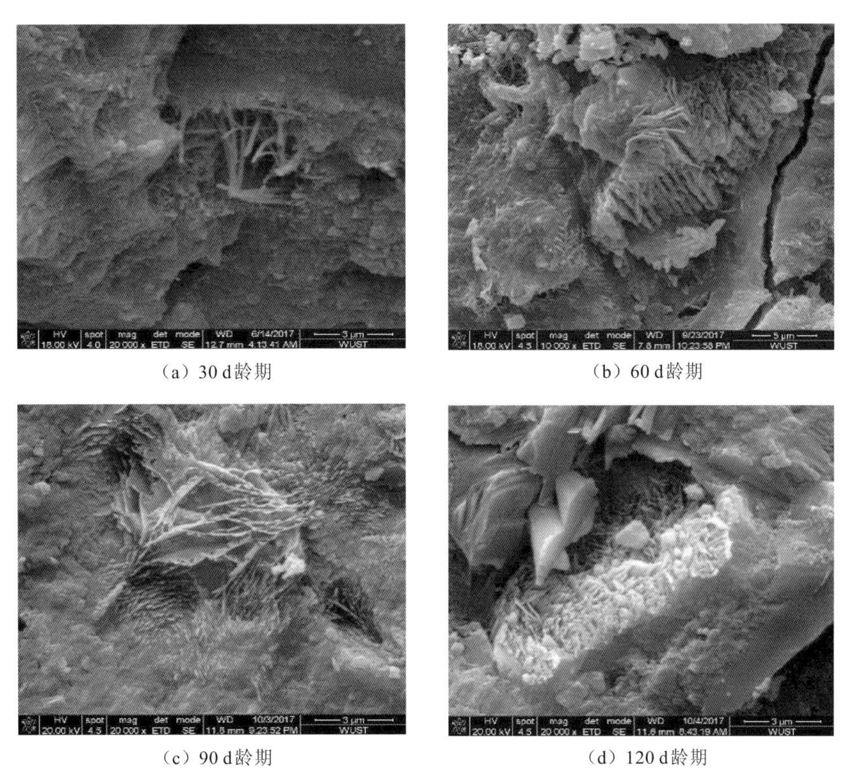

（a）30 d龄期　　（b）60 d龄期

（c）90 d龄期　　（d）120 d龄期

图 6.58　5%硅灰-HIPC 体系在浓度为 5%的 NaCl 溶液中不同龄期的 SEM 图

（a）30 d龄期 （b）60 d龄期

（c）90 d龄期 （d）120 d龄期

图 6.59 8%硅灰-HIPC 体系在浓度为 5%的 NaCl 溶液中不同龄期的 SEM 图

并且与 $Ca(OH)_2$ 和 AFt 晶体相互穿插生长，最终形成一个整体的水泥石；随着侵蚀时间的延长，有细小裂缝产生，硅灰的掺加可能使水泥体系的水化热降低程度变低，导致内部的热量不能散发，内外温差造成了裂缝的产生，其中硅灰替代量为 5%的体系的结构更加密实。

图 6.60～图 6.62 分别为粉煤灰掺量为 20%、40%、60%时体系在浓度为 5%的 NaCl 溶液中不同龄期的 SEM 图。粉煤灰掺量为 20%的水泥体系在浓度为 5%的 NaCl 溶液中，养护 30 d 后，整个浆体较为疏松，针棒状的 AFt 与 C-S-H 生长在一起，C-S-H 多以扭曲的短而粗的薄片状和短而细的针棒状存在，并且相互交错呈团簇状，早期的 C-S-H 相互聚集，连接在一起形成一个整体；在浆体的水泥颗粒间杂乱地生长着众多的 $Ca(OH)_2$ 晶体；浆体界面还有大小、形状不规则的孔隙，可能是粉煤灰与水泥颗粒之间没有生成足够的水化产物而留下的孔隙，球状的粉煤灰依旧大量存在。养护 60 d 后，浆体开始出现细小裂缝，短针棒状的 C-S-H 与针棒状的 AFt 向外生长，六角板状的 $Ca(OH)_2$ 晶体有无规则生长的，也有层叠在一起的，在浆体界面分散生长着，数量明显减少，表明在水化过程中 $Ca(OH)_2$ 晶体逐渐被消耗；细长针棒状的 AFt 零散地分散于界面。养护 90 d 后，六角板状的 $Ca(OH)_2$ 的边缘因参与反应已被破坏，针棒状的 AFt 与 C-S-H 零散分散着。

（a）30 d龄期

（b）60 d龄期

（c）90 d龄期

图 6.60　20%粉煤灰-HIPC 体系在浓度为 5%的 NaCl 溶液中不同龄期的 SEM 图

（a）30 d龄期

（b）60 d龄期

（c）90 d龄期

图 6.61　40%粉煤灰-HIPC 体系在浓度为 5%的 NaCl 溶液中不同龄期的 SEM 图

（a）30 d龄期　　（b）60 d龄期

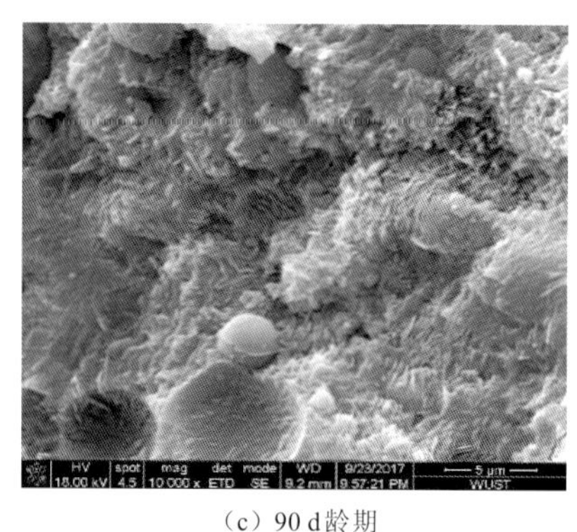

（c）90 d龄期

图 6.62　60%粉煤灰-HIPC 体系在浓度为 5%的 NaCl 溶液中不同龄期的 SEM 图

当养护 30 d 时，粉煤灰掺量增加，针棒状的 AFt 较大，与簇状的 C-S-H 交错生长；C-S-H 凝胶数量逐渐增多，并且与 $Ca(OH)_2$ 和 AFt 相互穿插生长，最终形成一个整体的水泥石；随着侵蚀时间的延长，簇状的 C-S-H 主要是短棒状和薄片状聚集在一起，伴随着细小裂缝的产生，其中粉煤灰替代量为 40%的体系的结构更加密实。

6.3　高强珊瑚礁砂混凝土高低温循环适应性试验

6.3.1　试件制备与高低温循环试验方法

1. 试件制备

本试验珊瑚礁砂混凝土的原材料同 4.1.1 小节，混凝土配合比采用 6.1.2 中的配合比，并按照 4.1.2 小节中的方法，将混凝土制成 100 mm×100 mm×100 mm 的立方体试件。

2. 高低温循环适应性试验方法

高低温循环适应性试验在某公司生产的 JW-2005 型高低温试验箱中进行，用来模拟岛礁上珊瑚礁砂混凝土结构遭受的高温照射与浪花飞溅形成的频繁的高低温循环作用。

高低温试验箱在 1 h 内由室温（约 20℃）匀速升温至 65℃，恒温 6 h，然后立即放入 20℃左右的水中降温，旨在模拟低冷海水的骤然降温，水中降温 1 h 左右，假设岛礁环境 1 d 中只在白天发生冷热交替，且白天只发生一次涨潮，即只发生一次冷热交替，本试验中的混凝土试块于水中降温后即在 30℃（与岛礁环境温度相当）环境中静置 16 h，此为一个循环。重复以上操作，对经受不同高低温循环时间的珊瑚礁砂混凝土试件进行立方体抗压强度、劈裂抗拉强度和声波测试，用抗压强度、劈裂抗拉强度、声波波速及相对动弹性模量四个指标来评价珊瑚礁砂混凝土在高低温交变环境中的适应性，强度测试方法与 4.2 节相同，声波测试与相对动弹性模量计算方法同 6.1.3 小节。

2.3.2 小节对岛礁现场珊瑚礁砂混凝土结构开裂崩落的原因进行分析时指出了海水的作用，为探究在此高低温循环过程中海水的作用，本试验还设置了海水降温的对照试验，试验所用海水是按照表 6.2 中南海某岛礁海水的初始含盐量进行人工配置的。本试验将自来水降温的试验工况编号为 TC-F，海水降温的试验工况编号为 TC-S。

6.3.2　表面形貌特征

图 6.63 展示了不同试验工况下珊瑚礁砂混凝土的表面形貌特征，可以看到在整个高低温循环过程中有宏观裂纹产生，使用自来水降温的高低温循环试验（TC-F）中的裂纹微细，试块表面光滑，而在使用海水降温的高低温循环试验（TC-S）中，裂纹由一侧发展至另一侧，且由单线逐渐发展为多线，裂纹扩展范围更广，表明海水加速了珊瑚礁砂混凝土在高低温循环作用下的劣化过程。

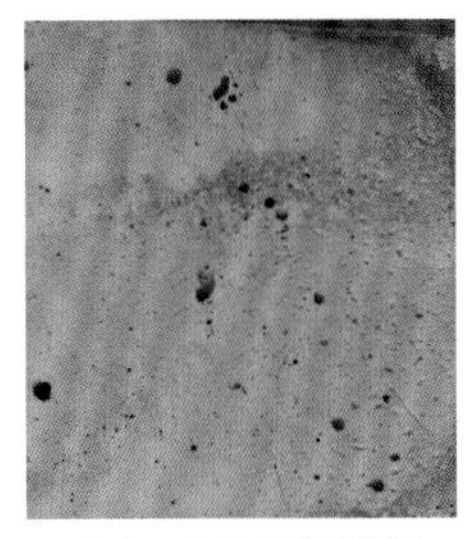
（a）TC-F 60 次循环

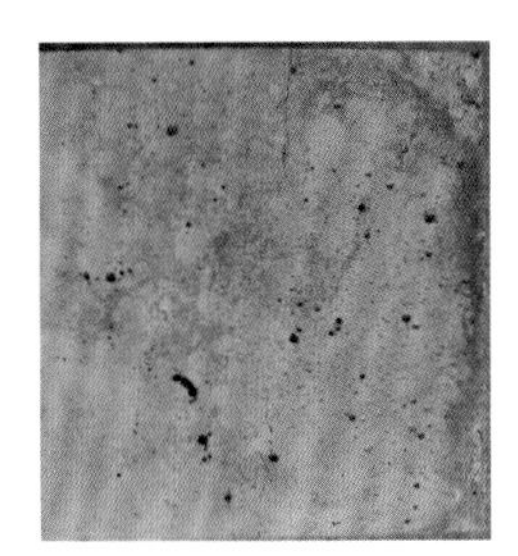
（b）TC-F 120 次循环

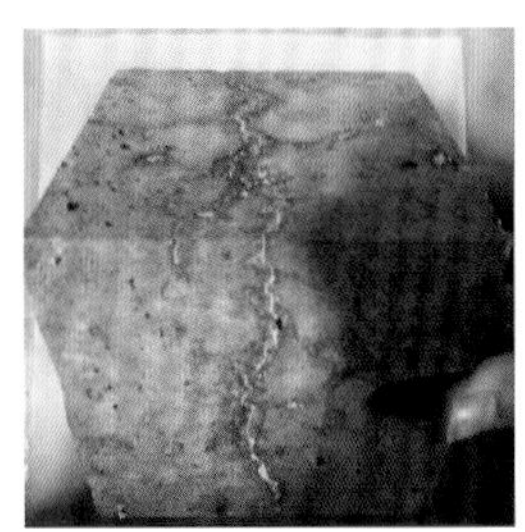
（c）TC-S 60 次循环

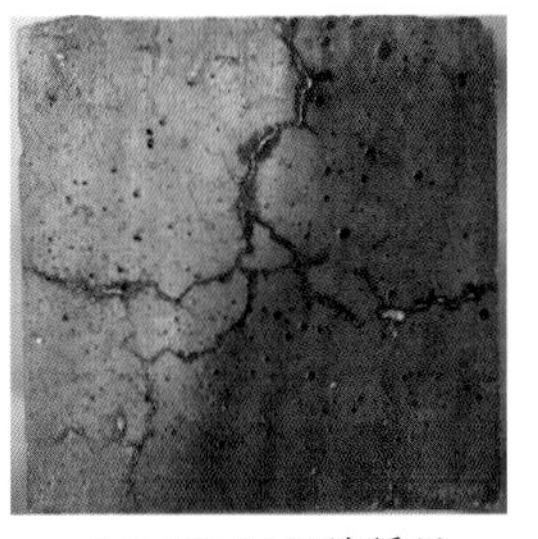
（d）TC-S 120 次循环

图 6.63　高低温循环作用下珊瑚礁砂混凝土的表面形貌

6.3.3　强度变化规律

1. 立方体抗压强度

图 6.64 显示了不同高低温循环周期的珊瑚礁砂混凝土的抗压强度变化情况。图 6.64（a）中结果表明，自来水降温的高低温循环试验的各类型珊瑚礁砂混凝土的抗压强度均呈先上升后下降的变化趋势；图 6.64（b）结果显示，在进行海水降温的高低温循环试验时，除循环初期珊瑚礁砂混凝土的抗压强度有小幅度的增长外，随着循环周期的增加，各类型珊瑚礁砂混凝土的抗压强度均呈明显下降的变化趋势。

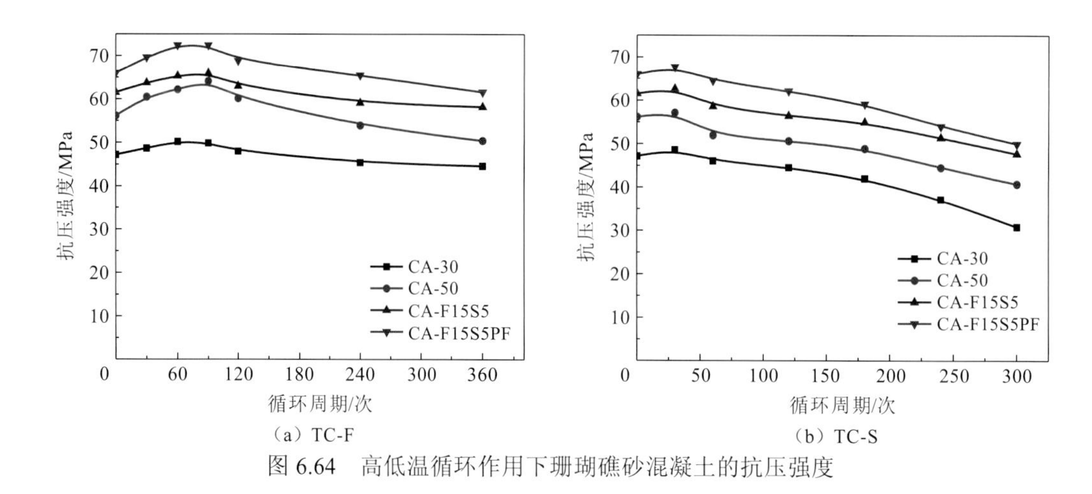

（a）TC-F （b）TC-S

图 6.64 高低温循环作用下珊瑚礁砂混凝土的抗压强度

图 6.65 给出了不同高低温循环周期的珊瑚礁砂混凝土的抗压强度变化量。从图 6.65（a）中可以看到，在使用自来水降温的高低温循环试验（TC-F）中，较低强度等级的 C30 珊瑚礁砂混凝土在高低温循环 90 次时抗压强度出现降低，这时其抗压强度仍较未受高低温循环作用的试样大 5.7%，直到经受 360 次高低温循环后，CA-30 的抗压强度较未受高低温循环作用的试样低 5.4%；从使用海水降温的高低温循环试验（TC-S）的结果[图 6.65（b）]中可以看到，CA-30 在循环初期出现了约 3%的抗压强度增长，而后随着循环周期的增加，抗压强度下降，循环至 60 次时抗压强度下降了 5%，循环至 300 次时，抗压强度损失达到了 36%。可见，海水在珊瑚礁砂混凝土抗压强度劣化的过程中是一个关键影响因素。TC-F 中，强度等级为 C50 的珊瑚礁砂混凝土 CA-50 在经受 90 次高低温循环时抗压强度增大了约 15%，经受 120 次高低温循环后抗压强度开始下降，但其抗压强度仍较未受高低温循环作用的试样大约 7%，经受 360 次高低温循环后 CA-50 的抗压强度较未受高低温循环作用的试样降低了约 10.2%，可以发现，TC-F 对 CA-50 珊瑚礁砂混凝土抗压强度的影响更为显著；TC-S 中，CA-50 在循环初期出现了约 1.7%的抗压强度增长，循环至 60 次时抗压强度损伤了 7.5%，抗压强度损失较 CA-30 大，而循环至 300 次时，抗压强度损失约为 27%，此时抗压强度损失较 CA-30 小。

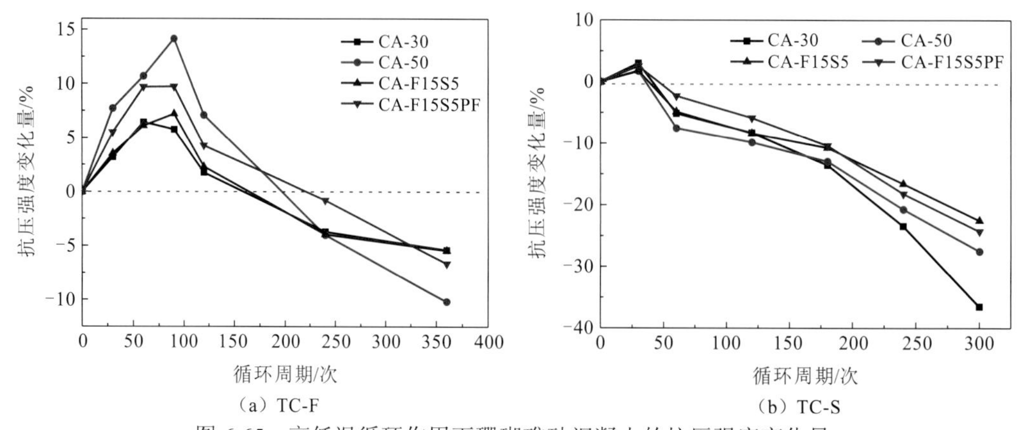

（a）TC-F （b）TC-S

图 6.65 高低温循环作用下珊瑚礁砂混凝土的抗压强度变化量

图 6.65 中结果表明，掺加粉煤灰、硅灰、聚丙烯纤维能够改善珊瑚礁砂混凝土在高低温循环作用下的劣化情况。TC-F 中，与 CA-50 相比，复掺粉煤灰与硅灰的珊瑚礁砂混凝土 CA-F15S5 经受 90 次高低温循环后其抗压强度增大了约 7.2%，经受 120 次高低温循环时抗压强度下降，经受高低温循环 360 次时，CA-F15S5 的抗压强度也出现了损伤，抗压强度损失了约 5.4%，但与 CA-50 相比抗压强度损失率降低了约 5%，可见，粉煤灰与硅灰的掺入能有效抑制高低温循环作用下珊瑚礁砂混凝土的劣化发展。在 TC-S 中，CA-F15S5 在循环初期抗压强度同样有较小幅度的增长，随后抗压强度明显下降，在高低温循环进行至 60 次、120 次时，CA-F15S5 的抗压强度损失略小于 CA-50，至高低温循环后期，CA-F15S5 的抗压强度损伤明显小于 CA-50，且抗压强度降低速率缓于 CA-50，粉煤灰和硅灰的改善作用突显出来。

图 6.65 中结果表明，与 CA-50 和 CA-F15S5 相比，TC-F 中，掺入聚丙烯纤维的 CA-F15S5PF 的抗压强度劣化损伤程度均有所减小，高低温循环 240 次时，CA-F15S5PF 的抗压强度虽有损失，但损失率不足 1%；而在 TC-S 中，CA-F15S5PF 在循环前期和后期的表现不同，循环前期，CA-F15S5PF 的抗压强度损失率均最小，但在 180 次高低温循环之后，CA-F15S5PF 的抗压强度的损失程度增大，损伤速率加快，损伤程度逐渐超过了 CA-F15S5，加大循环周期，其损伤程度有超过 CA-50 的趋势。因此，聚丙烯纤维不适宜应用在海洋环境中的浪溅区等容易遭受高低温交变作用的长期工程中，但可以应用在用于紧急处理、修护等的短期工程中。

2. 劈裂抗拉强度

图 6.66 显示了不同高低温循环周期的珊瑚礁砂混凝土的劈裂抗拉强度变化情况。图 6.66（a）中结果表明，自来水降温的高低温循环试验的各类型珊瑚礁砂混凝土的劈裂抗拉强度呈先上升后下降的变化趋势，但与抗压强度有所不同；图 6.66（b）中结果显示，在进行海水降温的高低温循环试验时，随着循环周期的增加，各类型珊瑚礁砂混凝土的劈裂抗拉强度均呈明显降低的趋势。

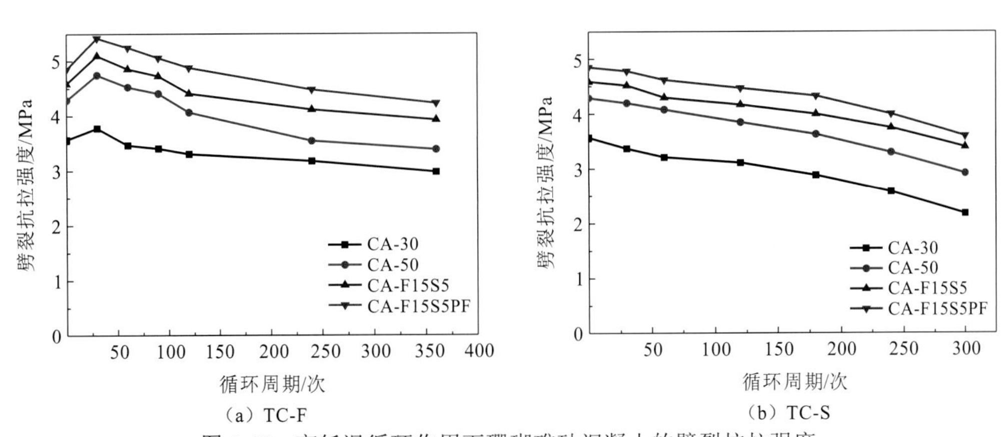

（a）TC-F　　（b）TC-S

图 6.66　高低温循环作用下珊瑚礁砂混凝土的劈裂抗拉强度

图 6.67 给出了不同高低温循环周期的珊瑚礁砂混凝土的劈裂抗拉强度变化量。从图 6.67（a）中发现，在 TC-F 中，较低强度等级的 C30 珊瑚礁砂混凝土在高低温循环30 次时劈裂抗拉强度有所增大，比未受高低温循环作用的试样增大约 6%，但循环至 60次时其劈裂抗拉强度比未受高低温循环作用的试样降低约 3%，经受 360 次高低温循环的 CA-30 的劈裂抗拉强度降低了约 18%；从图 6.67（b）TC-S 结果中可以看到，在整个高低温循环过程中，珊瑚礁砂混凝土的劈裂抗拉强度一直下降，CA-30 在循环初期劈裂抗拉强度较未循环时降低了约 5.6%，循环至 300 次时，劈裂抗拉强度损失达到了 39%，同样说明海水的作用严重加剧了珊瑚礁砂混凝土劈裂抗拉强度的劣化。TC-F 中，强度等级为 C50 的珊瑚礁砂混凝土 CA-50 在经受 30 次高低温循环时劈裂抗拉强度增大了约10.7%，经受 60 次高低温循环时劈裂抗拉强度开始下降，但仍较未受高低温循环作用的试样大约 5.6%，经受 120 次高低温循环时劈裂抗拉强度就出现损伤，损失了约 5%，经受 360 次高低温循环后，CA-50 的劈裂抗拉强度较未受高低温循环作用的试样降低了约21%，发现 TC-F 对 CA-50 珊瑚礁砂混凝土劈裂抗拉强度的影响更为显著；TC-S 中，CA-50在循环初期出现了约 2%的损失，循环至 300 次时，劈裂抗拉强度损失约为 31%，劈裂抗拉强度损失较 CA-30 小。

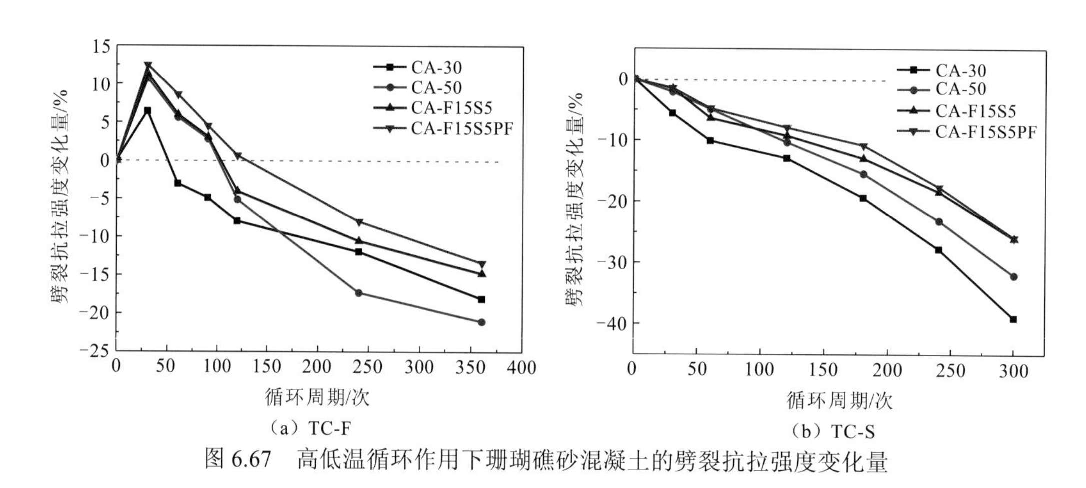

（a）TC-F　　（b）TC-S

图 6.67　高低温循环作用下珊瑚礁砂混凝土的劈裂抗拉强度变化量

图 6.67 中结果表明，TC-F 中，与 CA-50 相比，CA-F15S5 在高低温循环前期劈裂抗拉强度的提高略大，而后期损伤较 CA-50 小得多，经受 120 次高低温循环时劈裂抗拉强度出现损伤，循环 240 次时 CA-F15S5 的劈裂抗拉强度较未受高低温循环作用的试样降低约 10.5%，与 CA-50 相比劈裂抗拉强度损失率降低了约 38%，经受高低温循环 360 次时劈裂抗拉强度损失了约 14.7%，与 CA-50 相比劈裂抗拉强度损失率降低达 30%，可见，粉煤灰与硅灰的掺入能有效抑制高低温循环作用下珊瑚礁砂混凝土劈裂抗拉强度的劣化。在 TC-S 中，CA-F15S5 在循环初期劈裂抗拉强度仅降低了 1.5%，略小于 CA-50，循环至 300 次时，CA-F15S5 的劈裂抗拉强度损失明显小于 CA-50，劈裂抗拉强度损失降低速率缓于 CA-50，但在 TC-S 中粉煤灰和硅灰的改善作用不如 TC-F。

与 CA-50 和 CA-F15S5 相比，CA-F15S5PF 的劈裂抗拉强度在不同高低温循环过程中的变化与抗压强度类似。TC-F 中，掺入聚丙烯纤维的 CA-F15S5PF 的劈裂抗拉强度劣化损伤程度最小，TC-F 高低温循环 240 次时，CA-F15S5PF 的劈裂抗拉强度出现损失，劈裂抗拉强度降低了约 8%，360 次高低温循环时劈裂抗拉强度降低了约 13%；在 TC-S 中的各个循环周期，虽然 CA-F15S5PF 的劈裂抗拉强度损失率均最小，但可以看出，循环 180 次后，CA-F15S5PF 的劈裂抗拉强度损失率开始加快，甚至有低于 CA-F15S5 的趋势，说明循环后期聚丙烯纤维的阻裂作用开始减弱甚至失效，聚丙烯纤维在循环前期可以有效抑制珊瑚礁砂混凝土内部裂纹的发展。

不同高低温循环周期作用下，各类型珊瑚礁砂混凝土的抗压强度与劈裂抗拉强度均呈先上升后下降的趋势，但与抗压强度相比，劈裂抗拉强度的损伤“起点”更早，损伤程度更大，表明高低温循环作用对珊瑚礁砂混凝土的劈裂抗拉强度的影响更为显著。

6.3.4　相对动弹性模量的变化规律

图 6.68 展示的是高低温循环作用下珊瑚礁砂混凝土的声波波速的变化情况，相应地，高低温循环作用下珊瑚礁砂混凝土的相对动弹性模量的变化情况见图 6.69。从图 6.69(a) 中可以看到，TC-F 中，随着高低温循环周期的增加，各组珊瑚礁砂混凝土的相对动弹性模量呈衰减趋势，这与不同循环周期的强度的变化情况有所不同，说明在高低温循环初期，珊瑚礁砂混凝土内部由于礁砂、砂浆等各组相的热变形性能的差异形成了疲劳损伤裂纹，而这种微裂纹的缺陷对于强度的影响并未显现出来；与 TC-S 相比，TC-F 中各组珊瑚礁砂混凝土的相对动弹性模量的衰减趋势相对缓慢，TC-S 中海水的作用造成了更大程度的损伤，如循环到 240 次时，CA-30、CA-50、CA-F15S5 和 CA-F15S5PF 的相对动弹性模量在 TC-F 中分别下降到了约 72%、77%、83%和 87%，而在 TC-S 中分别下降到了约 65%、70%、75%和 78%，这主要与海水盐离子在较高温度下发生盐结晶，以及海水中的有害离子与混凝土组分发生反应生成膨胀性产物等因素有关。此外，还发现，无论是 TC-F 还是 TC-S，CA-30 的损伤变化幅度最大，CA-50 次之，掺加粉煤灰和硅灰的

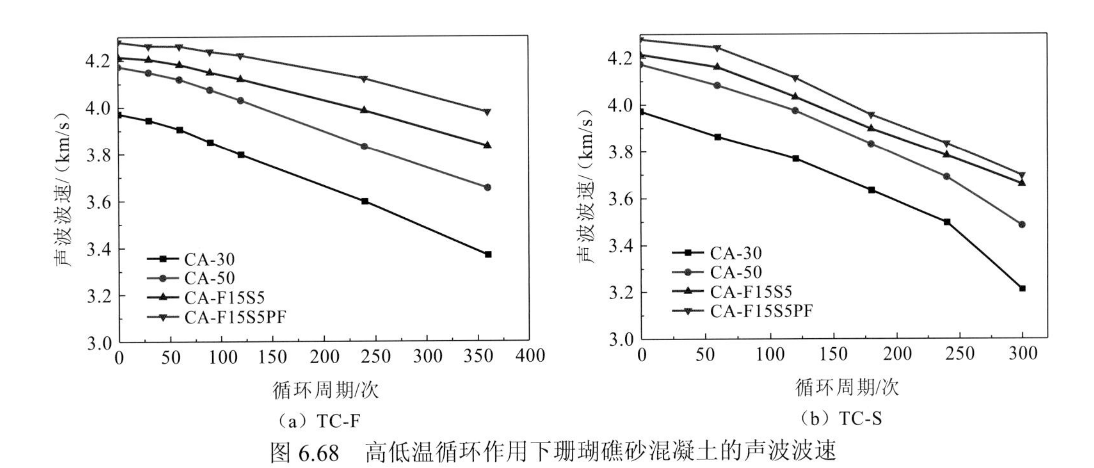

(a) TC-F　　(b) TC-S

图 6.68　高低温循环作用下珊瑚礁砂混凝土的声波波速

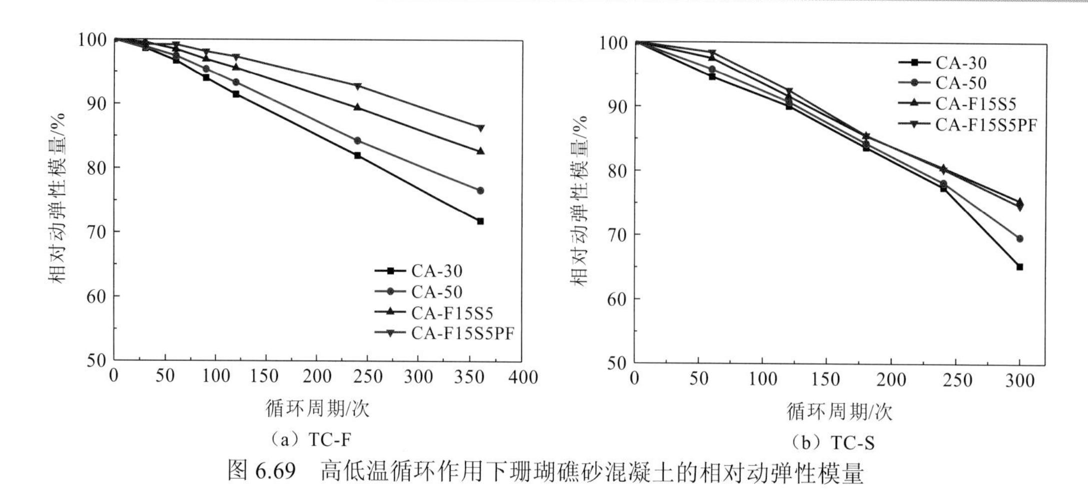

（a）TC-F　　（b）TC-S

图 6.69　高低温循环作用下珊瑚礁砂混凝土的相对动弹性模量

CA-F15S5 的相对动弹性模量的下降率较 CA-50 降低了约 7.8%（TC-F）、7.1%（TC-S），抗劣化性能较 CA-50 有所改善。对于掺加 0.2%聚丙烯纤维的 CA-F15S5PF，在 TC-F 中，聚丙烯纤维有明显的改善作用，CA-F15S5PF 的相对动弹性模量在高低温循环过程中的下降程度和速率均较其他类型的珊瑚礁砂混凝土小，而在 TC-S 中，循环前期 CA-F15S5PF 的相对动弹性模量的下降程度较小，180 次高低温循环后下降速率增大，至 300 次高低温循环时 CA-F15S5PF 的相对动弹性模量小于 CA-F15S5。

6.3.5　微观结构特征

图 6.70 表示的是 TC-F 中高低温循环 240 个周期珊瑚礁砂混凝土的 SEM 图像。从图 6.70 中发现，TC-F 中由高低温循环产生的热应力裂缝主要发生在与砂浆基体或骨料和浆体界面接近的砂浆层面，这主要是因为水泥浆体渗透进入粗糙多孔的珊瑚礁砂孔隙中形成的嵌固结构及珊瑚礁砂的内养护作用使得珊瑚礁砂混凝土的界面过渡区的结构更加密实，不再是珊瑚礁砂混凝土的薄弱区域，因而裂缝尚未出现在此处，而是在相对薄弱的邻近浆体区域发生。

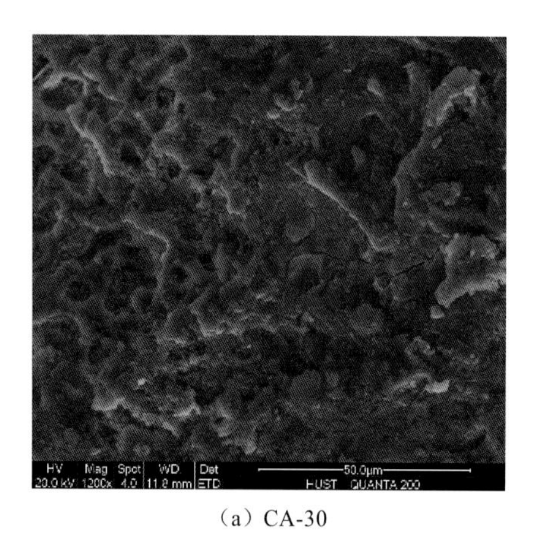
（a）CA-30

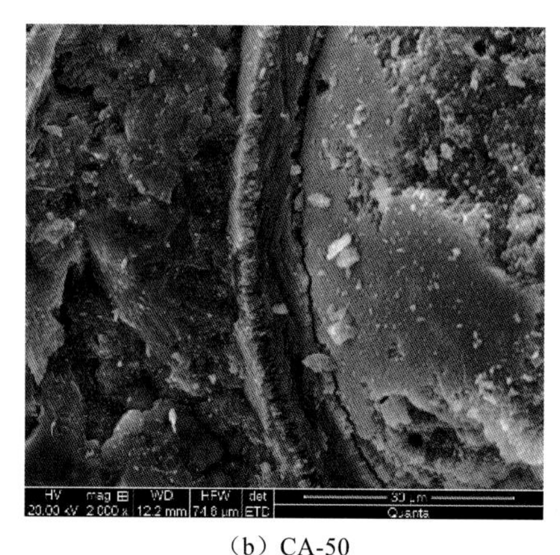
（b）CA-50

（c）CA-F15S5

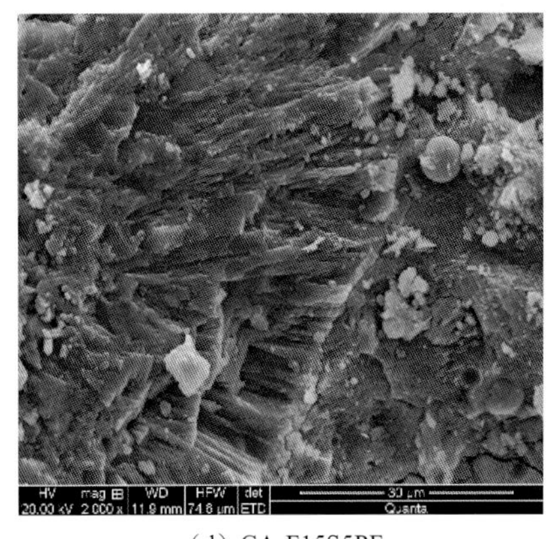

（d）CA-F15S5PF

图 6.70　TC-F 中 240 个高低温循环周期珊瑚礁砂混凝土的 SEM 图像

图 6.71 表示的是 TC-S 中高低温循环 240 个周期珊瑚礁砂混凝土的 SEM 图像。从图 6.71 中发现，在砂浆基体上有明显的裂纹，除此之外，还发现有大量的腐蚀性产物存在，主要分布在孔洞、缝隙处。孔洞中有大量针状的钙矾石并向外突出，呈交错分布。大量粗大针棒状的钙矾石由四周向中心聚集。此外，还有大量石膏，与板状的氢氧化钙交织，并伴随有裂缝出现。孔洞中还有少量结晶的硫酸钠晶体。这些都是具有膨胀性的产物，当这些固相产物累积时，体积增加，会在内部产生膨胀应力，导致裂纹的产生或增加，从而使珊瑚礁砂混凝土的结构发生损伤。

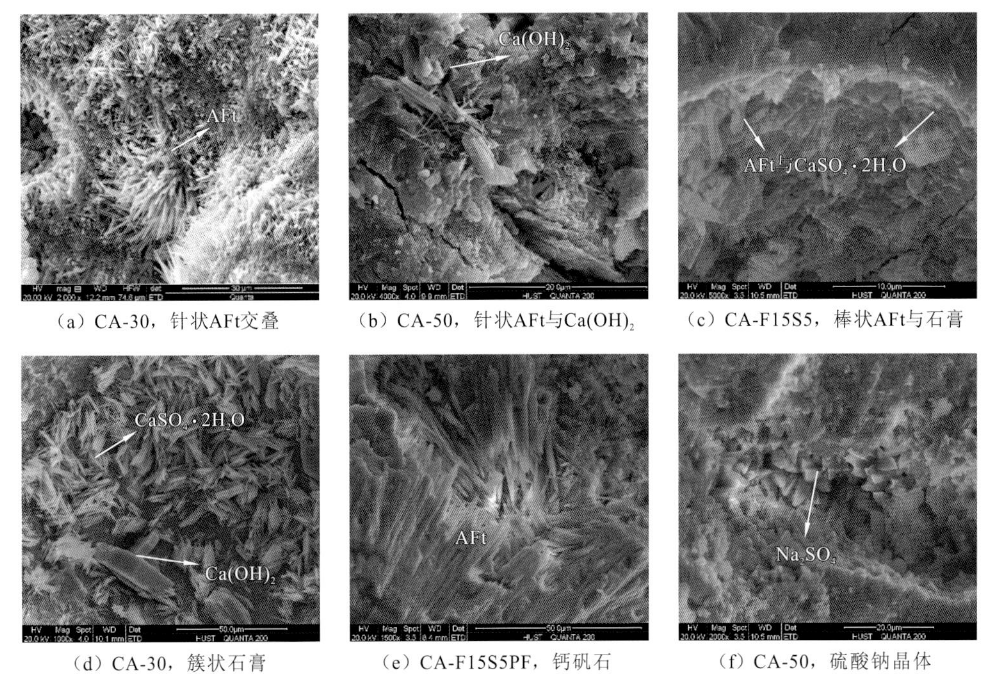

（a）CA-30，针状AFt交叠　（b）CA-50，针状AFt与$Ca(OH)_2$　（c）CA-F15S5，棒状AFt与石膏

（d）CA-30，簇状石膏　（e）CA-F15S5PF，钙矾石　（f）CA-50，硫酸钠晶体

图 6.71　TC-S 中 240 个高低温循环周期珊瑚礁砂混凝土的 SEM 图像

6.4 珊瑚礁砂混凝土冲刷磨蚀条件下的适应性试验

6.4.1 珊瑚礁砂混凝土冲刷磨蚀试验方案

根据《水工混凝土试验规程》（SL/T 352－2020）[169]评价珊瑚礁砂混凝土的耐磨性。《水工混凝土试验规程》（SL 352－2006）的水下钢球法用于测定混凝土表面受水下高速流动介质磨损的相对抗力，试验装置如图 6.72 所示。在内径为（305±6）mm、高度为（450±25）mm 的钢制容器内放置直径为（300±2）mm、高度为（100±1）mm 的圆柱形试样，且被测表面向上放置。由电磁调速电机带动叶轮，叶轮带动水使钢球以 1 200 r/s 的速度旋转和涡流运动。累积冲磨 72 h，取出试件，清洗干净，擦去表面水分，称量。试件的抗冲磨强度按式（6.19）计算，磨损率按式（6.20）计算：

$$f = \frac{T_w A_w}{\Delta M} \tag{6.19}$$

$$L_w = \frac{\Delta M}{M_\Delta} \tag{6.20}$$

式中：f 为抗冲磨强度，h/（kg/m^2）；T_w 为冲磨时间，h；A_w 为磨损表面积；ΔM 为试验后试样的质量损失，kg；L_w 为磨损率，%；M_Δ 为试样初始质量，kg。

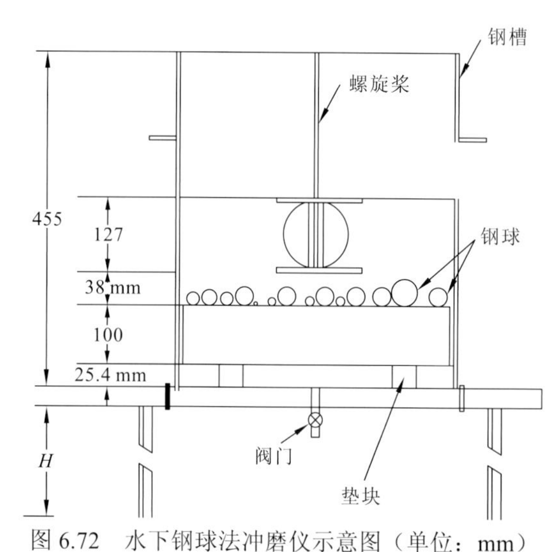

图 6.72 水下钢球法冲磨仪示意图（单位：mm）

H 为架子高度

试验配合比设计参考《轻骨料混凝土应用技术标准》（JGJ/T 12－2019）[165]中的松散体积法进行，设计珊瑚礁砂混凝土的强度等级为 C30。粉煤灰和硅灰按其质量占水泥质量的百分比掺入，而纤维用量用纤维体积率表达，且纤维体积率分别为 0.10%、0.15%、0.20%和 0.25%。珊瑚礁砂混凝土的配合比如表 6.10 所示，其中 CAC0 表示基准珊瑚礁砂混凝土，粉煤灰的掺量为 10%、20%，分别记为 FA10、FA20，硅灰的掺量为 5%、10%，分别记为 SF5、SF10。PF 0.10、PF0.15、PF0.20 和 PF0.25 分别表示掺入 0.10%、0.15%、0.20%和 0.25%聚丙烯纤维的珊瑚礁砂混凝土，BF0.10、BF0.15、BF0.20 和 BF0.25 分别表示掺入 0.10%、0.15%、0.20%、0.25%玄武岩纤维的珊瑚礁砂混凝土。

表 6.10 冲刷磨蚀试验下珊瑚礁砂混凝土配合比 （单位：kg/m^3）

样品	OPC	粉煤灰	硅灰	聚丙烯纤维	玄武岩纤维	珊瑚礁块	珊瑚砂	水
CAC0	450	0	0	0	0	630	754	250
FA10	405	45	0	0	0	630	754	250
FA20	360	90	0	0	0	630	754	250
SF5	427.5	0	22.5	0	0	630	754	250
SF10	405	0	45	0	0	630	754	250
PF0.10	450	0	0	0.91	0	630	754	250
PF0.15	450	0	0	1.36	0	630	754	250
PF0.20	450	0	0	1.82	0	630	754	250
PF0.25	450	0	0	2.28	0	630	754	250
BF0.10	450	0	0	0	2.7	630	754	250
BF0.15	450	0	0	0	4.1	630	754	250
BF0.20	450	0	0	0	5.4	630	754	250
BF0.25	450	0	0	0	6.7	630	754	250

6.4.2 珊瑚礁砂混凝土的抗冲磨性能

1. 室内珊瑚礁砂混凝土的冲刷磨蚀情况

图 6.73 是珊瑚礁砂混凝土在室内用水下钢球法冲刷磨蚀后的表观形貌。从图 6.73 中可知，CAC0 样品表面的砂浆几乎全被磨蚀，并且 CAC0 样品表面留下大约 3 mm 深的凹坑，而 FA10 和 SF10 样品表面分别留下 1～1.5 mm 和小于 1 mm 的凹坑，且表面的磨蚀程度也较 CAC0 小，这直观地反映了粉煤灰和硅灰可以提高珊瑚礁砂混凝土的抗冲磨强度，故在防波堤建设中可适当掺入粉煤灰和硅灰以达到其耐磨的目的。未掺纤维的珊瑚礁砂混凝土的表面浆体磨蚀严重，且表面存在钢球冲击留下明显的凹坑，而掺纤维的珊瑚礁砂混凝土的表面浆体磨损程度较低且未出现凹坑，这直观地反映了纤维提升珊瑚礁砂混凝土抗冲磨性能的作用更明显。

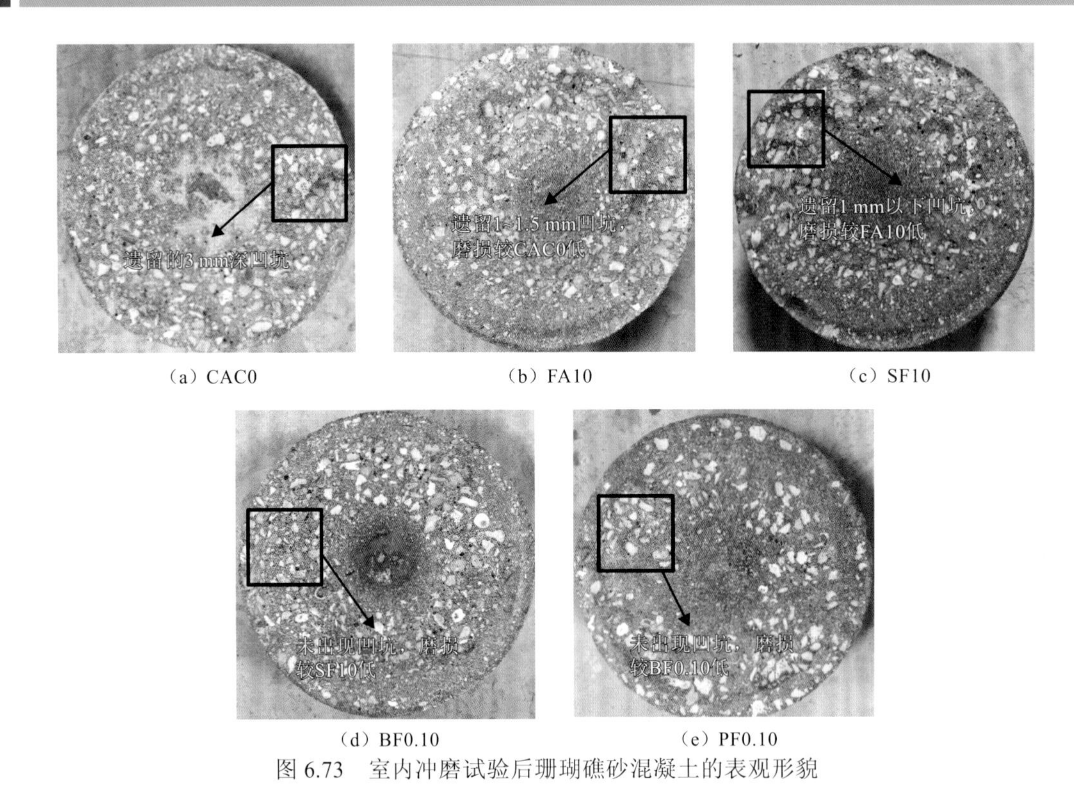

(a) CAC0　(b) FA10　(c) SF10

(d) BF0.10　(e) PF0.10

图 6.73　室内冲磨试验后珊瑚礁砂混凝土的表观形貌

2. 掺合料与纤维对珊瑚礁砂混凝土抗冲磨性能的影响

珊瑚礁砂混凝土的抗冲磨强度结果见表 6.11，粉煤灰和硅灰均对珊瑚礁砂混凝土的抗冲磨性能有不同程度的提高，且相同条件下，硅灰比粉煤灰能达到更好的效果。由表 6.11 和图 6.74 可知，SF10 的 28 d 和 56 d 抗冲磨强度分别为 14.17 h/(kg/m^2)、15.60 h/(kg/m^2)，抗冲磨强度较 CAC0 分别提高了 45.63%和 16.50%，磨损率分别降低了 30.06%和 19.85%，原因是硅灰与氢氧化钙在界面过渡区内的火山灰反应形成了强而致密的界面过渡区，在钢球的研磨和磨损作用下，砂浆难以从骨料表面剥离，且本书测得掺硅灰的珊瑚礁砂混凝土的界面过渡区的硬度较 CAC0 高也正好印证了这一点。这与 Nili 等[230]的研究结果一致，即硅灰和粉煤灰在一定程度上改良了珊瑚礁砂混凝土的界面过渡区的抗冲磨强度。由图 6.74 可知，SF10 与 SF5 在 56 d 的抗冲磨强度相差不大，所以硅灰的掺量对珊瑚礁砂混凝土后期抗冲磨性能的影响不是很大。因此，硅灰的掺量一般不超过 20%，因为过多硅灰会使珊瑚礁砂混凝土的黏性增大，流动性变差，不易振捣密实而影响现场施工，干缩较大，容易产生裂缝[231]。在 28 d 时，FA10 的抗冲磨强度比 FA20 小，但是在 56 d 龄期时，FA10 的抗冲磨强度比 FA20 有明显增大。因此，过多的粉煤灰对珊瑚礁砂混凝土后期的抗冲磨强度不一定起到增强作用，因为粉煤灰掺量过大，在二次水化作用后，多余的粉煤灰颗粒形成一层界面覆盖在浆体周围，混凝土内部产生多层界面，使得内部稳定性变差，直接影响了混凝土的性能[232]。研究表明[233]，抗冲磨高性能混凝土粉煤灰的最佳掺量应在 10%左右，最大不宜超过 15%。

表 6.11 珊瑚礁砂混凝土的抗冲磨强度和磨损率

样品	抗冲磨强度/[h/（kg/m²）]		磨损率/%		抗压强度/MPa	
	28 d	56 d	28 d	56 d	28 d	56 d
CAC0	9.73	13.39	3.46	2.67	39.3	48.2
FA10	10.60	15.28	3.23	2.27	39.7	49.6
FA20	11.30	14.13	3.06	2.47	40.5	49.2
SF5	12.35	14.87	2.76	2.3	47.3	50.5
SF10	14.17	15.60	2.42	2.14	50.4	52.7
PF0.10	15.70	19.12	2.17	1.75	40.7	43.5
PF0.15	14.29	17.54	2.37	1.91	42.7	45.3
PF0.20	12.69	16.57	2.68	2.05	39.3	41.5
PF0.25	11.97	15.28	2.82	2.2	39.2	40.8
BF0.10	12.14	15.01	2.82	2.29	39.4	42.9
BF0.15	11.86	14.53	2.97	2.42	38.2	43.1
BF0.20	10.89	12.78	3.23	2.71	37.6	41.4
BF0.25	9.37	11.97	3.79	2.92	36.2	40.8

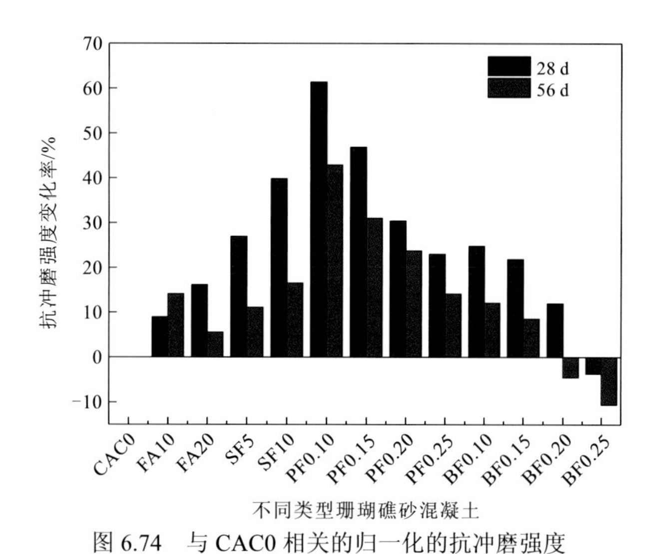

图 6.74 与 CAC0 相关的归一化的抗冲磨强度

从表 6.11 和图 6.74 可知，聚丙烯纤维和玄武岩纤维均在纤维体积率为 0.10%时，珊瑚礁砂混凝土 28 d 和 56 d 的抗冲磨强度达到最大值，分别为 15.70 h/（kg/m²）、19.12 h/（kg/m²）和 12.14 h/（kg/m²）、15.01 h/（kg/m²）。但掺玄武岩纤维的珊瑚礁砂混凝土 28 d 和 56 d 的抗冲磨强度均低于掺聚丙烯纤维的珊瑚礁砂混凝土相应龄期的抗冲磨强度，所以相同条件下，掺聚丙烯纤维的珊瑚礁砂混凝土的抗冲磨性能明显优于掺玄武岩纤维的珊瑚礁砂混凝土。从图 6.74 可知，除了掺 0.20%和 0.25%玄武岩纤维的珊瑚礁砂混凝土的 56 d 龄期的抗冲磨强度提高率出现负值外，其他珊瑚礁砂混凝土的抗冲磨强度的提高率均为正值，说明适量的纤维有利于提高珊瑚礁砂混凝土的抗冲磨强度，而过量的纤维在混凝土中不易分散而出现“抱团”现象，从而影响了混凝土的均匀性，使混凝土的抗冲磨性能下降。由表 6.11 和图 6.74 可知，适量的纤维提高珊瑚礁砂混凝土抗冲磨强度的程度高于掺合料，而过量的纤维易发生交叉和聚集，使珊瑚礁砂混凝土薄弱界面、内部孔隙和缺陷增多，纤维与浆体的黏结强度下降，从而降低珊瑚礁砂混凝土的抗冲磨性能。此外，珊瑚礁砂混凝土掺入纤维后，珊瑚礁砂混凝土将吸收的能量[234]分散到数以万计，高抗拉强度、低弹性模量的纤维上，阻止珊瑚礁砂混凝土自身微裂缝的发展并延缓新裂缝的出现，减小了海浪裹挟着礁块对珊瑚礁砂混凝土局部应力集中影响的程度，从而提高了珊瑚礁砂混凝土的抗拉强度、韧性和抗冲磨性能，这就减缓了珊瑚礁砂混凝土的冲磨破坏。由表 6.11 可知，适量的纤维对珊瑚礁砂混凝土后期抗压强度能起到略微的增强作用，而过量的纤维却得到相反的效果，这是因为纤维使珊瑚礁砂混凝土含气量增多，孔隙增多，不利于提高珊瑚礁砂混凝土的抗压强度，但纤维的弹性模量高于水泥基，并且纤维的直径较小，间距较小，具有明显的阻裂效应，有效地抑制了混凝土的开裂[235]。由掺聚丙烯纤维的测试结果可知，过多的纤维对珊瑚礁砂混凝土的抗压强度起到负面作用，而玄武岩纤维的密度大约是聚丙烯纤维的 3 倍，故在相同体积率下，玄武岩纤维的掺量大约是聚丙烯纤维的 3 倍，所以相同体积率下，单位体积内珊瑚礁砂混凝土中聚丙烯纤维的含量低于玄武岩纤维的含量，这也是掺聚丙烯纤维的珊瑚礁砂混凝土的抗压强度高于掺玄武岩纤维的珊瑚礁砂混凝土的抗压强度的原因。

3. 珊瑚礁砂混凝土抗压强度与抗冲磨强度的关系

相关研究表明[236-237]，普通骨料混凝土的抗冲磨性能主要取决于其抗压强度。珊瑚礁砂混凝土的抗冲磨强度与抗压强度的关系如图 6.75 所示。对比可知，在掺入纤维情况下，珊瑚礁砂混凝土的抗冲磨强度与抗压强度关系的离散性较大，这是因为纤维的掺入对珊瑚礁砂混凝土的抗压强度的提高非常微小，甚至起到反作用，但是纤维对其抗冲磨强度的影响较大，原因是细微且韧性大的纤维以每平方米数万根的密度分布在珊瑚礁砂混凝土的内部并起到内支撑的作用，因此增大珊瑚礁砂混凝土裂纹的产生、发展与浆体和纤维分离所需的能量，使砂浆难以从纤维脱落，从而减轻珊瑚礁砂混凝土的磨损。粉煤灰和硅灰的火山灰反应使珊瑚礁砂混凝土形成了强而致密的界面过渡区，因此在冲刷磨蚀过程中，砂浆难以从骨料表面剥离。此外，硅灰、粉煤灰与氢氧化钙发生二次水化反应生成更多的水化硅酸钙 C-S-H 凝胶，填塞了多孔隙的珊瑚骨料及浆体的孔隙，提高了珊瑚礁砂混凝土的密实度。因此，不掺入纤维情况下，珊瑚礁砂混凝土的抗冲磨强度与抗压强度存在较好的正相关性，即珊瑚礁砂混凝土的抗压强度越高，其抗冲磨强度越高。这为科学家和工程师评估防波堤等港工构筑物的耐磨性提供了指导方针。

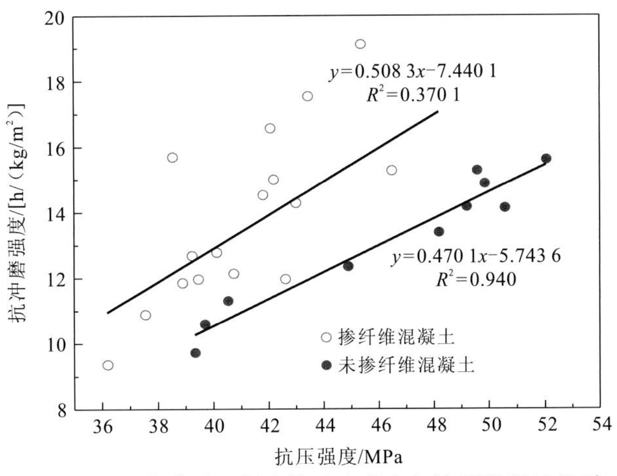

图 6.75 珊瑚礁砂混凝土抗冲磨强度与抗压强度的关系

6.4.3 珊瑚礁砂混凝土的冲刷磨蚀机理

在 3 d 龄期，CAC0 骨料-水泥石黏结处（0）的显微硬度均较其界面过渡区的显微硬度大，这验证了珊瑚礁砂混凝土早期强度增长较快的特点。此外，CAC0 在 0～40 μm 的显微硬度较其他界面过渡区小，说明珊瑚礁砂混凝土存在较薄弱的界面过渡区。这与张栓柱[25]的结果一致。从图 6.76 可知，硅灰能增强珊瑚礁砂混凝土界面过渡区的显微硬度，但粉煤灰却起到反作用，故硅灰改善界面过渡区显微硬度的效果优于粉煤灰，这是因为更细且二次水化反应更强的硅灰不仅填充效应更好，而且消耗了 $Ca(OH)_2$ 晶体，生成了更多的 C-S-H 凝胶，增强了界面过渡区的力学性能。由图 6.76 可知，掺入适量的纤维不会影响珊瑚礁砂混凝土界面过渡区的显微硬度，但是过量的纤维却降低了珊瑚礁砂混凝土的显微硬度，原因是纤维不与水泥石发生化学反应，过多纤维使纤维在珊瑚礁砂混凝土中出现严重的“抱团”现象，这不仅增大了珊瑚礁砂混凝土内部的孔隙，减小珊瑚礁砂混凝土的密实性，还增多了珊瑚礁砂混凝土中纤维和浆体之间薄弱的界面过渡区。

珊瑚礁砂混凝土 28 d 龄期的显微硬度变化曲线如图 6.77 所示，珊瑚礁块的显微硬度较珊瑚礁砂混凝土界面过渡区的显微硬度大得多，此外，CAC0 在 0～40 μm 的显微硬度较其他界面过渡区小，在 40～220 μm 范围内，CAC0 的显微硬度基本趋于稳定，但是 CAC0 的骨料-水泥石黏结处（0）的显微硬度为 167.5 MPa，远大于界面过渡区的显微硬度，这是因为水泥砂浆易渗透到粗糙多孔、吸水性强的珊瑚骨料内部，氢氧化钙晶体在骨料内部生长，填充了珊瑚骨料的孔隙，使其表面结构变得更加致密[8, 25]。这与其他研究者的结论一致，他们发现对于多孔的轻质骨料，由于骨料与水泥浆之间的机械互锁性得到改善，界面过渡区更加致密，更为均匀[238]。与 3 d 龄期珊瑚礁砂混凝土骨料-水泥石黏结处（0）的显微硬度相比，28 d 龄期 CAC0 的骨料-水泥石黏结处（0）的显微硬度变化不明显，而且 CAC0 的界面过渡区平均显微硬度的变化也趋于稳定，说明随着龄期的延长，水泥水化反应逐渐减弱，珊瑚礁砂混凝土骨料-水泥石黏结处（0）的显微硬

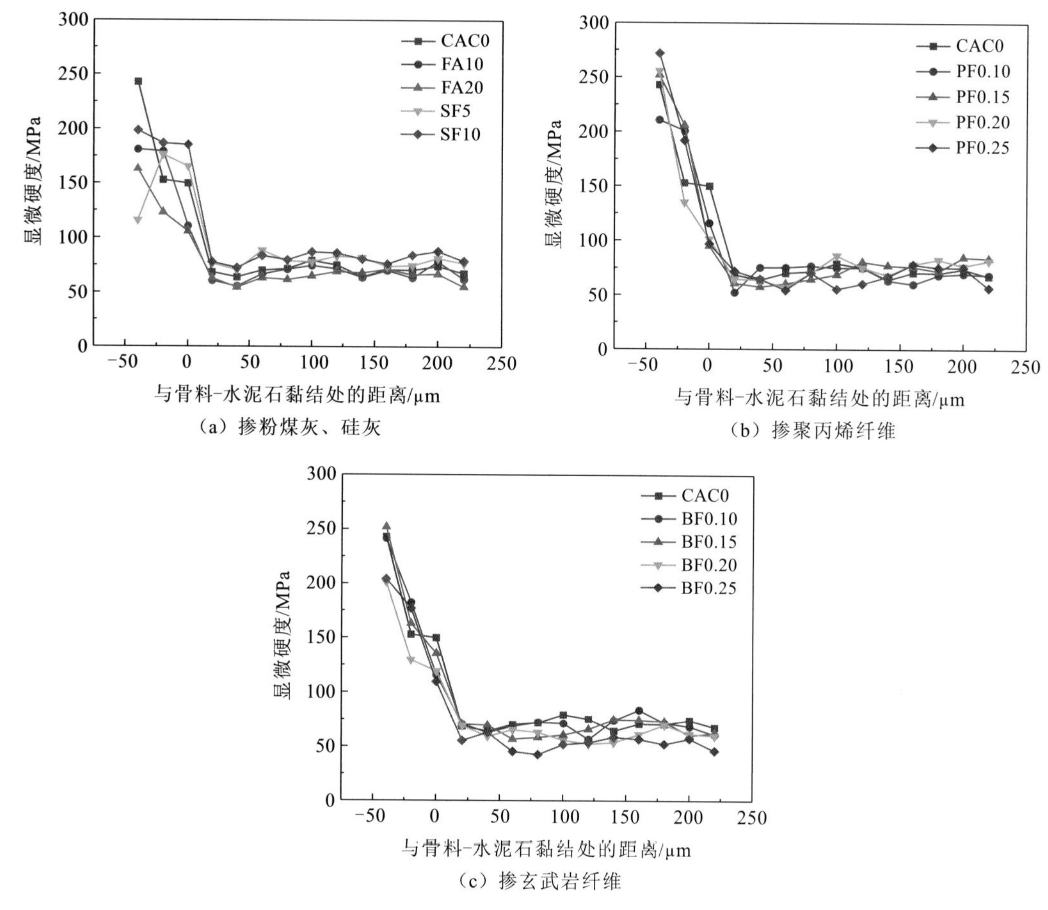

（a）掺粉煤灰、硅灰

（b）掺聚丙烯纤维

（c）掺玄武岩纤维

图 6.76　不同类型珊瑚礁砂混凝土界面过渡区 3 d 龄期的显微硬度变化

度基本达到一个稳定的状态。而且经过 28 d 龄期的养护，在 40～220 μm 范围内，CAC0 的显微硬度基本趋于稳定。在 28 d 龄期，FA10 和 FA20 的显微硬度均较 CAC0 小，但是 FA10 和 FA20 的抗冲磨强度均较 CAC0 大，因此珊瑚礁砂混凝土的耐磨性并不与显微硬度成正比，也不总是随着显微硬度的增加而增加。

聚丙烯纤维和玄武岩纤维降低了珊瑚礁砂混凝土较薄弱的界面过渡区（0～40 μm）的显微硬度，还增大了珊瑚礁砂混凝土较薄弱的界面过渡区的范围。因此，纤维降低了珊瑚礁砂混凝土界面过渡区的显微硬度，这是因为纤维具有不亲水性，纤维与基材界面的水灰比往往高于基材本身，形成弱界面效应，不利于提高珊瑚礁砂混凝土的力学性能。

界面过渡区显微硬度试验的样品及制样过程见 4.2.4 小节。根据材料磨削原理，当两种材料相互作用时，硬度较大的材料磨损较小，硬度较小的材料磨损较大，因此在潮汐海浪裹挟硬度更大的珊瑚礁块冲刷磨蚀作用下，珊瑚礁砂混凝土发生磨损是必然的。由图 6.76 和图 6.77 可知，珊瑚礁块的显微硬度较珊瑚礁砂混凝土界面过渡区和水泥石的显微硬度大得多，因此，当珊瑚礁砂混凝土表面被磨蚀后，硬度较大的珊瑚礁块在海浪的推动下冲击硬度小得多的界面过渡区和水泥石，界面过渡区和水泥石易先逐渐破坏，

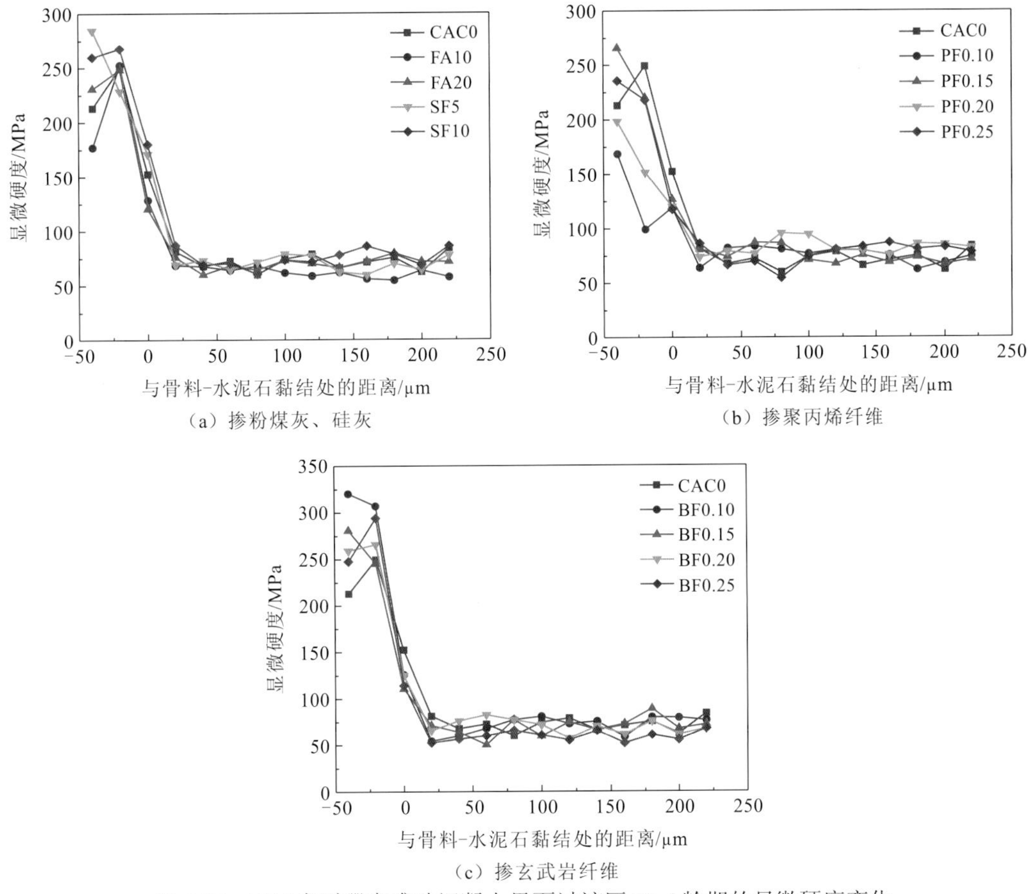

(a) 掺粉煤灰、硅灰

(b) 掺聚丙烯纤维

(c) 掺玄武岩纤维

图 6.77　不同类型珊瑚礁砂混凝土界面过渡区 28 d 龄期的显微硬度变化

水泥石与骨料之间的黏聚力逐渐丧失，从而导致珊瑚骨料在珊瑚礁砂混凝土上裸露甚至脱落。珊瑚骨料的显微硬度较大，故其磨损速度较小，珊瑚骨料逐渐凸起；水泥石的显微硬度较小，故其磨损较大，逐渐形成凹坑。当含砂水流磨蚀珊瑚礁砂混凝土一定程度时，珊瑚骨料凸起，水泥石凹陷，但是凸起的珊瑚骨料和凹陷的水泥石所受的冲刷作用力不同，凸起的珊瑚骨料承受的冲刷磨蚀作用力大于凹陷的水泥石，随着磨蚀的增加，珊瑚骨料与水泥石所承受的冲刷磨蚀作用力的差距也逐渐增大，但是此时两者的磨损速度逐渐减小，直至相同，此时珊瑚礁砂混凝土的磨损程度趋于稳定，其磨损速度也趋于稳定。但是，珊瑚礁砂混凝土在形态结构和化学矿物成分上与普通骨料混凝土相差较大且珊瑚礁砂易破碎，因此在外界冲刷磨蚀作用力的作用下，不规则的珊瑚骨料已被打磨成具有一定圆度的骨料，且珊瑚礁砂易破碎。因此，在珊瑚礁砂混凝土磨损的过程中，珊瑚礁块也会被磨圆，并出现较大破碎的现象。随着磨损的持续，珊瑚礁砂混凝土表面凹凸不平的程度不断增大，使得水泥石无法与骨料较好地黏结成整体时，珊瑚骨料被含砂的潮汐海浪冲走，水泥石承受的冲刷作用力增大，磨损加剧，直至下一层粗骨料再次露出表面，重新达到新的平衡。如此反复进行，珊瑚礁砂混凝土不断被磨损。因此，珊瑚礁砂混凝土在发生冲刷磨蚀时，其磨蚀劣化过程是水泥石和骨料相继磨损、脱落的过程。

6.4.4 提升珊瑚礁砂混凝土的抗冲磨性能的机制

图 6.78 是 28 d CAC0、FA10、FA20、SF5 和 SF10 样品的水泥浆体矿物成分。由图 6.78 可知，CAC0 样品的 $Ca(OH)_2$ 的衍射峰均较 FA10、FA20、SF5 和 SF10 高，说明粉煤灰和硅灰的火山灰反应消耗了 $Ca(OH)_2$，但是样品仍呈现较强的 $Ca(OH)_2$ 衍射峰，说明本试验中粉煤灰和硅灰的掺量不足以完全消耗 $Ca(OH)_2$。此外，XRD 谱图中仍存在 SiO_2，故胶凝材料未全部发生水化。相关研究表明，硅灰可以提高混凝土的抗压强度和抗冲磨强度[168,239-241]，然而粉煤灰是提高还是降低混凝土的耐磨性还未有明确的结论。国内外研究者研究表明，粉煤灰是否提升混凝土的耐磨性取决于粉煤灰的品质和掺量[242-247]。

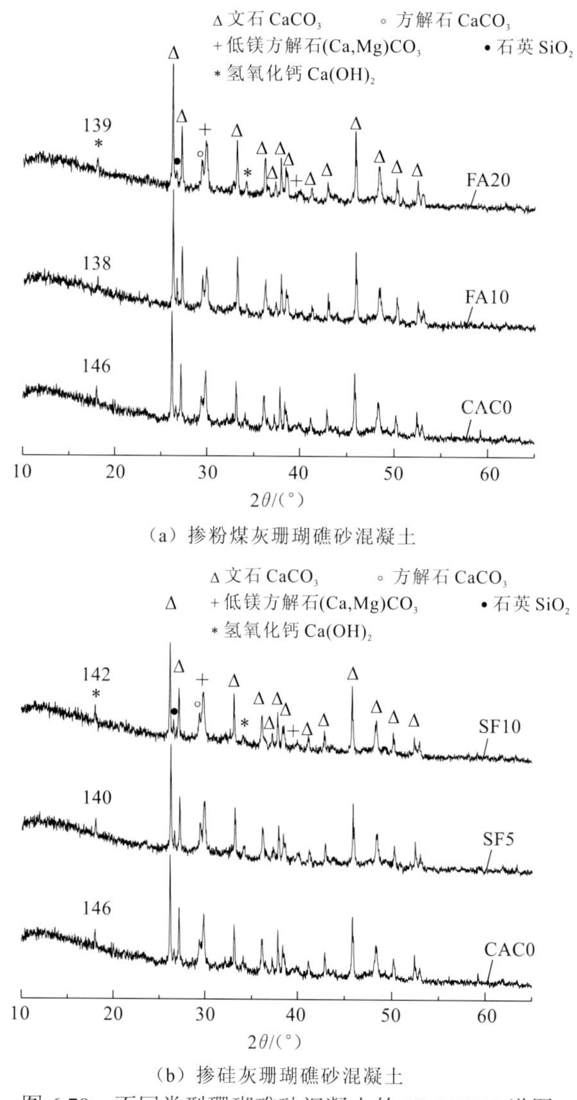

图 6.78 不同类型珊瑚礁砂混凝土的 28 d XRD 谱图

因此，本章研究的是适量的一级粉煤灰对珊瑚礁砂混凝土抗冲磨性能的影响。结果表明，掺 10%和 20%的粉煤灰均提高了珊瑚礁砂混凝土的耐磨性，但是随掺量的增多，其抗冲磨强度会逐渐降低。由图 6.73 可知，CAC0 样品表面的砂浆几乎全被磨蚀，并且 CAC0 样品表面留下了大约 3 mm 深的凹坑，而 FA10 和 SF10 样品表面分别留下了 1～1.5 mm 与小于 1 mm 的凹坑，且表观的磨蚀程度也较 CAC0 小，这直观地反映了粉煤灰和硅灰可以提高珊瑚礁砂混凝土的抗冲磨强度。图 6.78 表明，FA10、FA20、SF5 和 SF10 样品的 $Ca(OH)_2$ 的衍射峰均较 CAC0 低，说明粉煤灰和硅灰与 $Ca(OH)_2$ 的二次水化反应生成了更多的 C-S-H 凝胶，使得浆体的毛细孔得到了改善，进而降低了孔隙率，并提高了抗冲磨强度。由图 6.76 和图 6.77 可知，在钢球的研磨和摩擦下，强而致密的界面过渡区使浆体很难从珊瑚骨料表面上剥落，因此提高了珊瑚礁砂混凝土的抗冲磨性能，这也是珊瑚礁砂混凝土抗冲磨性能得以改善的重要原因。

图 6.79 展示了 28 d 的 PF0.10、PF0.15、PF0.20、BF0.10、BF0.15 和 BF0.20 样品的 SEM 照片。从图 6.79（a）中发现，纤维与浆体黏结处出现了裂纹，而其他部位尚未出现裂纹，这反映了纤维与水泥石黏结处也是珊瑚礁砂混凝土较薄弱界面中的一部分，因此纤维与水泥石黏结强度的大小也会影响珊瑚礁砂混凝土的力学性能。从图 6.79（b）、（d）中发现，聚丙烯纤维发生了一定程度的撕裂和断裂，这证实了纤维与水泥基体具有良好的黏聚力，为纤维提高珊瑚礁砂混凝土的抗冲磨性能提供了有利依据，也反映了纤维的阻裂效应及水泥砂浆与纤维的黏聚作用使砂浆难以从纤维脱落，从而减轻了珊瑚礁砂混凝土的磨损。图 6.79（c）、（e）和（f）是掺过量纤维的珊瑚礁砂混凝土的微观形貌，

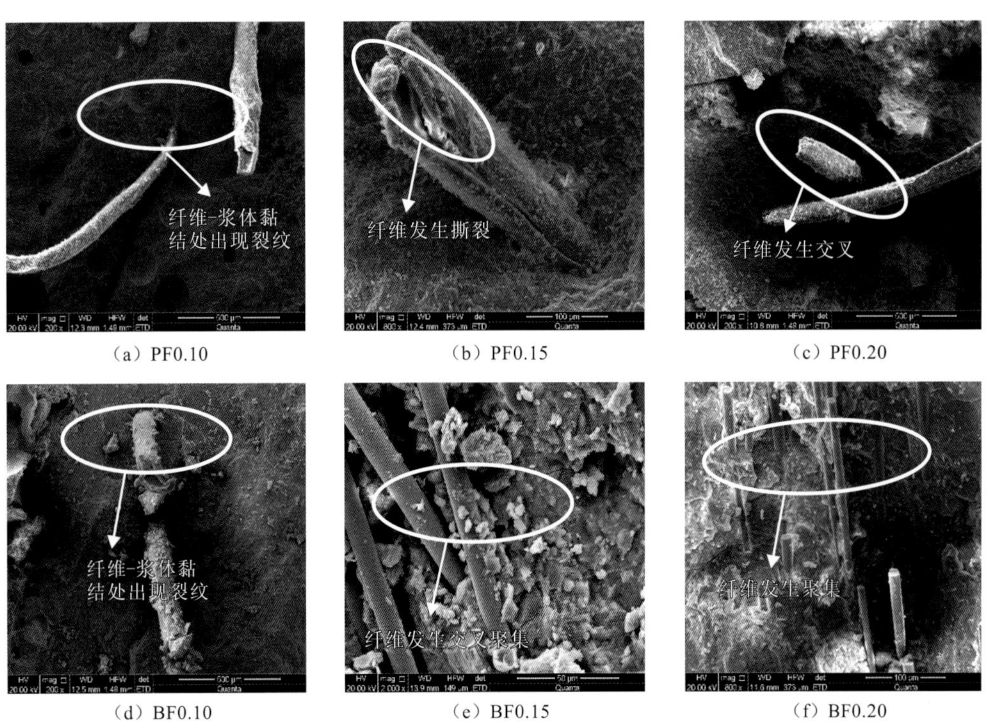

（a）PF0.10　（b）PF0.15　（c）PF0.20

（d）BF0.10　（e）BF0.15　（f）BF0.20

图 6.79 纤维珊瑚礁砂混凝土 28 d 的微观结构

从中发现，过量的纤维易发生交叉和聚集，使得纤维难以均匀地分散在珊瑚礁砂混凝土中，从而降低了珊瑚礁砂混凝土的抗冲磨强度和界面过渡区的显微硬度。图 6.74 和图 6.77 均表明了过量的纤维会降低珊瑚礁砂混凝土的抗冲磨强度和界面过渡区的显微硬度。相关研究表明，掺聚丙烯纤维的珊瑚礁砂混凝土具有较好的抗冲磨性能，这是由于聚丙烯纤维与水泥砂浆具有较高的黏聚力[248-249]。从表 6.11 可知，聚丙烯纤维提高了珊瑚礁砂混凝土的抗冲磨强度，且在扫描电子显微镜下发现纤维在珊瑚礁砂混凝土中发生了撕裂和断裂，如图 6.79 所示，这说明纤维在钢球的冲击作用下发生了断裂，证实了其与水泥基体具有良好的黏聚力。

6.5　提升珊瑚礁砂混凝土耐久性的处置对策

6.5.1　提高珊瑚礁砂混凝土抗盐雾侵蚀的措施

通过现场调研发现，港池防波堤内侧的珊瑚礁砂混凝土表层 10 cm 范围内出现了不同程度的盐雾侵蚀破坏。为了提高珊瑚礁砂混凝土构筑物等在盐雾侵蚀环境下的长期服役性能，并为防治提供重要的依据，根据水泥化学和混凝土腐蚀理论，采取的主要措施如下。

（1）通过试验发现，珊瑚礁砂混凝土的抗盐雾侵蚀能力与其强度等级成正比，故借助富浆混凝土设计理论、高性能混凝土设计理论，降低水灰比 W/C，增大胶凝材料的用量，改善珊瑚礁砂混凝土界面过渡区的力学性能。一方面，通过增加水化产物数量对氯离子进行物理结合和化学结合，并消耗硫酸盐；另一方面，通过提高珊瑚礁砂混凝土界面过渡区的性能及密实度，降低侵蚀性离子的扩散速率，并延长侵蚀性离子的扩散通道（侵蚀性离子侵蚀结果如图 6.8 和图 6.10 所示）。

（2）由试验结果可知，通过复掺粉煤灰、硅灰和聚丙烯纤维等外加剂可以提高珊瑚礁砂混凝土的抗盐雾侵蚀能力，利用火山灰反应消耗氯盐和硫酸盐，形成强度和耐久性好的 AFt、水化氯铝酸钙和单碳水化铝酸钙等产物（结果如图 6.8 和图 6.10 所示）。

（3）用净浆裹砂石或用有机乳液处理珊瑚礁表面。净浆和有机乳液填充了珊瑚礁的孔隙，从而提高了珊瑚礁的自身强度，进一步抑制了侵蚀性离子通过多孔隙的珊瑚骨料通道进行的渗透扩散。

（4）尽量以铝酸三钙（C_3A）和铁铝酸钙（C_4AF）含量较高的硅酸盐水泥或 OPC 为胶凝材料（如本书中研究的 HIPC）；利用水化产物水化铝酸钙与氯离子反应生成水化氯铝酸钙，降低氯离子的含量。此外，适当提高珊瑚礁砂混凝土的养护温度，可以降低离子的渗透性。

（5）防护涂层（硅烷）已逐渐成为海工混凝土防护的重要措施[250-251]，阻隔空气中的 H_2O、O_2、CO_2 和盐雾。

6.5.2　提高高低温环境下珊瑚礁砂混凝土性能的措施

珊瑚岛礁属热带海洋环境，常年高温，处于浪溅区的防波堤堤面受强烈的紫外线照射，表面温度较高，海浪飞溅又使温度降低，这种频繁的冷热交替对防波堤的性能造成了损害。为增强珊瑚礁砂混凝土在高低温环境下的长期服役性能，并为防治提供重要的科学依据，根据温度应力和热性能理论，采取的主要措施如下。

（1）通过室内加速试验发现，在高低温交变环境下，高强的珊瑚礁砂混凝土的适应性较低强的珊瑚礁砂混凝土好，故借助富浆混凝土设计理论、高性能混凝土设计理论，降低 W/C，增大胶凝材料用量，掺入高效减水剂，调整珊瑚骨料的形状及级配，配制出高强、高性能的珊瑚礁砂混凝土。

（2）本试验研究表明，粉煤灰、硅灰和聚丙烯纤维能有效抑制高低温循环作用下珊瑚礁砂混凝土的劣化发展，但是聚丙烯纤维不适宜应用在海洋环境中的浪溅区等容易遭受高低温交变和海水飞溅作用的长期工程中，但可以应用在用于紧急处理、修护等的短期工程中。

（3）由试验结果可知，海水降温工况的试件破坏主要是由于有害离子侵入混凝土内部产生钙钒石、石膏和硫酸钠等众多膨胀性晶体，它们产生的膨胀力加剧了由热应力引起的裂纹的发展。因此，用净浆裹砂石或用有机乳液处理珊瑚礁表面以降低有害离子侵入珊瑚礁砂混凝土的速率。

（4）根据岛礁不同区域现场的环境情况从控制骨料温度、间歇期长短、浇筑温度、通水冷却、表面保护和养护方面，提出不同的温控措施。此外，通过在防波堤上建设“戴帽子”工程的举措以防潮汐海浪飞溅到防波堤表面，从而改变了高低温循环环境。

（5）适当提高珊瑚礁砂混凝土的养护温度以促进矿物掺合料的水化程度，并提高珊瑚礁砂混凝土的流动性，这不仅提高了珊瑚礁砂混凝土的宏观、微观性能，而且有利于其在高温环境下施工。

6.5.3　珊瑚礁砂混凝土抗冲磨性能的提升措施

在珊瑚岛礁建设中，由珊瑚礁砂混凝土建造的防波堤等港工构筑物长期遭受潮汐海浪裹挟珊瑚礁砂的冲刷磨蚀，为了更好地确保防波堤等港工构筑物的长期稳定性和耐久性，解决冲刷磨蚀下珊瑚礁砂混凝土损伤问题的主要措施如下。

（1）由室内冲刷磨蚀试验的结果可知，珊瑚礁砂混凝土的抗冲磨强度与抗压强度成正比（图 6.75），因此可以通过提高珊瑚礁砂混凝土的抗压强度以达到耐磨的目的。而室内试验研究表明，制备高强珊瑚礁砂混凝土的途径主要有三个：①调整珊瑚骨料的形状和级配，减少枝状、棒状及片状的珊瑚礁，并将 5～20 mm 连续级配的珊瑚礁作为粗骨料可制备高强珊瑚礁砂混凝土（强度结果见表 6.6）；②借鉴前人的研究成果，本试验采用富浆混凝土设计原理[6,7,14]，采用较高水泥和矿物掺合料等胶凝材料用量、较大砂率等配合比设计，提高浆体结构在珊瑚礁砂混凝土的体积率；③采用高性能混凝土配制原理，掺加硅灰、粉煤灰、偏高岭土及矿粉等矿物掺合料，并掺入高效减水剂，将 *W/C* 降低到 0.25 以下，这些矿物掺合料较好地改善了珊瑚礁砂混凝土界面过渡区的力学性能，从而有利于提高珊瑚礁砂混凝土的抗冲磨性能。

（2）骨料的要求。骨料的强度和结构对混凝土抗压强度与耐磨性均有影响，且混凝土的耐磨性随骨料强度和肖氏硬度的增加而降低。不仅如此，骨料的形状、纹理、矿物成分和强度也会影响混凝土的强度[252]。由于珊瑚礁砂是就地取材的材料，而珊瑚骨料粗糙多孔、形状不规则、易破碎，故只能通过改善珊瑚礁砂的级配来提高珊瑚礁砂混凝土的耐磨性，细骨料宜选用级配较好的粗砂、中砂来配制珊瑚礁砂混凝土，且在条件允许的情况下，粗骨料的最大粒径宜选大值。此外，由富浆混凝土和高性能混凝土设计原理可知，需提高包裹在珊瑚礁砂周围的水泥浆体的强度，即在珊瑚礁砂周围形成一定厚度的高强硬壳结构。

（3）矿物掺合料和纤维的要求。通常将硅灰、粉煤灰、矿渣微粉等作为矿物掺合料，因为矿物掺合料填塞了多孔的珊瑚骨料和浆体的孔隙，提高了珊瑚礁砂混凝土的密实度。此外，纤维的阻裂效应及水泥砂浆与纤维的黏聚力使砂浆难以从纤维脱落，从而减轻了珊瑚礁砂混凝土的磨损，提高了珊瑚礁砂混凝土的抗冲磨性（表 6.11）。但是硅灰的最佳掺量不宜超过 20%，粉煤灰的最佳掺量应在 10%左右，最大不宜超过 15%，纤维的体积率不宜超过 0.15%。

（4）在优选的胺类-环氧树脂固化体系中，加入增韧剂 GXY，制备出具有“海岛结构”的合金增韧型双组分抗冲磨材料。其在常温、低温（0 左右）可固化，黏结、抗压强度、抗冲磨强度等力学性能高，配制、施工操作简便，适应性强，可在潮湿处施工，是一种性能优良的用于水工建筑物过流面防护和缺陷修补的材料[253]。

6.6 本章小结

本章主要通过室内加速盐雾侵蚀试验分析高强、高性能珊瑚礁砂混凝土在盐雾侵蚀环境中的适应性；通过比较三种水泥的水化过程、抗氯离子渗透性、不同侵蚀溶液中的强度和抗侵蚀系数，掌握三种水泥的水化和抗侵蚀性能；比较两种矿物掺合料单掺对 HIPC 水化过程、抗氯离子渗透性、不同侵蚀溶液中的强度和抗侵蚀系数的影响；通过室内高低温循环加速试验分析高强、高性能珊瑚礁砂混凝土在高低温交变环境中的适应性；通过室内冲刷磨蚀试验分析高强、高性能珊瑚礁砂混凝土在冲刷磨蚀环境下的适应性，得到的结论如下。

（1）在盐雾侵蚀加速模拟试验中，珊瑚礁砂混凝土的抗压强度随盐雾侵蚀时间的增长呈先增大后减小的变化趋势；各类型珊瑚礁砂混凝土的表面氯离子浓度随盐雾侵蚀时间的增长呈先快速增长后缓慢增长的趋势；各类型珊瑚礁砂混凝土的表观氯离子浓度随盐雾侵蚀时间的增长呈先快速下降后逐渐平稳的趋势。掺合料和纤维有利于改善珊瑚礁砂混凝土在盐雾环境下的力学性能；OA-50 的抗压强度的降低程度、表面氯离子浓度和表观氯离子扩散系数要小于 CA-50。此外，各类型珊瑚礁砂混凝土的相对动弹性模量随盐雾侵蚀时间的增长呈先增大后平稳发展而后缓慢下降的趋势，OA-50 的相对动弹性模量要明显大于同强度等级的 CA-50。

（2）养护温度为 20 ℃时，HIPC 在 28 d 的电通量最高，故其抗氯离子渗透性较差。但当养护温度为 40 ℃时，HIPC 在 28 d 的电通量降低了 46.79%，降低幅度最大。HIPC 分别在浓度为 5%的 Na_2SO_4 和 $MgSO_4$ 溶液中的抗侵蚀能力较 MHC 和 OPC 好。HIPC 在浓度为 5%的 NaCl 溶液中的抗侵蚀能力并不是十分突出，这与 HIPC 中的高 C_4AF 可以固化氯离子，生成 F 盐，提高抗侵蚀能力的预想有差距。

（3）在 20 ℃养护环境下，单掺粉煤灰和硅灰虽然降低电通量，但电通量仍高于 1 000 C，故抗氯离子的渗透性一般；养护温度为 40 ℃时，掺 8%硅灰的水泥体系的 28 d 电通量低于 1 000 C。粉煤灰/硅灰-水泥体系在浓度为 5%的 $MgSO_4$ 溶液中破坏较严重。硅灰-水泥体系由于硅灰活性高，有利于体系早期抗侵蚀性能的提高；粉煤灰早期几乎不参与反应，因此有利于后期抗侵蚀性能的提高。

（4）珊瑚礁砂混凝土在室内高低温循环作用下，抗压强度随高低温循环周期的增加呈先增后减的趋势，但是其劈裂抗拉强度基本上随高低温循环周期的增加呈下降的趋势。此外，海水中有害离子的侵入使混凝土内部产生了钙矾石、石膏和硫酸钠晶体等众多膨胀性产物，进而加剧了由热应力引起的裂纹的发展。珊瑚礁砂混凝土在高低温循环作用下产生的热应力裂缝主要发生在砂浆基体或靠近骨料和浆体界面的砂浆上。

（5）珊瑚礁砂混凝土的抗冲磨强度与抗压强度呈正相关性。粉煤灰和硅灰均提高了珊瑚礁砂混凝土的抗冲磨强度，但是两者的量均不宜过多。此外，在相同条件下，硅灰改善珊瑚礁砂混凝土抗冲磨性能的效果优于粉煤灰。掺聚丙烯纤维的珊瑚礁砂混凝土的抗冲磨性能较掺玄武岩纤维的珊瑚礁砂混凝土好。但是过量的纤维降低珊瑚礁砂混凝土的抗冲磨性能。

第 7 章 珊瑚礁砂混凝土的损伤演化

高温、高湿、高盐及多台风的热带岛礁环境对珊瑚礁砂混凝土构筑物具有很强的损伤破坏作用，研究珊瑚礁砂混凝土在恶劣岛礁环境中的损伤演化规律对于工程建设结构的长期稳定性具有重要的科学意义。为了深入研究珊瑚礁砂混凝土在盐雾侵蚀和高低温循环作用下的损伤演化，基于第 6 章的数据，利用损伤变量和损伤理论研究珊瑚礁砂混凝土在盐雾侵蚀与高低温循环作用下的内部损伤规律，并利用数学模型预测珊瑚礁砂混凝土的损伤情况。此外，利用裂纹密度模型研究高低温循环作用下珊瑚礁砂混凝土的裂纹密度发展趋势。

7.1 珊瑚礁砂混凝土在劣化过程中的损伤演化方程

根据损伤力学的原理[253]，损伤变量可以定量描述混凝土的损伤程度；在耐久性研究中，混凝土的耐久性指标常用相对动弹性模量 $E_{rd}=E_n/E_0$ 来表示[254]，混凝土的损伤变量可表示为

$$D_V = 1 - E_{rd} \tag{7.1}$$

根据试验结果与分析，珊瑚礁砂混凝土在盐雾侵蚀、高低温循环作用下的损伤曲线呈现出抛物线形或直线形的特征，因此将简单的一元二次多项式作为损伤模式的数学模型来描述珊瑚礁砂混凝土的 E_{rd}（用百分制表示）与盐雾侵蚀时间 t（或高低温循环作用周期 N）之间的关系：

$$E_{rd} = a' + b't + \frac{1}{2}c't^2 \tag{7.2}$$

式中：b'、c'为损伤参数，具有不同的物理意义。

混凝土的损伤曲线总是开口向下，因此 $c'<0$；当系数 $c'=0$ 时，也能描述直线关系

$$E_{rd} = a' + b't \tag{7.3}$$

联立式（7.1）和式（7.2）并求导，分别得到混凝土在盐雾侵蚀（或高低温循环）过程中的损伤速度和损伤加速度，损伤速度为

$$\frac{dD_V}{dt} = -\frac{dE_{rd}}{dt} = -(b' + c't) \tag{7.4}$$

当 $t=0$ 时，损伤初速度为

$$\left.\frac{dD_V}{dt}\right|_{t=0} = -\left.\frac{dE_{rd}}{dt}\right|_{t=0} = -b' \tag{7.5}$$

损伤加速度为

$$\frac{d^2 D_V}{dt^2} = -\frac{d^2 E_{rd}}{dt^2} = -c' \tag{7.6}$$

由以上分析可以看出，式（7.2）中的参数 a'、c'具有明确的物理意义，在本书中参数 a'约为 100（小数制时为 1），参数 b'代表损伤初速度，参数 c'代表损伤加速度。依据普通物理学中投掷物体的抛物线运动规律，可以在理论上进一步明确在盐雾侵蚀（或高低温循环）作用下珊瑚礁砂混凝土的损伤失效过程。以盐雾侵蚀为例，在盐雾侵蚀初期，珊瑚礁砂混凝土以初速度$-b'$产生损伤，在随后的侵蚀过程中，损伤以加速度$-c'$发展；任意盐雾侵蚀时间下，混凝土的损伤速度为$-(b'+c't)$；当 $c'=0$ 时，混凝土以匀速形式损伤，当$-c'>0$ 时，混凝土以加速形式损伤。高低温循环作用下，珊瑚礁砂混凝土的损伤失效过程同盐雾侵蚀。

7.1.1　珊瑚礁砂混凝土盐雾侵蚀的损伤演化方程参数及规律

对室内加速盐雾侵蚀作用下测定的相对动弹性模量数据进行拟合，结果如图 7.1 所示，得到的各组珊瑚礁砂混凝土在盐雾侵蚀过程中的损伤演化方程参数如表 7.1 所示。其中，损伤初速度$-b'$以 CA-20 最大，损伤加速度$-c'$最小，表明 CA-20 最易受到侵蚀。在盐雾侵蚀初期，CA-20 的损伤大于其他各组珊瑚礁砂混凝土，内部损伤至较大程度后受侵蚀速度变缓，CA-30、CA-50、CA-F15S5 和 CA-F15S5PF 的损伤初速度相差不大，损伤加速度的大小关系为 CA-F15S5PF＜CA-F15S5＜CA-50＜CA-30，在初始损伤相差不大的情况下，通过降低水灰比和掺加粉煤灰、硅灰、聚丙烯纤维等措施可减缓盐雾侵蚀的损伤发展速率。

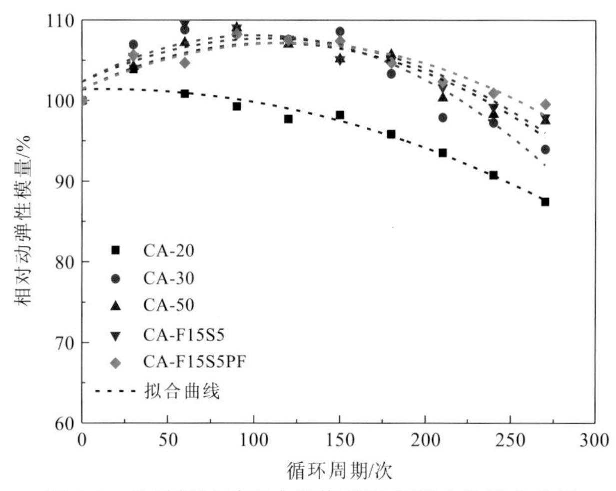

图 7.1　盐雾侵蚀过程中珊瑚礁砂混凝土的拟合曲线

表 7.1　盐雾侵蚀过程中珊瑚礁砂混凝土的损伤演化方程参数

序号	试样类型	损伤演化方程参数			相关系数 R^2	样本数
		a'	b'	$c'/10^{-4}$		
1	CA-20	101.374 7	0.005 14	−6.134 5	0.931 45	11
2	CA-30	102.390 0	0.114 35	−11.318 3	0.850 19	11
3	CA-50	101.447 4	0.103 32	−9.300 1	0.819 07	11
4	CA-F15S5	102.379 9	0.098 69	−9.052 8	0.778 77	11
5	CA-F15S5PF	101.418 28	0.096 33	−8.024 5	0.804 64	11

7.1.2 珊瑚礁砂混凝土高低温循环的损伤演化方程参数及规律

对室内加速高低温循环交变试验测定的相对动弹性模量数据进行拟合，结果如图 7.2 所示，得到的各组珊瑚礁砂混凝土在高低温循环劣化过程中的损伤演化方程参数如表 7.2 和表 7.3 所示。TC-F 中，损伤初速度$-b'$的大小关系为 CA-30＞CA-50＞CA-F15S5＞CA-F15S5PF，CA-30 在循环初期即发生较大的损伤，而损伤加速度$-c'$的大小关系却有所不同，CA-F15S5 和 CA-F15S5PF 的损伤加速度要大于 CA-30 和 CA-50，表明 CA-30、CA-50 比 CA-F15S5、CA-F15S5PF 在循环初期更容易发生损伤，在一定的循环周期里，CA-30 和 CA-50 比 CA-F15S5 和 CA-F15S5PF 以更大的损伤速度发展，损伤到达一定程度后损伤速率变缓，这时 CA-30 和 CA-50 的损伤速度小于 CA-F15S5 和 CA-F15S5PF。TC-S 中，与损伤加速度相比，各组珊瑚礁砂混凝土的损伤速度相差不大，损伤加速度$-c'$的大小关系为 CA-30＞CA-50＞CA-F15S5PF＞CA-F15S5，循环初期，在初始损伤相差不大的情况下，珊瑚礁砂混凝土的损伤速度的大小关系为 CA-30＞CA-50＞CA-F15S5PF＞CA-F15S5。比较 TC-F 与 TC-S 中各组珊瑚礁砂混凝土的初始损伤速度和损伤加速度发现，TC-F 中各组珊瑚礁砂混凝土的损伤速度小于 TC-S。

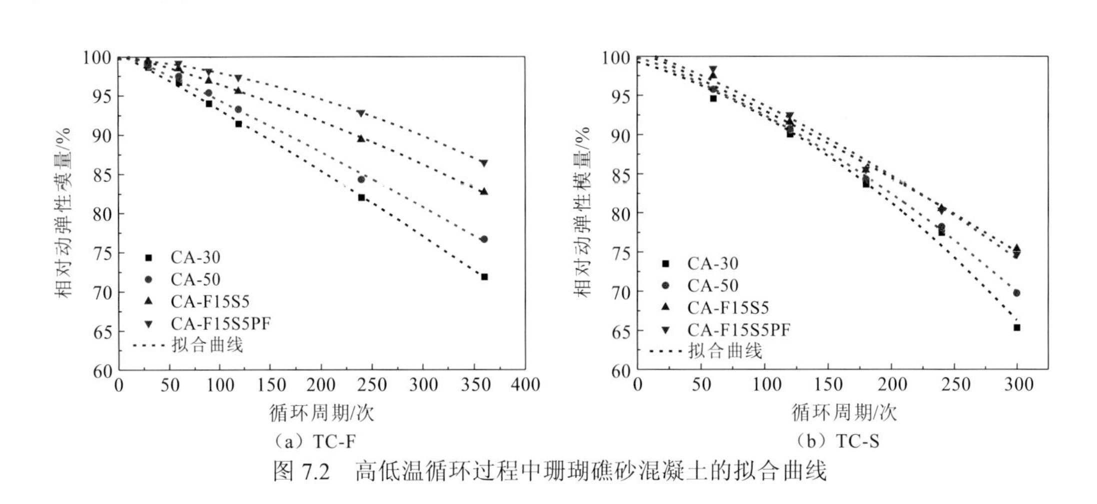

图 7.2 高低温循环过程中珊瑚礁砂混凝土的拟合曲线

表 7.2 TC-F 中珊瑚礁砂混凝土的损伤演化方程参数

序号	试样类型	损伤演化方程参数			相关系数 R^2	样本数
		a'	b'	$c'/10^{-4}$		
1	CA-30	100.464 8	−0.069 5	−0.283 4	0.998 4	7
2	CA-50	100.578 7	−0.059 6	−0.214 6	0.995 4	7
3	CA-F15S5	100.381 1	−0.035 3	−0.396 6	0.997 7	7
4	CA-F15S5PF	99.939 9	−0.013 9	−0.357 6	0.998 3	7

表 7.3　TC-S 中珊瑚礁砂混凝土的损伤演化方程参数

序号	试样类型	损伤演化方程参数			相关系数 R^2	样本数
		a'	b'	$c'/10^{-4}$		
1	CA-30	99.296 4	−0.050 3	−1.988 5	0.961 0	6
2	CA-50	99.964 8	−0.062 6	−1.254 2	0.984 4	6
3	CA-F15S5	100.714 8	−0.072 4	−0.442 3	0.989 5	6
4	CA-F15S5PF	100.941 9	−0.063 6	−0.863 6	0.978 2	6

7.2　珊瑚礁砂混凝土在盐雾环境下的劣化程度

受盐雾侵蚀的珊瑚礁砂混凝土主要发生化学损伤而劣化，混凝土的化学损伤 D_c 可以用受侵蚀部分面积与初始受侵蚀面面积的比值来表示[255]，如图 7.3 所示。假设盐雾侵蚀对混凝土的侵蚀在不同方向上由表及里均匀发生，则对于圆柱体试件，受侵蚀过程中混凝土的损伤变量 D_V 可表示为

$$D_V=\frac{A_e}{A_u}=1-\left(\frac{r-d_h}{r}\right)^2 \tag{7.7}$$

式中：A_e 为受侵蚀部分面积；A_u 为未受侵蚀时的初始面积；r 为圆柱体混凝土试件半径；d_h 为侵蚀深度。

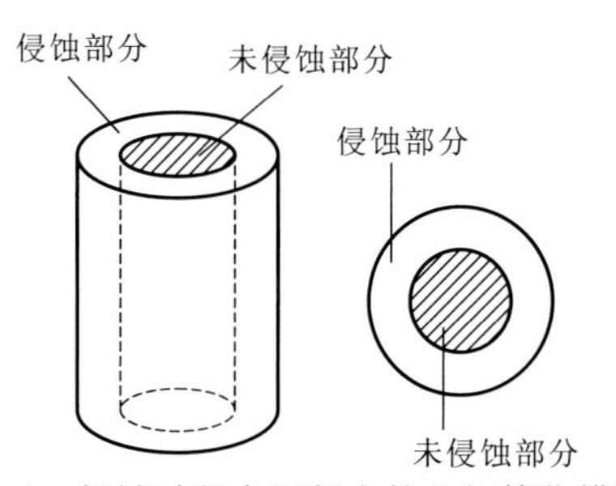

图 7.3　侵蚀过程中混凝土的几何简化模型

本节盐雾侵蚀模拟试验中圆柱体混凝土试样的直径为 50 mm，代入式（7.7）得到的各组混凝土的受侵蚀深度随时间的变化如图 7.4 所示，随着侵蚀时间的增长，各组珊瑚礁砂混凝土的盐雾侵蚀劣化深度逐渐加深，当盐雾侵蚀 60 d 时，CA-20 的受侵蚀深度开始加速增长，CA-30 在盐雾侵蚀 180 d 后侵蚀深度明显增长，CA-50、CA-F15S5 和 CA-F15S5PF 则在盐雾侵蚀 210 d 时侵蚀深度开始增长，当盐雾侵蚀 270 d 时，CA-20、CA-30、CA-50、CA-F15S5、CA-F15S5PF 的受侵蚀深度分别为 1.22 mm、0.76 mm、

0.31 mm、0.26 mm 和 0.05 mm，可见降低水灰比和掺加粉煤灰、硅灰、聚丙烯纤维可有效抑制盐雾中的有害离子对珊瑚礁砂混凝土的侵蚀。

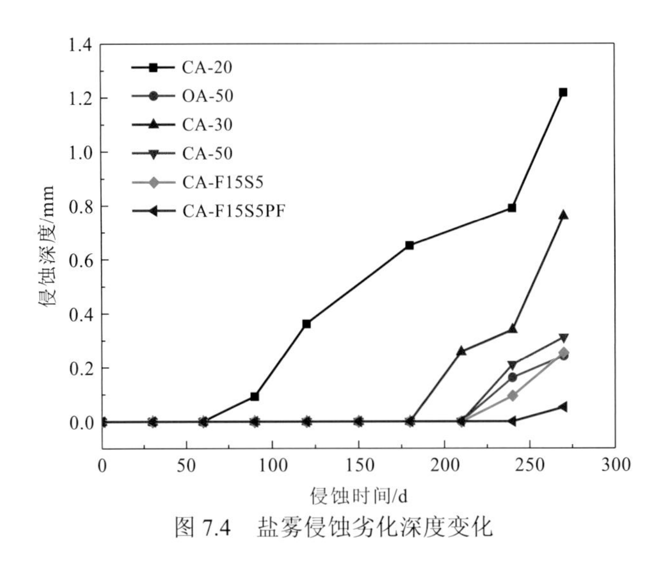

图 7.4 盐雾侵蚀劣化深度变化

7.3 珊瑚礁砂混凝土在高低温循环中的裂纹演化过程

裂纹密度是描述混凝土材料内部微裂纹发展与应变关系的一个无量纲物理量，其物理意义是单位体积混凝土内微裂纹体积所占的比例，与单位体积混凝土内微裂纹的数量和大小有关[256]。文献[256-257]指出，拉伸试验过程中混凝土的损伤变量与混凝土内部的裂纹密度有如下近似关系：

$$C_{\mathrm{d}}=\frac{9}{16}D_V \tag{7.8}$$

珊瑚礁砂混凝土在频繁的高低温交变作用下发生开裂崩落损伤，主要是因为混凝土各组成相热变形的差异在内部产生拉应力，或者是海水中的有害离子与水化产物反应在混凝土内部形成膨胀性产物，它们产生结晶应力。在原理上，式（7.8）适用于混凝土在高低温循环交变作用下的劣化损伤过程。文献[258]推导出了在腐蚀条件下混凝土的裂纹密度与相对劣化深度、相对动弹性模量之间的关系，如式（7.9）所示。考虑到珊瑚礁砂混凝土在高低温循环交变劣化过程中微裂纹的形成与发展机制，式（7.9）也可以用于描述珊瑚礁砂混凝土在高低温循环交变作用下裂纹密度、相对动弹性模量及相对劣化深度之间的关系。

$$C_{\mathrm{d}}=\frac{9}{16}\left(1+\frac{19\,000}{E_0}\right)\left[\frac{4h^2}{(E_{\mathrm{rd}}^{1/2}+2h-1)^2}\right] \tag{7.9}$$

式中：C_d 为混凝土劣化区域的裂纹密度；E_0 为混凝土的初始动弹性模量，由抗压强度计算得到[12]；E_{rd} 为混凝土试件的相对动弹性模量；h 为相对劣化深度。

根据损伤力学基本原理和混凝土的损伤劣化规律，假定混凝土的损伤裂纹是不可恢复的，一旦产生不可愈合的微裂纹，随着劣化过程的持续进行，只会出现新的损伤微裂纹及单一微裂纹的扩展、贯通，最终形成宏观裂纹，因此，混凝土单位体积内的裂纹密度 $C_d>0$，并随劣化时间的增长而不断增大。利用 6.2 节中室内加速模拟试验中的数据和混凝土的相对劣化深度（由于高低温循环劣化从试件四周均匀发生，所以 $0<h<0.5$），采用科学绘图及数据分析处理软件 SigmaPlot 14.0 对珊瑚礁砂混凝土在高低温循环过程中的损伤失效过程进行分析，得到混凝土内部裂纹密度的时空三维分布图，由此获得混凝土在高低温循环劣化过程中的裂纹密度的时空演化规律。

图 7.5、图 7.6 表示的是 TC-F 和 TC-S 中不同循环周期下珊瑚礁砂混凝土内部裂纹密度的变化规律。珊瑚礁砂混凝土内部的裂纹密度随着高低温循环周期的延长不断增大，随着相对劣化深度的增加而减小；表层混凝土的裂纹密度随着循环周期的延长而迅速增大，当相对裂化深度增加时，裂纹密度随循环周期的延长逐渐缓和。

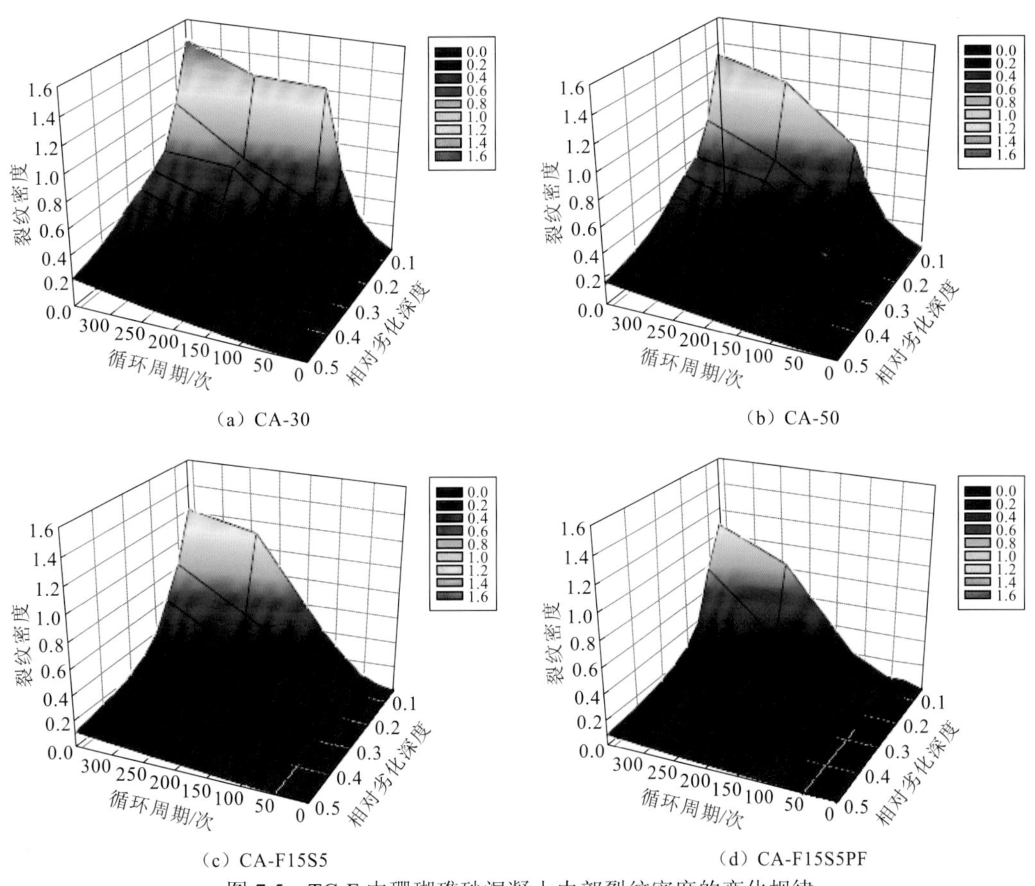

（a）CA-30　（b）CA-50

（c）CA-F15S5　（d）CA-F15S5PF

图 7.5　TC-F 中珊瑚礁砂混凝土内部裂纹密度的变化规律

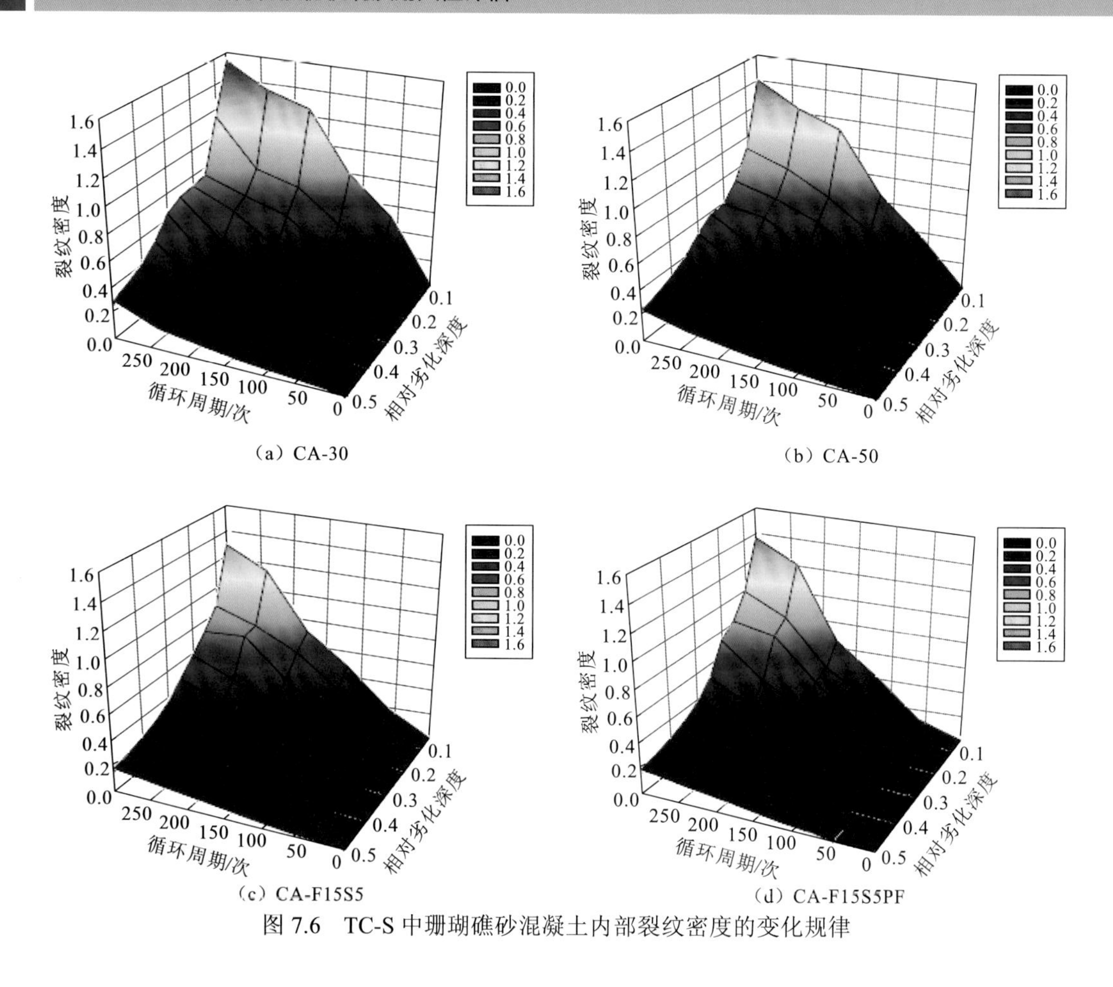

（a）CA-30

（b）CA-50

（c）CA-F15S5

（d）CA-F15S5PF

图 7.6　TC-S 中珊瑚礁砂混凝土内部裂纹密度的变化规律

TC-F 中，循环周期为 360 次时，在相对劣化深度为 0.05 的浅层和相对劣化深度为 0.5 的深层，CA-30、CA-50、CA-F15S5 和 CA-F15S5PF 的裂纹密度分别为 1.493（0.220）、1.308（0.172）、1.212（0.118）和 1.078（0.088），强度等级较低的 CA-30 的表层裂纹密度发展较其他类型的珊瑚礁砂混凝土快，裂纹由表层向内部发展的速度快，表明降低水灰比和掺加粉煤灰、硅灰、聚丙烯纤维能延缓裂纹的生成与发展速率；TC-S 中也发现了相似的规律，与 TC-F 不同的是，CA-F15S5PF 在循环周期后期裂纹扩展速率增加，裂纹密度增大，循环至 300 次时，相对劣化深度 0.05 处的裂纹密度甚至较 CA-50 大，但其强度性能还是优于 CA-50，这是因为聚丙烯纤维在混凝土内部形成的网状结构使得混凝土各单元相互牵拉制约，因此其力学性能的下降程度小于 CA-50。此外，TC-S 中各类型珊瑚礁砂混凝土的裂纹密度随循环周期增长的速率快于 TC-F 中的珊瑚礁砂混凝土，且裂纹密度要大，表明海水中的有害离子在高低温循环作用下珊瑚礁砂混凝土的劣化过程中起到了不可忽视的作用。

7.4 本章小结

本章基于损伤变量和损伤力学理论，研究了珊瑚礁砂混凝土在盐雾侵蚀和高低温循环作用下的损伤演化，并对盐雾侵蚀环境下珊瑚礁砂混凝土的劣化深度变化情况及其在高低温循环作用下的裂纹密度发展规律进行了分析，得到的结论如下。

（1）珊瑚礁砂混凝土在盐雾侵蚀和高低温循环作用下的损伤演化均可用一元二次数学模型进行描述。

（2）在盐雾侵蚀和高低温循环试验中，强度低的CA-20或CA-30的损伤初速度较大，在劣化初期更易发生损伤而率先达到破坏状态，其后损伤速度变缓，而CA-F15S5和CA-F15S5PF的损伤初速度较小，在一定时间内劣化速度较慢，其后损伤速度增大；各类型珊瑚礁砂混凝土在TC-F中的损伤速度小于TC-S。

（3）珊瑚礁砂混凝土内部的裂纹密度随高低温循环周期的延长不断增大，随相对劣化深度的增加而减小，表层混凝土的裂纹密度随着循环周期的延长而迅速增大，当相对劣化深度增加时，裂纹密度随循环周期的延长逐渐缓和。TC-S中，各类型珊瑚礁砂混凝土的裂纹密度随循环周期增长的速率快于TC-F中的珊瑚礁沙混凝土，且裂纹密度更大。CA-30表层裂纹密度的发展较其他类型珊瑚礁砂混凝土快，裂纹由表层向内部发展的速度快，因此，通过降低水灰比、掺加粉煤灰和硅灰可延缓TC-F与TC-S中珊瑚礁砂混凝土裂纹的生成及发展速率。

第 8 章 珊瑚礁砂混凝土的优化设计及其工程应用

基于第 3、4、6 章对珊瑚礁砂基本物理力学性能、珊瑚礁砂混凝土物理力学性能和耐久性能的研究，发现珊瑚礁砂混凝土与普通碎石混凝土确实存在较大区别。为了优化珊瑚礁砂混凝土的配合比、现场迅速修护防波堤等构筑物并确保其服役性和稳定性，本章将通过研究优化高性能珊瑚礁砂混凝土的配合比，针对珊瑚礁砂混凝土在不同区域和环境下的损伤，提出一系列的工程举措对珊瑚礁砂混凝土构筑物进行修护，以确保防波堤等港工构筑物的安全性和稳定性。此外，结合珊瑚礁砂混凝土的现场施工情况，提出可消除混凝土裂缝的有效的切实可行的措施。

8.1 高性能珊瑚礁砂混凝土的优化设计方法

8.1.1 原材料及基本性能

粗骨料珊瑚礁块的形态、粒径、物理性质，细骨料珊瑚砂的粒径范围、级配曲线、细度模数、物理性质，水泥的化学成分和物理力学性能，减水剂的技术指标，试验用水，粉煤灰的化学成分与基本物理性质均与 4.1 节相同，具体内容见 4.1 节相应材料的图表。

8.1.2 配合比设计方法与研究

考虑到珊瑚礁砂颗粒强度低、易破碎的特征，借鉴前人研究成果，本试验研究以改善砂浆基体性能为原则，采用富浆混凝土方法[6,7,14]，即增加胶凝材料总量（增加水泥和粉煤灰、硅灰等掺合料总量、采用较大砂率等）进行配合比设计；同时，考虑到珊瑚礁砂在工程建设中并未得到推广应用，且没有相关的技术规范，而珊瑚礁砂属于天然轻骨料，因此本试验所用的配合比设计参照《轻骨料混凝土应用技术标准》（JGJ/T 12—2019）[165]中的松散体积法进行。选定试验影响因素为水泥用量、水灰比、砂率和粉煤灰掺量。本次试验设计的珊瑚礁砂混凝土的强度等级为 C50，而且珊瑚骨料又与普通轻骨料有所不同，所以在确定正交试验的影响因素水平之前，需要对《轻骨料混凝土应用技术标准》（JGJ/T 12—2019）[165]中提供的单位体积水泥用量、用水量等参数进行修正。采用破碎后的珊瑚礁碎石，预吸水率为 5%，淡水拌和、淡水养护，重新设计了 10 组试验，通过单因素试验，判断出各种影响因素的基准值，单因素试验选取珊瑚礁砂混凝土 14 d 龄期的立方体抗压强度作为检测标准，结果如表 8.1 所示。

由表 8.1 可知，在 14 d 龄期，W1、W2 和 W5 的抗压强度未达到 50 MPa，其余试样的抗压强度均在 50 MPa 以上，故可估计珊瑚礁砂混凝土 28 d 龄期的抗压强度可达到强度等级 C50。同时，将各单一变量对珊瑚礁砂混凝土抗压强度的影响绘制成曲线图，如图 8.1 所示。

表 8.1 单因素试验结果

试样编号	水泥用量/（kg/m^3）	总水灰比	砂率/%	粉煤灰掺量/%	抗压强度平均值/MPa
W1	800	0.3	50	20	40.0
W2	800	0.3	50	10	46.7
W3	800	0.3	50	0	51.7
W4	750	0.3	50	0	53.2

续表

试样编号	水泥用量/（kg/m^3）	总水灰比	砂率/%	粉煤灰掺量/%	抗压强度平均值/MPa
W5	700	0.3	45	0	48.7
W6	700	0.3	50	0	50.3
W7	700	0.3	55	0	55.3
W8	700	0.33	50	0	54.4
W9	700	0.36	50	0	52.3
W10	650	0.3	50	0	54.7

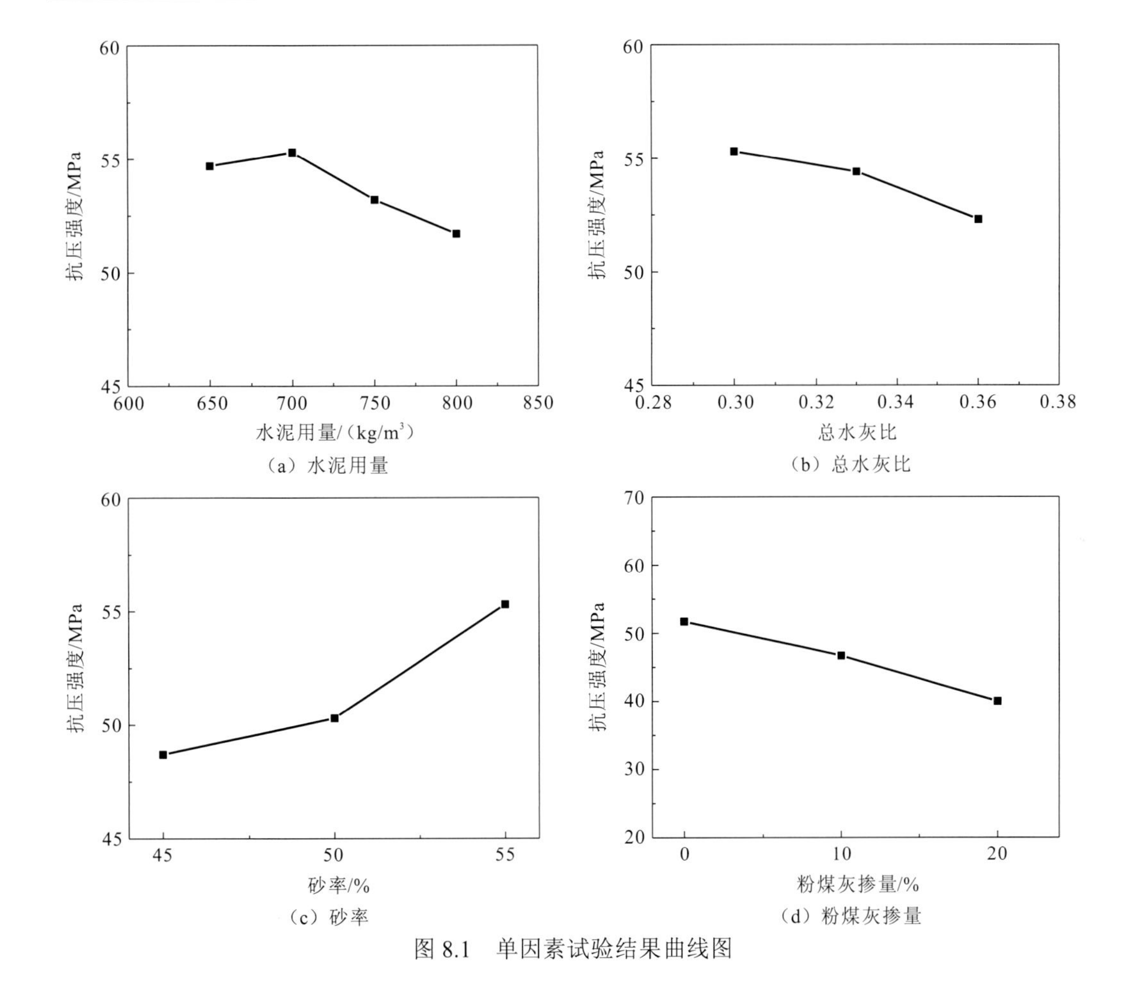

图 8.1 单因素试验结果曲线图

由图 8.1（a）可知，14 d 龄期时，珊瑚礁砂混凝土的抗压强度随水泥用量的增加呈先增后减的趋势，并在水泥用量为 700 kg/m^3 时，其抗压强度最高。因此，对于水泥用量的选择，宜为 650～750 kg/m^3，基准值为 700 kg/m^3。图 8.1（b）表明，珊瑚礁砂混凝土在 14 d 龄期的抗压强度随总水灰比的增加呈下降的趋势，并且总水灰比为 0.33～0.36

时，珊瑚礁砂混凝土的抗压强度均在 50 MPa 以上。由此可知，总水灰比的范围为 0.3～0.36，基准值为 0.33。图 8.1（c）表明，珊瑚礁砂混凝土在 14 d 龄期的抗压强度随砂率的增加呈上升的趋势，除了砂率为 45%时，珊瑚礁砂混凝土的抗压强度略微小于 50 MPa 外，其余均在 50 MPa 以上，因此，砂率的范围宜为 45%～55%，基准值为 50%。由图 8.1（d）可见，14 d 龄期时，珊瑚礁砂混凝土的抗压强度随粉煤灰掺量的增加呈下降的趋势，且掺加粉煤灰的珊瑚礁砂混凝土的抗压强度均低于 50 MPa，因此粉煤灰的掺量宜为 0～20%，基准值为 10%。

通过研究和分析以上单因素对珊瑚礁砂混凝土抗压强度的影响，选取的正交设计因素及水平如表 8.2 所示。根据各因素水平设计正交试验，如表 8.3 所示。

表 8.2　正交设计因素及水平

因素	水泥用量/（kg/m^3）	总水灰比	砂率/%	粉煤灰掺量/%
水平	650	0.30	45	0
	700	0.33	50	10
	750	0.36	55	20

表 8.3　正交设计表

编号	水泥用量/（kg/m^3）	总水灰比	砂率/%	粉煤灰掺量/%
H1	650	0.30	45	0
H2	650	0.33	50	10
H3	650	0.36	55	20
H4	700	0.30	50	20
H5	700	0.33	55	0
H6	700	0.36	45	10
H7	750	0.30	55	10
H8	750	0.33	45	20
H9	750	0.36	50	0

8.1.3　珊瑚礁砂混凝土试块制作工艺

1. 材料处理和搅拌工序

普通骨料混凝土和轻骨料混凝土的粗骨料在搅拌之前要进行饱和面干处理，这是为了保证在搅拌过程中混凝土水灰比的稳定。但是，由于珊瑚骨料吸水率高，饱和面干试样中的含水量很难控制。如果进行饱和面干处理，那么在搅拌过程中，骨料中的水分会被水泥吸出，这就导致珊瑚礁砂混凝土的最终水灰比偏大，使珊瑚礁砂混凝土的强度降低。另外，饱和面干状态的珊瑚骨料在振捣过程中很容易失水，容易使珊瑚礁砂混凝土出现离析泌水现象，严重影响珊瑚礁砂混凝土的强度。此外，由于珊瑚礁砂具有吸水返水的特性，所以在制备珊瑚礁砂混凝土过程中，先对珊瑚礁砂进行预湿。因此，本试验先将干燥的粗细骨料和 1/2 拌和用水进行短时间搅拌，然后加入剩余用水、水泥、粉煤灰和减水剂，这样既可以使粗骨料吸收一部分水，又不会因粗骨料在搅拌后期失水而影响珊瑚礁砂混凝土的强度，投料顺序如图 4.7 所示。

2. 成型养护

珊瑚骨料孔隙多且大，很容易在振捣过程中失水，从而导致水泥浆体的含水量在振捣过程中大量增加，出现泌水现象。因此，本次试验将混凝土振捣时间控制在 2 min 以内，尽量减少泌水的出现。但是振捣时间的减少可能使混凝土试块振捣不密实，从而影响其最终的抗压强度。而且珊瑚礁砂混凝土的初凝时间很早，搅拌后应尽快将拌和物浇筑进模具。因此，本次试验在搅拌时添加高效减水剂，将珊瑚礁砂混凝土的坍落度控制在 200 mm 以上。这样搅拌后，珊瑚礁砂混凝土中的孔隙将大量减少，经过短时间的振捣就能够密实，而且拌和物的流动性较好，能够很快地完成浇筑。该拌制成型工序既可以保证珊瑚礁砂混凝土试块的密实和均匀，又可以避免出现离析泌水现象。最后将拆模后的试块放入标准养护箱内进行养护，养护条件为温度为（20±2）℃，湿度不小于 95%。

8.1.4　优化配合比设计

运用富浆混凝土设计理论，在正交试验设计的基础上，对不同配合比的珊瑚礁砂混凝土试块的立方体抗压强度试验结果进行统计分析，判断各影响因素对珊瑚礁砂混凝土抗压强度的影响程度。对表 8.4 中的数据进行极差分析，结果如表 8.5 所示。

表 8.4　正交试验结果

编号	水泥用量/（kg/m^3）	总水灰比	砂率/%	粉煤灰掺量/%	立方体抗压强度/MPa			平均值/MPa
H1	650	0.30	45	0	48.5	51.6	50.3	50.1
H2	650	0.33	50	10	49.0	47.9	50.8	49.2
H3	650	0.36	55	20	48.1	49.2	46.5	47.9
H4	700	0.30	50	20	54.1	54.3	54.5	54.3
H5	700	0.33	55	0	59.8	60.2	58.0	59.3
H6	700	0.36	45	10	56.7	57.8	56.9	57.1
H7	750	0.30	55	10	51.5	51.4	51.0	51.3
H8	750	0.33	45	20	53.2	52.8	54.3	53.4
H9	750	0.36	50	0	50.5	51.4	51.0	51.0

表 8.5　极差分析结果

参数	水泥用量/（kg/m^3）	总水灰比	砂率/%	粉煤灰掺量/%
K_1	49.1	51.9	53.6	53.5
K_2	56.9	54.0	51.5	52.5
K_3	51.9	52.0	52.8	51.9
P	7.8	2.1	2.1	1.6

注：$K_i\,(i=1,2,3)$ 表示各列因素每种水平下 28 d 立方体抗压强度的平均值；P 表示表 8.5 中各列数值的极差，$P=\max\{K_i\}-\min\{K_i\}$。

为了使正交试验结果更直观地反映不同因素水平下珊瑚礁砂混凝土 28 d 抗压强度的变化趋势，将表 8.5 的试验结果绘制成曲线图，如图 8.2 所示。从图 8.2 可知，在 28 d 龄期时，珊瑚礁砂混凝土的抗压强度随水泥用量的增加呈先增后减的趋势，并在水泥用量为 700 kg/m^3 时，其抗压强度最高。珊瑚礁砂混凝土与总水灰比也存在先增后减的趋

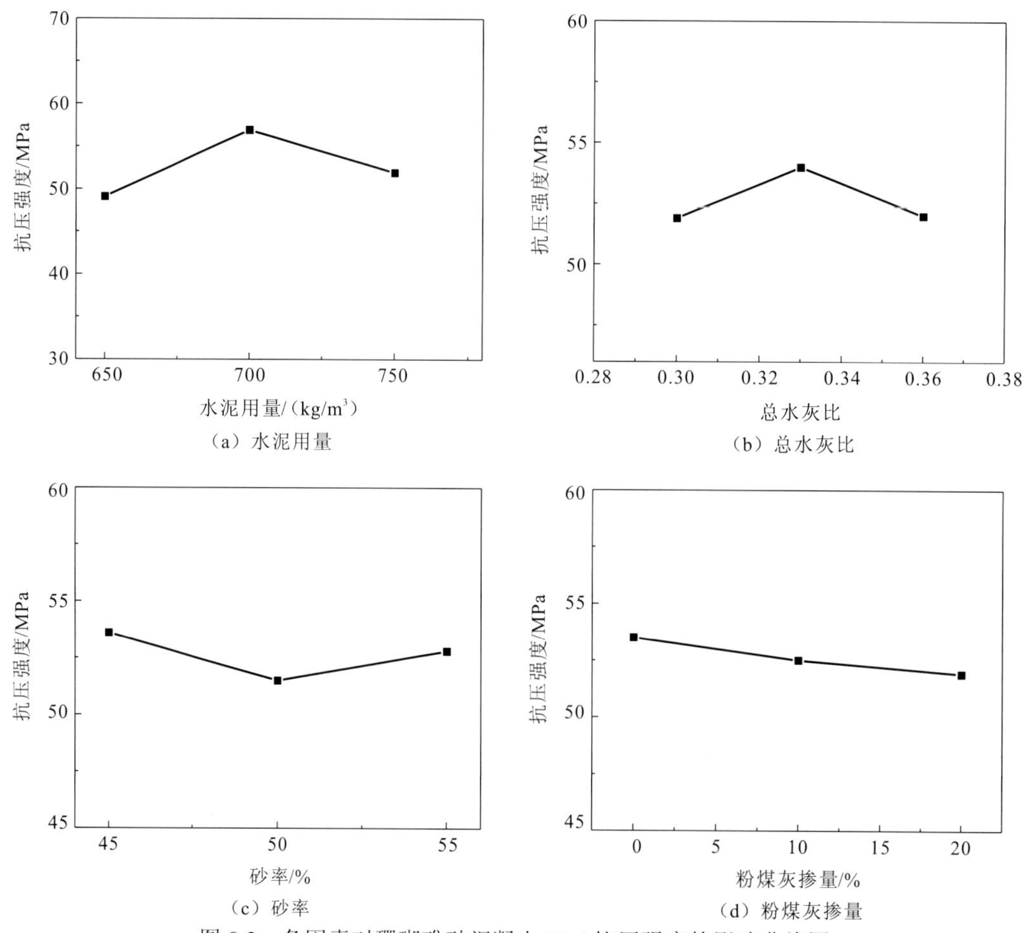

图 8.2　各因素对珊瑚礁砂混凝土 28 d 抗压强度的影响曲线图

势，并在水灰比为 0.33 时，其抗压强度最高。相反的是，珊瑚礁砂混凝土的抗压强度随砂率的增加呈先减后增的趋势，并在砂率为 50%时，抗压强度最小。珊瑚礁砂混凝土的抗压强度随粉煤灰掺量的增加呈下降的趋势。从极差分析可以看出，珊瑚礁砂混凝土的抗压强度的影响因素的大小关系为水泥用量>砂率>总水灰比>粉煤灰掺量。

从极差分析中发现，砂率、总水灰比和粉煤灰掺量对珊瑚礁砂混凝土 28 d 抗压强度的影响较小。因此，还必须进行方差分析，从而更准确地了解各控制因素对珊瑚礁砂混凝土抗压强度的影响，方差分析结果见表 8.6。

表 8.6　方差分析结果

方差来源	平方和 Q_j	自由度 f_f	因素列方差 V_m	方差之比 F	F	显著性
水泥用量	93.6	2	46.8	118.0	$F_{0.05}(2，2)=19.0$	显著
总水灰比	8.3	2	4.1	10.5		不显著
砂率	6.7	2	3.3	8.4		不显著
粉煤灰掺量	3.8	2	1.9	4.7		不显著

由方差分析结果表 8.6 可知，水泥用量对珊瑚礁砂混凝土抗压强度的影响最为显著，原因是珊瑚礁砂粗糙多孔，形状极其不规则，其表面积较普通骨料大，需要较多的水泥才能包裹住珊瑚砂，因此配制珊瑚礁砂混凝土时所需的单位体积的水泥用量较普通混凝土多。当水泥的用量较少时，水泥不能完全包裹住不规则且多孔的珊瑚骨料，从而降低了水泥与珊瑚骨料之间的黏聚力，降低了其力学性能。当水泥的用量过多时，虽然珊瑚礁砂混凝土单位体积内的水泥浆体的体积增多，但是水泥与珊瑚骨料之间的黏聚力并未有所增加，此外，珊瑚礁砂易破碎，这就导致了珊瑚礁砂混凝土的抗压强度受制于自身。因此，珊瑚礁砂混凝土的抗压强度不会提高太多，相反由于骨料的不均匀性，其抗压强度会出现降低的现象。

由表 8.6 可知，总水灰比对珊瑚礁砂混凝土抗压强度的影响较小，这是因为本试验设计的总水灰比在 0.36 以下。低总水灰比的珊瑚礁砂混凝土的孔隙结构较密实，当总水灰比在此范围内变化不大时，珊瑚礁砂混凝土的孔隙结构不大。同时，由于水量较少，珊瑚礁砂混凝土拌制过程中可能出现水分分布不均匀现象，珊瑚礁砂混凝土局部区域的总水灰比小于 0.3。当混凝土的总水灰比小于 0.3 时，部分水泥颗粒不能够完全水化生成 C-S-H，从而降低了珊瑚礁砂混凝土的密实性和水泥浆体的黏聚力，因此，出现了珊瑚礁砂混凝土的抗压强度随总水灰比的降低而减弱的现象。

从表 8.6 可知，砂率对珊瑚礁砂混凝土抗压强度的影响不显著，这可能是因为选取的砂率范围较小，其变化对珊瑚礁砂混凝土抗压强度的影响较小。

从表 8.6 可知，粉煤灰掺量对珊瑚礁砂混凝土抗压强度的影响不显著。粉煤灰在珊瑚礁砂混凝土早期主要起到填充孔隙的作用，随着水化的进行，粉煤灰可与水化产物 $Ca(OH)_2$ 发生水化反应生成 C-S-H，从而填充了珊瑚礁砂混凝土的孔隙，并增大了水泥浆体的黏聚力。但是多余的粉煤灰颗粒形成一层界面覆盖在浆体周围，使混凝土内部产生多层界面，混凝土内部的稳定性变差，直接影响混凝土的性能[240]。因此，相较于水泥用量，粉煤灰掺量对珊瑚礁砂混凝土抗压强度的影响并不显著。

综合配合比设计、制作工艺及优化配合比，选取的珊瑚礁砂混凝土的最优配合比如下：水泥用量为 700 kg/m^3，总水灰比为 0.33，砂率为 45%，粉煤灰掺量为 0。

8.2 珊瑚礁砂混凝土结构物病害处置

为了迅速修护防波堤等构筑物并确保其服役性和稳定性，作者及课题组成员针对珊瑚礁砂混凝土在不同区域和环境下的损伤，提出了一系列的工程举措对珊瑚礁砂混凝土构筑物进行修护。具体措施如下：①在频繁的高低温交替环境下，提出了“戴帽子”措施，如图 8.3（a）所示，海浪冲击防波堤时，无法越过“帽子”飞溅到防波堤的表面，从而改变了高低温交替的产生环境；②针对潮汐海浪裹挟珊瑚礁块对防波堤的冲刷磨蚀，提出了“铺被子”的工程举措，如图 8.3（b）所示，即对防波堤的斜坡护坦铺设土工布，以防止潮汐海浪裹挟珊瑚礁块直接作用于斜坡护坦，从而保护了护坦，改变了斜坡护坦直接被冲刷磨蚀的环境；③针对盐雾侵蚀防波堤，提出了“填坑子”等措施，即填平防波堤坡脚处的凹坑，如图 8.3（c）所示，在潮汐海浪冲刷防波堤后，海浪无法在凹坑滞留，当烈日照射时，防波堤坡脚的凹坑无法蒸发产生盐雾，从而改变了产生盐雾大气的环境。

（a）港池防波堤胸墙顶面

（b）防波堤护坦

（c）港池防波堤胸墙内侧

图 8.3　岛礁工程珊瑚礁砂混凝土损伤结构修护效果

8.3　珊瑚礁砂混凝土的工程应用

主要对远海岛礁珊瑚礁砂混凝土工程进行应用，结合某岛礁珊瑚礁砂混凝土的现场施工情况，对珊瑚礁砂混凝土结构物出现的裂缝进行观测，分析裂缝产生的原因，并对现场施工配合比进行研究与分析，提出可消除混凝土裂缝的有效的切实可行的措施。

8.3.1　现场施工与应用情况

1. 原材料与配合比

试验使用华润红水河 P.O42.5 水泥，II 级粉煤灰，粒径为 5～20 mm 的碎石（设计配合比中，10～30 mm 的大石子 610 kg、5～10 mm 的小石子 250 kg 用 5～20 mm 连续级配的碎石 860 kg 代替），级配连续；拌和用水为海水淡化水，使用 0～15 mm 珊瑚礁砂，考虑到珊瑚礁砂混凝土与胸墙用普通混凝土的最大区别在于所用细骨料不同，于现场不同地点取 4 组珊瑚礁砂样品，过 9.5 mm 筛后进行筛分，得到珊瑚礁砂样品筛分曲线，计算细度模数。级配情况统计如表 8.7 所示，珊瑚礁砂筛分曲线如图 8.4 所示；减水剂为聚羧酸高效减水剂。现场施工原配合比见表 8.8，优化后配合比见表 8.9。

表 8.7　珊瑚礁砂样品级配及细度模数

珊瑚礁砂样品	累积筛余/%						细度模数
	0.15	0.30	0.60	1.18	2.36	4.75	
样品 1	78.5	63.3	41.4	34.6	15.6	7.1	2.13
样品 2	80.6	66.3	45.9	32.6	14.1	7.1	2.19
样品 3	77.3	63.1	44.4	34.1	20.5	6.9	2.20
样品 4	78.1	66.0	48.3	35.0	22.8	12.9	2.10

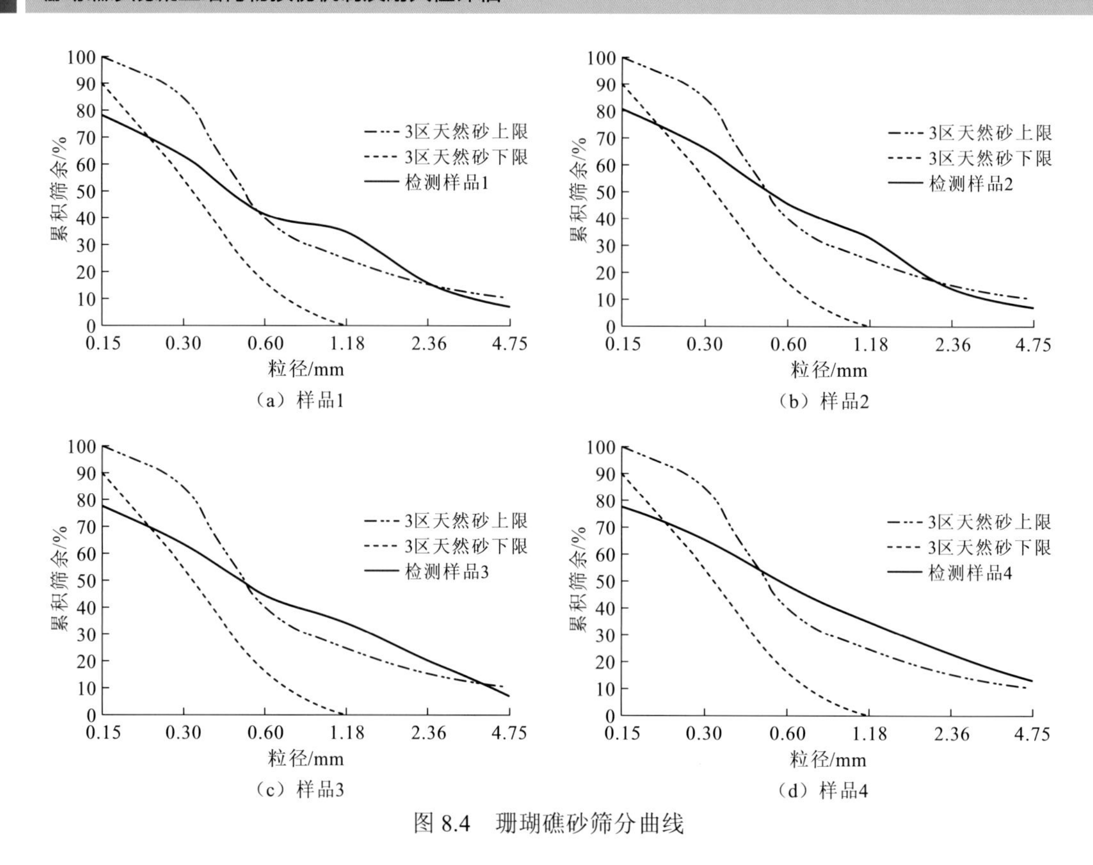

（a）样品1

（b）样品2

（c）样品3

（d）样品4

图 8.4　珊瑚礁砂筛分曲线

表 8.8　珊瑚礁砂混凝土原配合比

水泥/（kg/m³）	II 级粉煤灰/（kg/m³）	环保胶料（耐蚀剂）/（kg/m³）	珊瑚礁砂（0～15 mm）/（kg/m³）	碎石（5～20 mm）/（kg/m³）	水(海水淡化水)/（kg/m³）	减水剂/（kg/m³）	水胶比	砂率/%
350	30	40	850	860	190	6.0	0.45	40

表 8.9　珊瑚礁砂混凝土优化配合比

水泥/（kg/m³）	II 级粉煤灰/（kg/m³）	环保胶料（耐蚀剂）/（kg/m³）	珊瑚礁砂（0～15 mm）/（kg/m³）	碎石（5～20 mm）/（kg/m³）	水(海水淡化水)/（kg/m³）	减水剂/（kg/m³）	水胶比	砂率/%
300	30	30	960	840	205	12.96	0.57	44

注：珊瑚礁砂中 5～15 mm 的颗粒约为总珊瑚礁砂质量的 20%。

2. 浇筑部位与工艺

不同配合比珊瑚礁砂混凝土的浇筑情况分别见表 8.10、表 8.11，图 8.5 为珊瑚礁砂混凝土的现场施工情况。

表 8.10　原配合比珊瑚礁砂混凝土施工浇筑信息

浇筑日期（月-日）	部位	结构尺寸/m	混凝土量/m^3	浇筑工艺
09-06	H34K0+508～516	8×3.5×2.1	61	皮带输送机
09-06	H34K0+522～530	8×3.5×2.1	61	皮带输送机
09-07	H34K0+516～522	6×3.5×2.1	46	皮带输送机
09-08	H35K0+000～006	6×3.5×2.1	46	皮带输送机
09-13	H35K0+006～014	8×3.5×2.1	61	皮带输送机
09-14	H35K0+014～020	6×3.5×2.1	46	皮带输送机

表 8.11　优化配合比珊瑚礁砂混凝土施工浇筑信息

浇筑日期（月-日）	部位	结构尺寸/m	混凝土量/m^3	浇筑工艺
10-26	KK0+068～076	8×3.5×2.1	61	皮带输送机

（a）原配合比珊瑚礁砂混凝土施工（一）

（b）原配合比珊瑚礁砂混凝土施工（二）

（c）优化配合比珊瑚礁砂混凝土施工（一）

（d）优化配合比珊瑚礁砂混凝土施工（二）

图 8.5　珊瑚礁砂混凝土现场施工情况

3. 珊瑚礁砂混凝土养护

两类配合比的珊瑚礁砂混凝土施工完成拆模后均采用土工布覆盖，洒水保湿养护；优化配合比珊瑚礁砂混凝土施工完成后的拆模时间适当延长，2 d 后拆模。养护情况如图 8.6 所示。

图 8.6　珊瑚礁砂混凝土养护情况

8.3.2　珊瑚礁砂混凝土工作与力学性能

1. 原配合比与优化配合比下珊瑚礁砂混凝土的工作性能及强度对比

对不同配合比珊瑚礁砂混凝土的坍落度进行测量，每段胸墙留置混凝土试件 10 组，含相同养护条件下 1 组，进行单轴抗压强度测试，并对不同配合比施工胸墙部分进行回弹检测，测试混凝土的实体强度。表 8.12 为原配合比条件下珊瑚礁砂混凝土的坍落度与抗压强度测试结果，表 8.13 为优化配合比条件下珊瑚礁砂混凝土的坍落度与抗压强度测试结果。

表 8.12　原配合比珊瑚礁砂混凝土的坍落度与抗压强度

浇筑日期（月-日）	坍落度/mm	抗压强度/MPa		
		3 d	7 d	28 d
09-06	140	25.8	30.0	44.6
09-07	160	22.7	26.8	44.2
09-13	140	26.1	31.7	45.6

表 8.13　优化配合比珊瑚礁砂混凝土的坍落度与抗压强度

浇筑日期（月-日）	坍落度/mm	抗压强度/MPa			
		3 d	7 d	14 d	28 d
10-26	155	20.7	23.7	30.4	31.4

现场检测到原配合比珊瑚礁砂混凝土的坍落度在 140～160 mm，施工性能良好。对珊瑚礁砂混凝土胸墙进行实体强度回弹检测，推定混凝土强度为 39.7 MPa（78 d），标准差为 0.65，变异系数为 0.02。优化配合比珊瑚礁砂混凝土的坍落度为 155 mm，施工性能良好。对优化配合比后的珊瑚礁砂混凝土胸墙进行实体强度回弹检测，推定混凝土强度为 38.8 MPa（29 d），标准差为 1.00，变异系数为 0.03。

优化后混凝土各龄期的抗压强度均小于原配合比设计混凝土的抗压强度，水灰比增大导致混凝土的抗压强度降低，此外，优化后混凝土的砂率增大，这也是珊瑚礁砂混凝土抗压强度降低的原因。

2. 珊瑚礁砂混凝土裂缝

1）裂缝观测

按原配合比进行施工，珊瑚礁砂混凝土胸墙拆模（16 h 左右）后发现裂缝；按优化后配合比施工，珊瑚礁砂混凝土胸墙拆模后 1～2 d 发现裂缝，如图 8.7 所示。对裂缝宽度及深度进行了测量，观测部位见图 8.8，裂缝宽度、深度测量统计结果如表 8.14、表 8.15 所示。

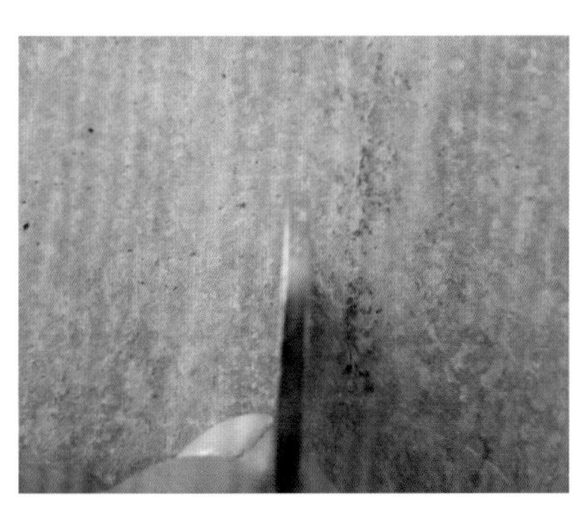

（a）原配合比珊瑚礁砂混凝土胸墙裂缝（一）

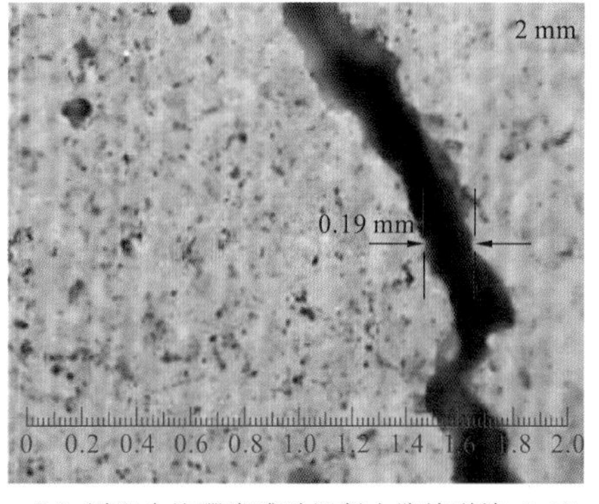

（b）原配合比珊瑚礁砂混凝土胸墙裂缝（二）

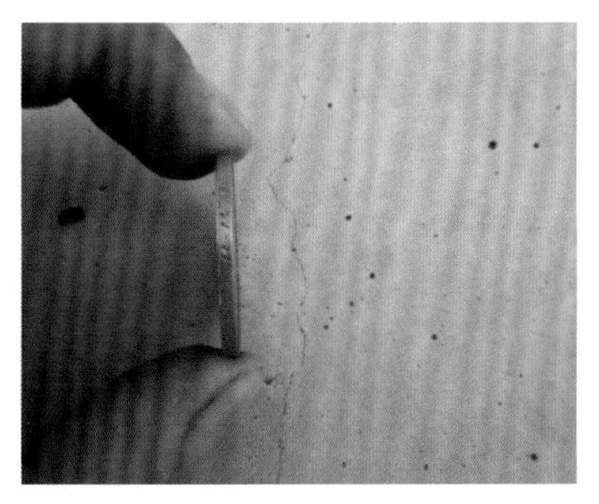

（c）优化配合比珊瑚礁砂混凝土胸墙裂缝（一）

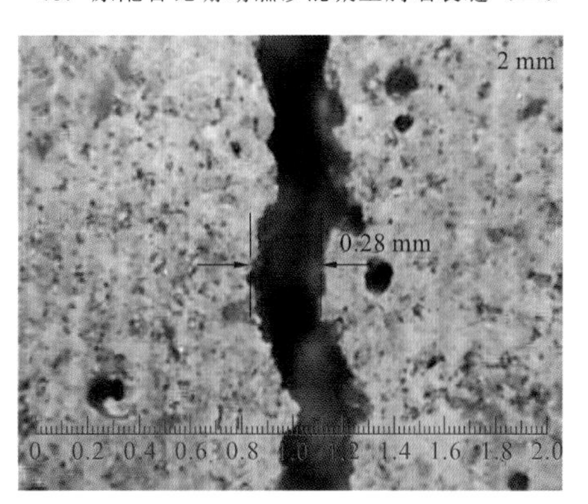

（d）优化配合比珊瑚礁砂混凝土胸墙裂缝（二）

图 8.7　珊瑚礁砂混凝土胸墙裂缝

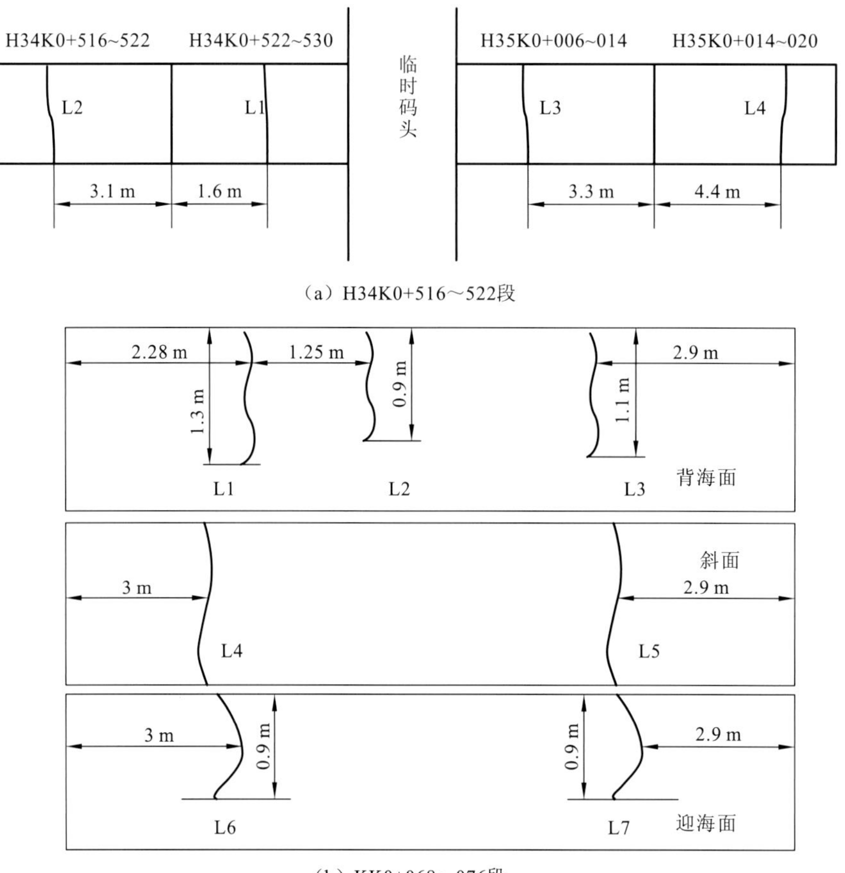

（a）H34K0+516～522段

（b）KK0+068～076段

图 8.8　裂缝位置与长度示意图

表 8.14　原配合比珊瑚礁砂混凝土胸墙裂缝宽度、深度测量统计结果

部位	裂缝名称	裂缝宽度代表值/mm	裂缝深度代表值/mm
H34K0+522～530	L1	0.17	22.1
H34K0+516～522	L2	0.13	65.3
H35K0+006～014	L3	0.19	64.5
H35K0+014～020	L4	0.11	76.3

表 8.15　优化配合比珊瑚礁砂混凝土胸墙裂缝宽度、深度测量统计结果

裂缝名称	裂缝宽度代表值/mm	裂缝深度代表值/mm
L1	0.19	35.5
L2	0.20	44.3
L3	0.15	53.0

续表

裂缝名称	裂缝宽度代表值/mm	裂缝深度代表值/mm
L4	0.35	67.0
L5	0.37	57.4
L6	0.21	40.8
L7	0.20	41.8

从以上结果可以看出，原配合比珊瑚礁砂混凝土胸墙裂缝长约为 1.2 m，宽为 0.1～0.2 mm，深度为 20～80 mm；配合比优化后珊瑚礁砂混凝土胸墙裂缝长为 0.9～1.3 m，宽为 0.1～0.4 mm，深度为 30～70 mm。对裂缝进行持续观察发现，其暂无进一步发展的趋势。

2）温度监控

KK0+068～076 段珊瑚礁砂混凝土胸墙浇筑时，在结构中心位置埋设温度监测元件来监测混凝土硬化过程中内部温度的变化，混凝土温度变化曲线如图 8.9 所示。

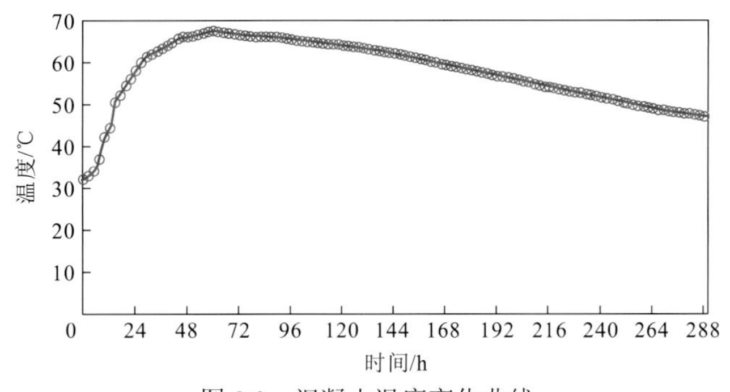

图 8.9　混凝土温度变化曲线

从图 8.9 可以看出，浇筑后 10 h 内混凝土温度变化不大，此时混凝土处于初凝之前，水泥水化较慢，放热量少，混凝土温度上升较慢，初凝之后，混凝土水化速率加快，放热量增大，混凝土温度上升较快，在 30 h 时混凝土放热速率减缓，混凝土温度缓慢上升，在 52 h 达到温度峰值，最高温度为 67.7 ℃，温度峰值过后，混凝土内部温度开始下降，温度下降速率为 2～3 ℃/d。

3）裂缝产生原因分析

由温度监测数据可知，产生温度裂缝的概率较小。裂缝的主要特征为，形状接近直线，裂缝较浅，沿结构短方向分布于混凝土结构表面，属于塑性、干燥收缩裂缝。出现裂缝的原因如下：一是外界气温高、风速大，表面游离的水分蒸发快，产生体积收缩，而此时混凝土强度低，不能抵抗这种收缩而导致混凝土开裂；二是混凝土水灰比、砂率过大，使用过量的粉砂，收缩大，因抗拉强度低而形成开裂。

从珊瑚礁砂筛分结果来看，珊瑚礁砂颗粒较细，细度模数为2.1～2.2，属于细砂范畴，珊瑚礁砂级配曲线大多数不在《建筑用砂》（GB/T 14684—2011）[259]规定的范围内，级配不良。珊瑚礁砂0.15 mm以下细颗粒较多，占珊瑚礁砂总质量的20%左右。大量细颗粒吸水率大且容易吸附外加剂，使混凝土外加剂用量和单位用水量增加，施工中容易产生泌水现象，同时混凝土体积稳定性差，容易因塑性收缩与干燥收缩而开裂。

8.4 本章小结

本章通过优化配合比来设计高性能的珊瑚礁砂混凝土；针对珊瑚礁砂混凝土不同的损伤模式提出采用“戴帽子”“铺被子”“填坑子”等措施对现场珊瑚礁砂混凝土构筑物进行修护；研究和分析现场施工配合比，提出了可消除珊瑚礁砂混凝土裂缝的有效的、切实可行的措施，得到的结论如下。

（1）研究了水泥用量、总水灰比、砂率和粉煤灰掺量对珊瑚礁砂混凝土抗压强度的影响。结果表明，水泥用量、总水灰比、砂率和粉煤灰掺量的基准值分别为700 kg/m^3、0.33、50%和10%。通过正交试验结果的极差分析和方差分析发现，水泥用量、砂率、总水灰比和粉煤灰掺量对珊瑚礁砂混凝土抗压强度的影响程度依次下降。根据试验结果和各因素对珊瑚礁砂混凝土抗压强度的影响规律，最终确定珊瑚礁砂混凝土的最优配合比：水泥用量为700 kg/m^3，总水灰比为0.33，砂率为45%，粉煤灰掺量为0。

（2）针对不同区域和损伤模式，提出了对珊瑚礁砂混凝土构筑物进行修护的不同措施。针对长时间烈日照射与海浪飞溅形成的频繁冷热交替引起的珊瑚礁砂混凝土表层的大面积开裂崩落，提出了“戴帽子”的工程措施，以防止潮汐海浪飞溅到防波堤的路面。针对潮汐海浪裹挟珊瑚礁块对防波堤的冲刷磨蚀作用，提出了“铺被子”的工程措施，以防止含砂水流直接作用于防波堤。针对湿热多雨海洋气候条件下盐雾造成的混凝土内的齑粉状侵蚀破坏，提出了“填坑子”的工程措施，以改变产生盐雾环境的条件。

（3）对现场原施工配合比进行优化发现，优化后混凝土各龄期的抗压强度均小于原配合比设计混凝土的抗压强度，因为水灰比增大降低了混凝土的抗压强度。此外，优化后混凝土的砂率增大，也是珊瑚礁砂混凝土强度降低的原因。但是按优化后的配合比进行现场施工时，施工性能良好。按原配合比进行施工，珊瑚礁砂混凝土胸墙拆模（16 h左右）后发现裂缝；按优化后配合比施工，珊瑚礁砂混凝土胸墙拆模后1～2 d发现裂缝。原配合比珊瑚礁砂混凝土胸墙裂缝长约为1.2 m，宽为0.1～0.2 mm，深度为20～80 mm；配合比优化后珊瑚礁砂混凝土胸墙裂缝长为0.9～1.3 m，宽为0.1～0.4 mm，深度为30～70 mm。

参考文献

[1] 广东地名委员会. 南海诸岛地名资料汇编[M]. 广州: 广东省地图出版社, 1987: 1.

[2] HOWDYSHELL P. The use of coral as an aggregate for portland cement concrete structures[R]. Champaign Construction Engineering Research Lab (Army) Champaign IL, 1974: 1-42.

[3] 王以贵. 珊瑚混凝土在港工中应用的可行性[J]. 水运工程, 1988(9): 46-48.

[4] 卢博, 梁元博. 海水珊瑚砂混凝土的实验研究I[J]. 海洋通报, 1993(5): 69-74.

[5] 韦灼彬, 李仲欣, 沈锦林. 珊瑚混凝土性能影响因素及早期力学性质研究[J]. 工业建筑, 2017, 47(3): 130-136.

[6] 袁银峰. 全珊瑚海水混凝土的配合比设计和基本性能[D]. 南京: 南京航空航天大学, 2015.

[7] 达波. 高强全珊瑚海水混凝土的制备技术、耐久性及构件力学性能研究[D]. 南京: 南京航空航天大学, 2017.

[8] WU W J, WANG R, ZHU C Q, et al. The effect of fly ash and silica fume on mechanical properties and durability of coral aggregate concrete[J]. Construction and building materials, 2018, 185(10): 69-78.

[9] 韩超. 海水拌养珊瑚混凝土基本力学性能试验研究[D]. 南宁: 广西大学, 2011.

[10] 潘柏州, 韦灼彬. 原材料对珊瑚砂混凝土抗压强度影响的试验研究[J]. 工程力学, 2015, 32(S1): 221-225.

[11] CHEN C, JI T, ZHUANG Y, et al. Workability, mechanical properties and affinity of artificial reef concrete[J]. Construction and building materials, 2015, 98: 227-236.

[12] 李林. 珊瑚混凝土的基本特性研究[D]. 南宁: 广西大学, 2012.

[13] 陈兆林, 陈天月, 曲勣明. 珊瑚礁砂混凝土的应用可行性研究[J]. 海洋工程, 1991(3): 67-80.

[14] 糜人杰, 余红发, 麻海燕, 等. 全珊瑚骨料海水混凝土力学性能试验研究[J]. 海洋工程, 2016, 34(4): 47-54.

[15] ARUMUGAM R A, RAMAMURTHY K. Study of compressive strength characteristics of coral aggregate concrete[J]. Magazine of concrete research, 1996, 48(176): 141-148.

[16] 紫民, 刘旷怡, 刘松, 等. 珊瑚礁砂细骨料基本性能研究[J]. 建材世界, 2015, 36(5): 11-14.

[17] 陈兆林, 孙国峰, 唐筱宁, 等. 岛礁工程海水拌养珊瑚礁、砂混凝土修补与应用研究[J]. 海岸工程, 2008, 27(4): 60-69.

[18] 赵艳林, 韩超, 张栓柱, 等. 海水拌养珊瑚混凝土抗压龄期强度试验研究[J]. 混凝土, 2011(2): 43-45.

[19] 梁元博, 卢博, 黄韶健. 热带海洋环境与海工混凝土[J]. 海洋技术, 1995(2): 58-66.

[20] 周杰. 珊瑚骨料混凝土制备技术与物理力学性能试验研究[D]. 南京: 河海大学, 2015.

[21] 余强. 珊瑚礁砂海水混凝土的配合比设计与抗压强度规律[J]. 混凝土, 2017(2): 155-157.

[22] 达波, 余红发, 袁银峰. 全珊瑚混凝土的配合比设计与抗压强度规律[J]. 混凝土与水泥制品, 2014, 222: 122-125.

[23] BO D A, HONGFA Y U, HAIYAN M A, et al. Mixture proportion design and cube compressive strength of coral concrete[C]// The 14th International Congress on the Chemistry of Cement, Beijing, 2015. Beijing: CCS, 2015: 1-6.

[24] WANG X, YU R, SHUI Z, et al. Mix design and characteristics evaluation of an eco-friendly ultra-high performance concrete incorporating recycled coral based materials[J]. Journal of cleaner production, 2017, 165(1): 70-80.

[25] 张栓柱. 珊瑚混凝土的疲劳特性及微观机理研究[D]. 南宁: 广西大学, 2012.

[26] 沈锦林. 海水拌养珊瑚礁砂混凝土抗压强度试验研究[J]. 土工基础, 2016, 30(4): 524-526.

[27] 袁征. 高强珊瑚混凝土配合比工艺与抗压特性研究[D]. 南宁: 广西大学, 2017.

[28] HUANG Y, HE X, SUN H, et al. Effects of coral, recycled and natural coarse aggregates on the mechanical properties of concrete[J]. Construction and building materials, 2018, 192: 330-347.

[29] 郭超. 南海岛礁珊瑚集料混凝土工程性能研究[D]. 南京: 东南大学, 2017.

[30] QIANKUN W, PENG L I, YAPO T, et al. Mechanical properties and microstructure of portland cement concrete prepared with coral reef sand[J]. Journal of Wuhan University of technology(materials science edition), 2016, 31(5): 996-1001.

[31] 郭东, 苏春义, 彭自强, 等. 海水拌和珊瑚礁砂混凝土力学性能及微观结构[J]. 建筑材料学报, 2018, 21(1): 41-46.

[32] 杨文萃, 葛勇, 袁杰, 等. 无机盐对水泥石水化程度和孔结构的影响[J]. 硅酸盐学报, 2009, 37(4): 622-626.

[33] ETXEBERRIA M, FERNANDEZ J M, LIMEIRA J. Secondary aggregates and seawater employment for sustainable concrete dyke blocks production: Case study[J]. Construction and building materials, 2016, 113: 586-595.

[34] SURYAVANSHI A K, SCANTLEBURY J D, LYON S B. Mechanism of Friedel′s salt formation in cements rich in tri-calcium aluminate[J]. Cement and concrete research, 1996, 26(5): 717-727.

[35] 张高展, 魏琦, 丁庆军, 等. 轻集料吸水率对轻集料-水泥石界面区特性的影响[J]. 建筑材料学报, 2018, 21(5): 720-724.

[36] 董淑慧, 张宝生, 葛勇, 等. 轻骨料-水泥石界面区微观结构特征[J]. 建筑材料学报, 2009, 12(6): 737-741.

[37] VARGAS P, RESTREPO-BAENA O, TOBÓN J I. Microstructural analysis of interfacial transition zone (ITZ) and its impact on the compressive strength of lightweight concretes[J]. Construction and building materials, 2017, 137: 381-389.

[38] CHENG S, SHUI Z G, YU R, et al. Multiple influences of internal curing and supplementary cementitious materials on the shrinkage and microstructure development of reefs aggregate concrete[J]. Construction and building materials, 2017, 155 : 522-530.

[39] 达波, 余红发, 麻海燕, 等. 全珊瑚海水混凝土单轴受压应力-应变全曲线试验研究[J]. 建筑结构

学报, 2017, 38(1): 144-151.
[40] DA B, YU H, MA H, et al. Experimental investigation of whole stress-strain curves of coral concrete[J]. Construction and building materials, 2016, 122(30): 81-89.
[41] 高屹，韦灼彬，孙潇. 珊瑚骨料混凝土基本力学性能试验研究[J]. 海军工程大学学报，2017，29(1): 64-68.
[42] 王磊，范蕾. 珊瑚碎屑混凝土的强度特性及破坏形态分析[J]. 混凝土与水泥制品, 2015(1): 1-4.
[43] WANG L, ZHAO Y L. The comparison of coral concrete and other light weight aggregate concrete on mechanics performance[J]. Advanced materials research, 2012, 446-449: 3369-3372.
[44] 马林建，陈欣星，赵跃堂，等. 全珊瑚混凝土的疲劳特性[J]. 硅酸盐学报, 2019, 47(2): 214-219.
[45] 章艳. 全珊瑚海水混凝土的静、动态力学性能研究[D]. 南京：南京航空航天大学, 2017.
[46] 吴文娟，汪稔，朱长歧，等. 珊瑚骨料混凝土动态压缩性能的试验研究[J]. 建筑材料学报，2019，22(1): 7-14.
[47] MA L J, LI Z, LIU J, et al. Mechanical properties of coral concrete subjected to uniaxial dynamic compression[J]. Construction and building materials, 2019, 199(28): 244-255.
[48] British Standards. Maritime structures e part 1: Code of practice for general criteria: BS6349-1[S]. London: British Standards, 2000.
[49] 余强，姜振春. 西沙琛航岛礁工程地质特征[J]. 土工基础, 2013, 27(2): 115-117.
[50] KAKOOEI S, AKIL H M, DOLATI A, et al. The corrosion investigation of rebar embedded in the fibers reinforced concrete[J]. Construction and building materials, 2012, 35: 564-570.
[51] SONG H W, LEE C H, ANN K Y. Factors influencing chloride transport in concrete structures exposed to marine environments[J]. Cement and concrete composites, 2008, 30(2): 113-121.
[52] ANGST U, ELSENER B, LARSEN C K, et al. Critical chloride content in reinforced concrete: A review[J]. Cement and concrete research, 2009, 39(12): 1122-1138.
[53] DEMPSEY G. Coral and salt water as concrete materials[J]. Journal proceedings, 1951, 48(10): 157-166.
[54] EHLERT R. Coral concrete at Bikini Atoll[J]. Concrete international, 1991, 13(1) : 19-24.
[55] WANCHAI Y, NOBUAKAI O, TAKAHIRO N, et al. Study on strength and durability of concrete using low quality coarse aggregate from circum-pacific region[C]// Fourth Regional Symposium on Infrastructure Development in Civil Engineering (RSID4), April 2003, Bangkok, Thailand. Bangkok: Kasetsart University.
[56] TEHADA T F M. Cathodic protection of building reinforcing steel[J]. NACE international: Orlando, Florida, USA, 2005, 11: 14-18.
[57]WATTANACHAI P, OTSUKI N, SAITO T, et al. A study on chloride ion diffusivity of porous aggregate concretes and improvement method[J]. Doboku gakkai ronbunshuu E, 2009, 65(1): 30-44.
[58] DA B, YU H F, MA H Y, et al. Investigation and research on durability of reef coral concrete structure in the South China Sea[C] // The 14th International Congress on the Chemistry of Cement, Beijing, 2015. Beijing: CCS, 2015: 1-5.
[59] 达波，余红发，麻海燕，等. 南海海域珊瑚混凝土结构的耐久性影响因素[J]. 硅酸盐学报，2016,

44(2): 253-260.
[60] 达波, 余红发, 麻海燕, 等. 南海岛礁普通混凝土结构耐久性的调查与研究[J]. 哈尔滨工程大学学报, 2016, 37(8): 1034-1040.
[61] HONGFA Y, BO D, HAIYAN M, et al. Durability of concrete structures in tropical atoll environment[J]. Ocean engineering, 2017, 135 : 1-10.
[62] 窦雪梅, 余红发, 麻海燕, 等. 珊瑚混凝土在海洋环境中氯离子扩散实验[J]. 海洋工程, 2017, 35(1): 129-135.
[63] 达波, 余红发, 麻海燕, 等. 全珊瑚海水混凝土的表面自由氯离子浓度和表观氯离子扩散系数[J]. 东南大学学报(自然科学版), 2016, 46(5): 1093-1097.
[64] 窦雪梅, 余红发, 麻海燕, 等. 海洋环境下珊瑚混凝土的表面氯离子浓度规律[J]. 硅酸盐通报, 2016, 35(9): 2695-2700.
[65] 窦雪梅. 岛礁环境下珊瑚混凝土耐久性及其结构寿命的可靠度研究[D]. 南京: 南京航空航天大学, 2018.
[66] DA B, YU H, MA H, et al. Chloride diffusion study of coral concrete in a marine environment[J]. Construction and building materials, 2016, 123: 47-58.
[67] 达波, 余红发, 麻海燕, 等. 南海海域混凝土结构的钢筋锈蚀特征[J]. 应用基础与工程科学学报, 2018, 26(2): 371-379.
[68] KAKOOEI S, AKIL H M, JAMSHIDI M, et al. The effects of polypropylene fibers on the properties of reinforced concrete structures[J]. Construction and building materials, 2012, 27(1): 73-77.
[69] GHAFOORI N, DIAWARA H, BEASLEY S. Resistance to external sodium sulfate attack for early-opening-to-traffic portland cement concrete[J]. Cement and concrete composites, 2008, 30(5): 444-454.
[70] IRASSAR E F, BONAVETTI V L, GONZÁLEZ M. Microstructural study of sulfate attack on ordinary and limestone portland cements at ambient temperature[J]. Cement and concrete research, 2003, 33(1): 31-41.
[71] SHEN X D, LI Z J. Cement and Concrete for Marine Applications[M]. Beijing: Chemical Industry Press: 2016: 1.
[72] 陈兆林, 唐筱宁, 孙国峰, 等. 海水拌养混凝土耐久性试验与应用[J]. 海洋工程, 2008, 26(4): 102-106.
[73] MEHTA P K, MONTEIRO P J M. Concrete: Structure, properties and materials[M]. New Jersey: McGraw-Hill Professional, 2004: 1.
[74] SANTHANAM M, COHEN M, OLEK J. Differentiating seawater and groundwater sulfate attack in portland cement mortars[J]. Cement and concrete research, 2006, 36(12): 2132-2137.
[75] 李伟峰, 管娟, 马素花, 等. 海砂、珊瑚礁在海拌海养混凝土生产中的应用[J]. 混凝土, 2016(5): 148-152.
[76] ZHANG Z H, SANG Z Q, ZHANG L Y, et al. Experimental research on durability of concrete made by seawater and sea-sand[J]. Advanced materials research, 2013, 641-642: 385-388.

[77] TANG J, CHENG H, ZHANG Q, et al. Development of properties and microstructure of concrete with coral reef sand under sulphate attack and drying-wetting cycles[J]. Construction and building materials, 2018, 165(20): 647-654.

[78] 苏春义. 海水拌合珊瑚礁砂混凝土耐久性研究[D]. 武汉: 武汉理工大学, 2017.

[79] AL-AMOUDI O S B. Attack on plain and blended cements exposed to aggressive sulfate environments[J]. Cement and concrete composites, 2012, 24(3/4): 305-316.

[80] WU W J, WANG R, MENG Q S. Experimental study on the effect of salt spray erosion on the mechanical properties of seawater-mixed coral reef sand concrete[C] // Proceedings of the 4th Academic Conference of Civil Engineering and Research, Xian, 2017. Riverwood: Aussino Academic Publishing House, 2017: 579-587.

[81] 吴文娟, 汪稔, 朱长歧, 等. 盐雾对珊瑚骨料混凝土构筑物性能的影响及其机理[J]. 建筑材料学报, 2018, 110(4): 600-607.

[82] CHENG S, SHUI Z, SUN T, et al. Effects of fly ash, blast furnace slag and metakaolin on mechanical properties and durability of coral sand concrete[J]. Applied clay science, 2017, 141: 111-117.

[83] CHENG S, SHUI Z, SUN T, et al. Durability and microstructure of coral sand concrete incorporating supplementary cementitious materials[J]. Construction and building materials, 2018, 171: 44-53.

[84] LIU J, OU Z, PENG W, et al. Literature review of coral concrete[J]. Arabian journal for science and engineering, 2017, 43(4): 1-13.

[85] 陈飞翔, 张国志, 丁沙, 等. 珊瑚砂混凝土性能试验研究[J]. 混凝土与水泥制品, 2016(7): 16-21.

[86] MCNEIL K, KANG H K. Recycled concrete aggregates: A review[J]. International journal of concrete structures and materials, 2013, 7(1): 61-69.

[87] 林伟才. 海水拌制珊瑚礁砂混凝土的特性及工程应用研究[D]. 广州: 华南理工大学, 2017.

[88] 黄梅琳, 杨树桐, 王振林, 等. 珊瑚混凝土抗渗性能与干缩性能试验研究[C]// 陆新征. 第27届全国结构工程学术会议论文集 (第I册). 北京: 工程力学杂志社, 2018: 7.

[89] Liu J M, Ou Z G, MO J C et al. Effectiveness of saturated coral aggregate and shrinkage reducing admixture on the autogenous shrinkage of ultrahigh performance concrete[J]. Advances in materials science and engineering, 2017, 2017: 1-11.

[90] 李林, 赵艳林, 吕海波, 等. 珊瑚骨料预湿对混凝土力学性能的影响[J]. 混凝土, 2011(1): 85-86.

[91] PANDURANGAN K, DAYANITHY A, PRAKASH S O. Influence of treatment methods on the bond strength of recycled aggregate concrete[J]. Construction and building materials, 2016, 120: 212-221.

[92] WANG L, WANG J, QIAN X, et al. An environmentally friendly method to improve the quality of recycled concrete aggregates[J]. Construction and building materials, 2017, 144: 432-441.

[93] ISMAIL S, RAMLI M. Engineering properties of treated recycled concrete aggregate (RCA) for structural applications[J]. Construction and building materials, 2013, 44: 464-476.

[94] 姚燕, 王振地, 王玲, 等. 一种利用珊瑚礁石制备粗骨料的方法及其混凝土: 201610079268. 8[P]. 2016-07-06.

[95] 任瑞. 逐步I型删失数据下的一些统计推断问题的研究[D]. 南京: 南京师范大学, 2011.

[96] 吴成友. 碱式硫酸镁水泥的基本理论及其在土木工程中的应用技术研究[D]. 北京: 中国科学院研究生院, 2014.

[97] SINGH B, ISHWARYA G, GUPTA M, et al. Geopolymer concrete: A review of some recent developments[J]. Construction and building materials, 2015, 85: 78-90.

[98] MA X, ZHANG Z, WANG A. The transition of fly ash-based geopolymer gels into ordered structures and the effect on the compressive strength[J]. Construction and building materials, 2016, 104: 25-33.

[99] SHAIKH F U A. Effects of alkali solutions on corrosion durability of geopolymer concrete[J]. Advances in concrete construction, 2014, 2(2): 109.

[100] HUSEIEN G F, MIRZA J, ISMAIL M, et al. Geopolymer mortars as sustainable repair material: A comprehensive review[J]. Renewable and sustainable energy reviews, 2017, 80: 54-74.

[101] 彭自强, 彭胜, 李达. 水泥-无机聚合物珊瑚礁砂混凝土工作性能试验研究[J]. 混凝土, 2018(2): 46-48.

[102] 彭自强, 彭胜, 李达, 等. 无机聚合物珊瑚礁砂混凝土基本力学性能试验研究[J]. 武汉理工大学学报, 2016, 38(11): 92-96.

[103] MAZLOOM M, RAMEZANIANPOUR A A, BROOKS J J. Effect of silica fume on mechanical properties of high-strength concrete[J]. Cement and concrete composites, 2004, 26(4): 347-357.

[104] 陈益民, 贺行洋, 李永鑫, 等. 矿物掺合料研究进展及存在的问题[J]. 材料导报, 2006(8): 28-31.

[105] 陈友治, 马章强, 孙涛, 等. 矿物掺合料对珊瑚砂混凝土性能的影响[J]. 建材世界, 2016, 37(2): 11-14.

[106] 朱寿永, 水中和, 余睿, 等. 多元矿物掺合料对珊瑚砂混凝土性能的影响[J]. 硅酸盐通报, 2017, 36(12): 3951-3957.

[107] LI Y T, ZHOU L, ZHANG Y, et al. Study on long-term performance of concrete based on seawater, sea sand and coral sand[J]. Advanced materials research, 2013, 706-708(1): 512-515.

[108] 韦灼彬, 李仲欣. 珊瑚混凝土孔隙参数与氯离子扩散系数的关系[J]. 后勤工程学院学报, 2017, 33(3): 1-8.

[109] 孙宝来. 硅灰增强珊瑚混凝土力学性能试验研究[J]. 低温建筑技术, 2014, 36(8): 12-14.

[110] 王磊, 熊祖菁, 刘存鹏, 等. 掺入聚丙烯纤维珊瑚混凝土的力学性能研究[J]. 混凝土, 2014(7): 96-99.

[111] 刘存鹏, 邓雪莲, 方滢顺, 等. 硅灰对剑麻纤维珊瑚混凝土的影响[J]. 低温建筑技术, 2016, 38(3): 1-3.

[112] 王磊, 邓雪莲, 王国旭. 碳纤维珊瑚混凝土各项力学性能试验研究[J]. 混凝土, 2014(8): 88-91.

[113] 王磊, 王国旭, 邓雪莲. 不同掺量碳纤维珊瑚混凝土力学性能试验研究[J]. 中国农村水利水电, 2014(9): 148-151.

[114] 陆金驰, 陈焕裕, 林印飞, 等. 玻纤对珊瑚混凝土力学性能及耐久性的影响[J]. 广州化工, 2016, 44(19): 52-54.

[115] 王磊, 易金, 邓雪莲, 等. 纤维增强珊瑚混凝土的力学性能研究及破坏形态分析[J]. 河南理工大学学报(自然科学版), 2016, 35(5): 713-718.

[116] QIN Q L, MENG Q S, YANG H M, et al. Study of the anti-abrasion performance and Study of the anti-abrasionperformancemechanism of coral reef sand concrete[J]. Construction and building materials, 2021, 237.

[117] 邓雪莲. 不同水灰比碳纤维珊瑚混凝土力学性能及其抗拔试验研究[D]. 桂林: 桂林理工大学, 2014.

[118] YAP S P, BU C H, ALENGARAM U J, et al. Flexural toughness characteristics of steel-polypropylene hybrid fibre-reinforced oil palm shell concrete[J]. Materials & design, 2014, 57: 652-659.

[119] 王磊, 刘存鹏, 熊祖菁. 剑麻纤维增强珊瑚混凝土力学性能试验研究[J]. 河南理工大学学报(自然科学版), 2014, 33(6): 826-830.

[120] 莫倩, 刘存鹏. 剑麻珊瑚混凝土挠度曲线及应力应变曲线研究[J]. 山西建筑, 2016, 42(36): 131-133.

[121] 刘存鹏, 刘存翔, 邓雪莲, 等. 剑麻纤维珊瑚混凝土微观结构研究[J]. 低温建筑技术, 2016, 38(4): 7-9.

[122] 邓雪莲, 刘存鹏, 陈宜虎. 剑麻纤维增强珊瑚混凝土抗拉性能研究[J]. 山西建筑, 2016, 42(8): 137-138.

[123] 邓雪莲, 黄盛, 刘存鹏. 剑麻纤维增强珊瑚混凝土抗压和抗剪强度试验研究[J]. 安徽建筑, 2017, 24(2): 197-199.

[124] 谭永山, 余红发, 梅其泉, 等. 不同措施对热带海洋砼结构服役寿命的影响[J]. 湖南大学学报(自然科学版), 2018, 45(6): 97-105.

[125] 梅其泉, 余红发, 麻海燕, 等. 高性能混凝土结构在热带海洋环境下的服役寿命[J]. 材料科学与工程学报, 2018, 36(1): 51-55.

[126] 吕志涛. 高性能材料FRP应用与结构工程创新[J]. 建筑科学与工程学报, 2005(1): 1-5.

[127] 王磊, 赵艳林, 吕海波. 珊瑚骨料混凝土的基础性能及研究应用前景[J]. 混凝土, 2012(2): 99-100.

[128] 王磊, 吴翔, 曾榕, 等. CFRP筋与珊瑚混凝土的黏结性能试验研究[J]. 中国农村水利水电, 2016(7): 127-131.

[129] 王磊, 毛亚东, 陈爽, 等. GFRP筋与珊瑚混凝土黏结性能的试验研究[J]. 建筑材料学报, 2018, 21(2): 286-292.

[130] 杨超, 杨树桐, 戚德海. BFRP筋与珊瑚混凝土粘结性能试验研究[J]. 工程力学, 2018, 35(S1): 172-180.

[131] 侯慕轶, 杨勇新, 贾彬, 等. 碳纤维复材筋珊瑚骨料混凝土梁受剪性能试验研究[J]. 工业建筑, 2016, 46(10): 174-178.

[132] 李彪, 侯慕轶, 杨勇新, 等. 复材筋珊瑚骨料混凝土梁抗弯性能试验研究[J]. 工业建筑, 2016, 46(11): 181-184.

[133] WANG L, MAO Y, LV H, et al. Bond properties between FRP bars and coral concrete under seawater conditions at 30, 60, and 80 C[J]. Construction and building materials, 2018, 162: 442-449.

[134] 王磊, 李威, 陈爽, 等. 海水浸泡对FRP筋-珊瑚混凝土粘结性能的影响[J]. 复合材料学报, 2018, 35(12): 3458-3465.

[135] 王春川. 南海海洋环境条件下船用线缆的性能退化研究[D]. 广州: 华南理工大学, 2017.

[136] 吴国华, 廖国栋, 苏少燕.我国典型的海洋环境试验基地: 西沙试验站[J]. 电子产品可靠性与环境试验, 2005(S1): 25-27.

[137] 廖国栋, 吴国华. 西沙气候特点及电子产品曝露试验价值[C]// 1998电子产品防护技术研讨会论文集. 北京: 中国电子学会可靠性学会, 1998: 117-175.

[138] 翟建绩. 西沙的气候[J]. 气象, 1982(10): 34-35.

[139] 林爱兰. 西沙群岛基本气候特征分析[J]. 广东气象, 1997(4): 17-18.

[140] 冯英辞, 詹文欢, 姚衍桃, 等. 西沙群岛礁区的地质构造及其活动性分析[J]. 热带海洋学报, 2015, 34(3): 48-53.

[141] 陈俊仁. 我国南部西沙群岛地区第四纪地质初步探讨[J]. 地质科学, 1978(1): 45-56.

[142] 杨朝云, 韩孝辉, 罗昆, 等. 西沙群岛宣德环礁的地震层序发育特征[J]. 海洋地质与第四纪地质, 2018, 38(6): 25-36.

[143] 王雪木, 陈万利, 薛玉龙, 等. 西沙群岛宣德环礁晚第四纪灰砂岛沉积地层[J]. 海洋地质与第四纪地质, 2018, 38(6): 37-45.

[144] 张明书, 刘健, 李绍全, 等. 西沙群岛西琛一井礁序列成岩作用研究[J]. 地质学报, 1997(3): 236-244.

[145] 丘世鈞, 曾昭璇. 论珊瑚砂岛上巨砾堤地貌的形成: 以琛航岛砾垒堤为例[J]. 华南师范大学学报(自然科学版), 1984(1): 90-95.

[146] 卢树参, 许红, 陈勇, 等. 巴哈马滩与西沙群岛台地生物礁地质特征对比[J]. 海洋地质前沿, 2016, 32(3): 57-63.

[147] 中华人民共和国交通部. 水运工程质量检验标准: JTS 257—2008[S]. 北京: 人民交通出版社, 1998.

[148] HENTSCHEL M L, PAGE N W. Selection of descriptors for particle shape characterization[J]. Particle & particle systems characterization, 2010, 20(1): 25-38.

[149] MORA C F, KWAN A K H, CHAN H C. Particle shape analysis of coarse aggregate using digital image processing[J]. Cement and concrete research, 1999, 29(9): 1403-1410.

[150] 刘清秉, 项伟, BUDHU M, 等. 砂土颗粒形状量化及其对力学指标的影响分析[J]. 岩土力学, 2011, 32(S1): 190-197.

[151] 涂新斌, 王思敬. 图像分析的颗粒形状参数描述[J]. 岩土工程学报, 2004(5): 659-662.

[152] 陈海洋, 汪稔, 李建国, 等. 钙质砂颗粒的形状分析[J]. 岩土力学, 2005(9): 1389-1392.

[153] KRUMBEIN W C. Measurement of geological significance of shape and roundness of sedimentary particles[J]. Journal of sediment petrol, 1991(11): 64-72.

[154] 中华人民共和国建设部. 普通混凝土用砂、石质量及检验方法标准: JGJ 52－2006[S]. 北京: 中国建筑工业出版社, 2006.

[155] 余红发, 于建明, 况永峰, 等. 针片状骨料颗粒的特征[C]// 阎培渝, 姚燕. 水泥基复合材料科学与技术: 吴中伟院士从事科教工作六十年学术讨论会论文集. 北京: 中国建材工业出版社, 2004: 219-221.

[156] ZHANG D, HUANG X, ZHAO Y. Investigation of the shape, size, angularity and surface texture properties of coarse aggregates[J]. Construction and building materials, 2012, 34: 330-336.

[157] LUSCHER W G, HELLMANN J R, SEGALL A E, et al. A critical review of the diametral compression method for determining the tensile strength of spherical aggregates[J]. Journal of testing and evaluation, 2007, 35(6): 624-629.

[158] HIRAMATSU Y, OKA Y. Determination of the tensile strength of rock by a compression test of an irregular test piece[C]//International journal of rock mechanics and mining sciences & geomechanics abstracts. Oxford: Pergamon Press, 1966: 89-90.

[159] TABASSOM A, MAHDI M D, ARUL A, et al. Impact of particle shape on breakage of recycled construction and demolition aggregates[J]. Powder technology, 2017, 308: 1-12.

[160] WEIBULL W. A statistical distribution function of wide applicability[J]. Journal of applied mechanics, 1951, 18(3): 293-297.

[161] DALE P B, PIETRO L, JOHN W R. Mixture proportioning for internal curing[J]. Concrete international, 2005, 27(2) : 35-40.

[162] 魏亚, 郑小波, 郭为强. 干燥环境下内养护混凝土收缩、强度及开裂性能[J]. 建筑材料学报, 2016, 19(5): 902-908.

[163] CASTRO J, KEISER L, GOLIAS M, et al. Absorption and desorption properties of fine lightweight aggregate for application to internally cured concrete mixtures[J]. Cement and concrete composites, 2011, 33(10): 1001-1008.

[164] 中华人民共和国国家质量监督检验检疫总局, 中国国家标准化管理委员会. 轻集料及其试验方法 第2部分: 轻集料试验方法: GB/T 17431. 2—2010[S]. 北京: 中国标准出版社, 2010.

[165] 中华人民共和国住房和城乡建设部. 轻骨料混凝土应用技术标准: JGJ/T 12—2019[S]. 北京: 中国建筑工业出版社, 2019.

[166] 詹冬. 硅灰聚丙烯纤维混凝土力学性能及抗氯离子渗透性能的试验研究[D]. 宁夏: 宁夏大学, 2014.

[167] MUCTEBA U, KEMALETTIN Y, METIN I. The effect of mineral admixtures on mechanical properties, chloride ion permeability and impermeability of self-compacting concrete[J]. Construction and building materials, 2012, 27(1): 263-270.

[168] CAI X, HE Z, TANG S, et al. Abrasion erosion characteristics of concrete made with moderate heat Portland cement, fly ash and silica fume using sandblasting test[J]. Construction and building materials, 2016, 127: 804-814.

[169] 中华人民共和国水利部. 水工混凝土试验规程: SL/T 352—2020[S]. 北京: 中国水利水电出版社, 2020.

[170] SUPIT S W M, SHAIKH F U A. Durability properties of high volume fly ash concrete containing nano-silica[J]. Materials and structures, 2015, 48(8): 2431-2445.

[171] ASTM. Standard test method for measurement of rate of absorption of water by hydraulic-cement concretes: ASTM C1585-13[S]. West Conshohocken: ASTM, 2013.

[172] LEUNG H Y, KIM J, NADEEM A, et al. Sorptivity of self-compacting concrete containing fly ash and silica fume[J]. Construction and building materials, 2016, 113: 369-375.
[173] 中华人民共和国住房和城乡建设部. 普通混凝土长期性能和耐久性能试验方法标准: GB/T 50082—2009[S]. 北京: 中国建筑工业出版社, 2009.
[174] IGARASHI S, BENTUR A, MINDESS S. Microhardness testing of cementitious materials[J]. Advanced cement based materials, 1996, 4(2): 48-57.
[175] GUY R, 刘少波. 化学外加剂对氢氧化钙晶体生长的影响[J]. 国外建材科技, 1999(3): 39-41.
[176] 陈惠苏, 孙伟, STROEVEN P. 水泥基复合材料集料与浆体界面研究综述(一): 实验技术[J]. 硅酸盐学报, 2004(1): 63-69.
[177] 王静薇. 混凝土细微观结构与强度的关系[D]. 杭州: 浙江大学, 2007.
[178] 刘伟, 邢锋, 谢友均. 矿物掺合料对混凝土毛细吸水性的影响[J]. 深圳大学学报(理工版), 2008(3): 303-307.
[179] TASDEMIR C. Combined effects of mineral admixtures and curing conditions on the sorptivity coefficient of concrete[J]. Cement and concrete research, 2003, 33(10): 1637-1642.
[180] Standard test method for electrical indication of concrete′s ability to resist chloride ion penetration: ASTM C1202 - 19[S]. West Conshohocken: ASTM, 1997.
[181] 谢友均, 马昆林, 龙广成, 等. 矿物掺合料对混凝土中氯离子渗透性的影响[J]. 硅酸盐学报, 2006(11): 1345-1350.
[182] 徐志辉. 自密实混凝土细观结构的优化及其对渗透性的影响[D]. 广州: 华南理工大学, 2014.
[183] MATHER B. Symposium on effects of aggressive fluids on concrete[M]. Washington D. C.: Highway Research Board, 1964.
[184] MEHTA P K. Concrete in the marine environment[M]. New York: Elsevier Science Publishing Company, Inc, 1990.
[185]DE WEERDT K, GEIKER M R, JUSTNES H. 10 year old concrete wall in tidal zone examined by SEM-EDS[C]// 14th Euroseminar on microscopy applied to building materials, Helsingør, Denmark, 2013. Helsingør: Danish Technological Institute, 2013: 144-147.
[186] DE WEERDT K, JUSTNES H, GEIKER M R. Changes in the phase assemblage of concrete exposed to sea water[J]. Cement and concrete composites, 2014, 47: 53-63.
[187] RAGAB A M, ELGAMMAL M A, HODHOD O A, et al. Evaluation of field concrete deterioration under real conditions of seawater attack[J]. Construction and building materials, 2016, 119 : 130-144.
[188] 范宏, 曹卫群, 赵铁军. 海洋环境下混凝土的碳化与钙的溶出[J]. 建筑材料学报, 2008(4): 414-419.
[189] 郭春伶. 钙溶蚀条件下混凝土性能劣化规律研究[D]. 杭州: 浙江大学, 2012.
[190] CHRISTOPHE C, RAOUL F O, JEAN-MICHEL T. Leaching of both calcium hydroxide and C-S-H from cement paste: Modeling the mechanical behavior[J]. Cement and concrete research, 1996, 26(8): 1257-1268.
[191] 王四巍. 单轴和三轴应力下塑性混凝土性能研究[D]. 郑州: 郑州大学, 2010.

[192] 汤玉娟, 左晓宝, 殷光吉, 等. 加速溶蚀条件下铸铁管内衬水泥砂浆的孔结构演变规律[J]. 建筑材料学报, 2017, 20(2): 239-244.

[193] KAZUKO H, SHUNKICHI S, MICHIHIKO H, et al. Effects of porosity on leaching of Ca from hardened ordinary portland cement paste[J]. Cement and concrete research, 2004, 35(9): 1764-1775.

[194] MAINGUY M, TOGNAZZI C, TORRENTI J M, et al. Modelling of leaching in pure cement paste and mortar[J]. Cement and concrete research, 2000, 30(1): 83-90.

[195] LUCIA A, GERARD P, ETIENNE M, et al. The use of thermal analysis in assessing the effect of temperature on a cement paste[J]. Cement and concrete research, 2004, 35(3) : 83-90.

[196] DAVID T Y C, PONG H F. Thermal analysis of magnesium hydroxide[J]. Journal of thermal analysis, 1977, 12(1) : 5-13.

[197] REN H, CHEN Z, WU Y, et al. Thermal characterization and kinetic analysis of nesquehonite, hydromagnesite, and brucite, using TG-DTG and DSC techniques[J]. Journal of thermal analysis and calorimetry, 2014, 115(2): 1949-1960.

[198] MARTIN R, ALEXANDRA B, KATJA F, et al. Concrete alteration due to 55 years of exposure to river water: Chemical and mineralogical characterisation[J]. Cement and concrete research, 2017, 92: 110-120.

[199] HIDALGO A, PETIT S, DOMINGO C, et al. Microstructural characterization of leaching effects in cement pastes due to neutralisation of their alkaline nature: part I: portland cement pastes[J]. Cement and concrete research, 2007, 37(1): 63-70.

[200] JIN F, AL-TABBAA A. Thermogravimetric study on the hydration of reactive magnesia and silica mixture at room temperature[J]. Thermochimica acta, 2013, 566: 162-168.

[201] 玄东兴. 水泥混凝土组成材料的热相互作用与热再生体系的研究[D]. 武汉: 武汉理工大学, 2010.

[202] 徐洪国. 混凝土材料与结构热变形损伤机理及抑制技术研究[D]. 武汉: 武汉理工大学, 2011.

[203] 许梅, 麻海燕, 余红发, 等. 大连港服役50年混凝土的力学性能与耐久性[J]. 材料科学与工程学报, 2018, 36(3): 470-477.

[204] YAO W, JIANG S, FEI W, et al. Correlation between the compressive, tensile strength of old concrete under marine environment and prediction of long-term strength[J]. Advances in materials science and engineering, 2017, 2017: 1-12.

[205] 邓嘉骏. 化学-力学耦合作用下海工混凝土劣化规律与机理研究[D]. 南京: 东南大学, 2015.

[206] AL-TAYYIB A J, BALUCH M H, SHARIF A F M, et al. The effect of thermal cycling on the durability of concrete made from local materials in the Arabian Gulf countries[J]. Cement and concrete research, 1989, 19(1): 131-142.

[207] 张国梁, 李松. 用应变片测量水泥混凝土热膨胀系数的试验方法[J]. 城市道桥与防洪, 2012(2): 112-114.

[208] MEYERS S L. Thermal expansion characteristics of hardened cement paste and of concrete[J]. Proceeding of highway research board, 1950(30): 193-200.

[209] QIAN C, WANG Y, DING S, et al. Effect of components of cement paste on thermal deformation

characteristics[J]. Magazine of concrete research, 2009, 61(6): 401-406.

[210] 章瑞. 水泥基材料热膨胀及热疲劳研究[D]. 武汉: 武汉理工大学, 2010.

[211] CHEN P W, CHUNG D D L. Effect of polymer addition on the thermal stability and thermal expansion of cement[J]. Cement and concrete research, 1995, 25(3): 465-469.

[212] LIU S, KONG Y, WAN T, et al. Effects of thermal-cooling cycling curing on the mechanical properties of EVA-modified concrete[J]. Construction and building materials, 2018, 165(20): 443-450.

[213] 中国工程院土木水利与建筑学部结构安全性与耐久性研究咨询项目组. 混凝土结构耐性设计与施工指南[M]. 北京: 中国建筑工业出版社, 2004.

[214] SHUI Z H. Dominant factors on the early hydration of metakaolin-cement paste[J]. Journal of Wuhan University of technology(materials science edition), 2010, 25(5) : 849-852.

[215] REJINI R, RICHARD J B, LUÍS A C T, et al. Characterisation and use of biomass fly ash in cement-based materials[J]. Journal of hazardous materials, 2009, 172(2/3): 1049-1060.

[216] 张文华, 张云升. 高温条件下超高性能水泥基复合材料水化放热研究[J]. 硅酸盐通报, 2015, 34(4): 951-954.

[217] ASTM. Standard Test Method for Electrical Indication of Concrete’s Ability to Resist Chloride Ion Penetration: ASTM C1202-97[S]. West Conshohocken: ASTM, 1997.

[218] 中华人民共和国国家质量监督检验检疫总局, 中国国家标准化管理委员会. 海工硅酸盐水泥: GB/T 31289—2014[S]. 北京: 中国标准出版社, 2014.

[219] 杨梦卉, 徐长伟. 掺和料对引气混凝土抗氯离子渗透性影响研究[J]. 人民长江, 2015, 46(S1): 176-178.

[220] GLINICKI M A, JÓŹWIAK-NIEDŹWIEDZKA D, GIBAS K, et al. Influence of blended cements with calcareous fly ash on chloride ion migration and carbonation resistance of concrete for durable structures[J]. Materials, 2016, 9(1): 18.

[221] LIU J, WANG X, QIU Q, et al. Understanding the effect of curing age on the chloride resistance of fly ash blended concrete by rapid chloride migration test[J]. Materials chemistry and physics, 2017, 196: 315-323.

[222] 阎培渝, 张庆欢. 养护温度对水泥-粉煤灰复合胶凝材料水化性能的影响[C]// 全国高性能混凝土和矿物掺合料的研究与工程应用技术交流会论文集. 北京: 中国土木工程学会, 2007: 165-170.

[223] 丁庆军, 弓子成, 朱玉雪, 等. 温度对高掺量矿渣的水泥浆体抗硫酸盐侵蚀性能的影响[C]// 混凝土与水泥制品学术讨论会论文集. 北京: 中国硅酸盐学会, 2013: 314-322.

[224] RAMEZANIANPOUR A A, REZAEI H R, SAVOJ H R. Influence of silica fume on chloride diffusion and corrosion resistance of concrete: A review[J]. Asian journal of civil engineering, 2015, 16(3): 301-321.

[225] 吴景晖, 董维佳. 掺矿渣粉、粉煤灰对水泥水化热的影响[J]. 粉煤灰, 2005(6): 20-21.

[226] 冯修吉, 阎培渝, 夏元复, 等. 高铁水泥熟料的穆斯堡尔研究[J]. 硅酸盐学报, 1985(2): 153-158.

[227] BEAUDOIN J J, RAMACHANDRAN V S. A reply to a discussion by J. Bensted of the paper “ a new perspective of the hydration characteristics of cement phases” [J]. Cement and concrete research, 1993,

23(2): 486-487.

[228] SCRIVENER L K, PRATT L P. Microstructural studies of the hydration of C_3A and C_4AF independently and in cement paste[C]// British Ceramic Proceedings. Stoke-On-Trent: British Ceramic Society, 1984: 207-219.

[229] BLACK L, BREEN C, YARWOOD J, et al. In situ Raman analysis of hydrating C_3A and C_4AF pastes in presence and absence of sulphate[J]. Advances in applied ceramics, 2006, 105(4): 209-216.

[230] NILI M, EHSANI A. Investigating the effect of the cement paste and transition zone on strength development of concrete containing nanosilica and silica fume[J]. Materials & design, 2015, 75: 174-183.

[231] 李晓红. 硅粉混凝土与HF高强耐磨粉煤灰混凝土的应用[J]. 人民长江, 2008(9): 90-91.

[232] 王萧萧, 申向东. 不同掺量粉煤灰轻骨料混凝土的强度试验研究[J]. 硅酸盐通报, 2011, 30(1): 69-73.

[233] 张光碧, 王红强, 谢玉杰, 等. 水工抗冲磨高性能混凝土外掺料合理用量的探讨[J]. 四川水力发电, 2007(4): 73-76.

[234] 杨彬. 聚丙烯纤维对高强混凝土抗压强度的影响研究[J]. 混凝土与水泥制品, 2017(2): 55-59.

[235] 姚武, 李杰, 周钟鸣. 聚丙烯纤维对混凝土抗拉强度的影响[J]. 混凝土, 2001(10): 40-42.

[236] HORSZCZARUK E. Abrasion resistance of high-strength concrete in hydraulic structures[J]. Wear, 2005, 259(1/2/3/4/5/6): 62-69.

[237] ATIS C D. High volume fly ash abrasion resistant concrete[J]. Journal of materials in civil engineering, 2002, 14(3): 274-277.

[238] ZHANG M H, GJØRV O E. Microstructure of the interfacial zone between lightweight aggregate and cement paste[J]. Cement and concrete research, 1990, 20(4): 610-618.

[239] LIU Y W. Improving the abrasion resistance of hydraulic-concrete containing surface crack by adding silica fume[J]. Construction and building materials, 2007, 21(5): 972-977.

[240] CHAN Y W, CHU S H. Effect of silica fume on steel fiber bond characteristics in reactive powder concrete[J]. Cement and concrete research, 2004, 34(7): 1167-1172.

[241] CHENG A, LIN W T. Abrasion resistance of concrete containing polyolefin fibers and silica fumes[J]. Polymers and polymer composites, 2014, 22(5): 437-442.

[242] TIKALSKY P J, CARRASQUILLO P M, CARRASQUILLO R L. Strength and durability considerations affecting mix proportioning of concrete containing fly ash[J]. Materials journal, 1988, 85(6): 505-511.

[243] YEN T, HSU T, LIU Y, et al. Influence of class F fly ash on the abrasion-erosion resistance of high-strength concrete[J]. Construction and building materials, 2007, 21(2): 458-463.

[244] NAIK T R, SINGH S S, HOSSAIN M M. Abrasion resistance of high-strength concrete made with class C fly ash[J]. Materials journal, 1995, 92(6): 649-659.

[245] NAIK T R, SINGH S S, HOSSAIN M M. Abrasion resistance of concrete as influenced by inclusion of fly ash[J]. Cement and concrete research, 1994, 24(2): 303-312.

[246] ATIŞ C D, CELIK O N. Relation between abrasion resistance and flexural strength of high volume fly ash concrete[J]. Materials and structures, 2002, 35(4): 257-260.

[247] SIDDIQUE R, KAPOOR K, KADRI E H, et al. Effect of polyester fibres on the compressive strength and abrasion resistance of HVFA concrete[J]. Construction and building materials, 2012, 29: 270-278.

[248] SONG P S, HWANG S. Mechanical properties of high-strength steel fiber-reinforced concrete[J]. Construction and building materials, 2004, 18(9): 669-673.

[249] SONG P S, HWANG S, SHEU B C. Strength properties of nylon- and polypropylene-fiber-reinforced concretes[J]. Cement and concrete research, 2005, 35(8): 1546-1550.

[250] 赵善芬. 钢筋混凝土结构的腐蚀及防护措施[J]. 水运工程, 2006(8): 44-48.

[251] 宋开伟, 黄波, 纪宪坤. 钢筋锈蚀与钢筋阻锈剂[J]. 山西建筑, 2009, 35(10): 143-145.

[252] FRANCOIS D L, ALBERT B. The influence of aggregate on the compressive strength of normal and high-strength concrete[J]. Materials journal, 1997, 94(5) : 417-426.

[253] 王迎春, 丁福珍, 颜金娥, 等. 修补过流面混凝土缺陷的新型抗冲耐磨材料研究[J]. 人民长江, 2009, 40(1): 69-71.

[254] 余红发. 盐湖地区高性能混凝土的耐久性、机理与使用寿命预测方法[D]. 南京: 东南大学, 2004.

[255] 石端学. 基于钙离子侵析的混凝土化学和力学损伤研究[D]. 南京: 河海大学, 2006.

[256] KARIHALOO B L. Fracture mechanics and structural concrete[M]. Essex: Longman Scientific and Technical, 1995.

[257] BUDIANSKY B, OCONNELL R J. Elastic-moduli of a cracked solid[J]. International journal of solids and structures, 1976, 12(2): 81-97.

[258] 杨礼明. 高性能混凝土的化学腐蚀、盐结晶和应力腐蚀及其微结构演变规律[D]. 南京: 南京航空航天大学, 2013.

[259] 中华人民共和国国家质量监督检验检疫总局, 中国国家标准化管理委员会. 建筑用砂: GB/T 14684—2011[S]. 北京: 中国标准出版社, 2014.